ZOLTÁN SOMOGYI
The Application of Artificial Intelligence
Step-by-Step Guide from Beginner to Expert

人工智能应用
从入门到专业

[比利时]佐尔坦·索莫吉 著

杨勇 徐磊 史洋 等 译

四川大学出版社
SICHUAN UNIVERSITY PRESS

作者简介：

佐尔坦·索莫吉（Zoltán Somogyi），比利时人，机器学习与人工智能、业务改进与简化、创新、数字转换、商业智能领域的专家、资深经理。比利时鲁汶大学博士，比利时弗拉瑞克商学院工商管理硕士、匈牙利布达佩斯技术与经济大学硕士。

译者团队：

杨 勇	徐 磊	史 洋	郭 璇	陈隆亮	杜慧平
张金榜	葛运龙	何 杰	韩哲鑫	沈先耿	孙艺笑
王 珏	杨 颖	王 浩	王 鑫	刘琼瑶	

致汉娜和马修斯

"人生中的伟大成就并不是来自运气，而是来自努力和好奇！"

佐尔坦·索莫吉

前言
Preface

在机器学习和人工智能领域有许多图书，但大多数要么过于复杂（包含大量的数学理论和方程），要么充斥着各种编程脚本（如 Python、R 语言等）的源代码。本书的目标是以独特且简单易懂的方式，运用多个真实的示例，在不细讲编程脚本和源代码的情况下，来介绍这一课题。无论是该领域的新手还是专家，都能够从这本集结了多年研究和辛勤工作成果的书中受益。多数关于机器学习和人工智能的图书都未能以通俗易懂的语言解释该领域的各个主题，这是我决定写这本书的原因之一。本书没有任何凑数的内容，每一页都旨在帮助读者在短时间内理解这一课题。书中设置了"拓展阅读"部分，在必要时对特定主题进行了详解，也对许多真实世界中的机器学习应用案例进行了逐步解释。

本书结构如下：

第 1 部分　导论

·第 1 章是对机器学习和人工智能的概述，并介绍其子领域监督学习、无监督学习、强化学习的含义。

第 2 部分　深入了解机器学习

·第 2 章是对关键的监督学习、无监督学习及强化学习算法的详细介绍。

·第 3 章全面介绍了机器学习模型性能评估及评估工具。

·第 4 章包含机器学习数据所有必要的知识——如何收集、存储、清洗及处理数据。

第 3 部分　自动语音识别

·第 5 章是以自动语音识别（ASR）为主题，解释了 ASR 的工作原理以及使用方法。

第 4 部分　生物特征识别

·第 6 章和第 7 章的主题分别为人脸识别和说话人识别。

第 5 部分　机器学习案例

·第 8 章包含许多真实世界的机器学习案例，涵盖疾病识别、推荐系统、根本原因分析、异常检测、入侵检测、业务流程改进、图像识别和预测性维护等应用。所有的案例研究都可以通过书里讲到的 AI-TOOLKIT 软件应用（不需要掌握编程或写脚本技能）。

第 6 部分　*AI-TOOLKIT* 让机器学习更简单

· 第 9 章包含 AI-TOOLKIT 的介绍及使用方法。

附录：从正则表达式到 HMM

· 附录包含关于隐马尔可夫模型（HMM）的专家级信息，其常用于自然语言处理（NLP）和自动语音识别。

本书会详细介绍名为"AI-TOOLKIT"的软件，该软件对非商业目的是免费的，读者无需购买服务就能够使用该软件复现书中的所有例子。AI-TOOLKIT 含有多个易于使用的机器学习工具。在编写本书时，该软件中有以下工具（以后可能会扩展）： AI-TOOLKIT 专业版（旗舰产品）、DeepAI 教育版（一个简单的神经网络学习可视化工具）、VoiceBridge（一个开源的自动语音识别工具）、Voice 数据（VoiceBridge 的语音数据生成器）、DocumentSummary（一个总结文档的工具）。

AI-TOOLKIT 的目标是使机器学习的应用变得简单，让每个人都能轻松上手。除了完全开源的 VoiceBridge 工具外，不需要掌握任何编程或写脚本技能。VoiceBridge 是运行在 Windows 上的高性能语音识别即用型 C++ 源代码。AI-TOOLKIT 与 Windows 的64 位版本兼容，支持机器学习的三大主要类别：监督学习、无监督学习和强化学习。每个类别包括多种类型的算法及机器学习应用。它内置许多用户友好的模板，可用于所有类型的机器学习模型。

希望读者在享受阅读本书的同时，也能获取很多有用的信息！

佐尔坦·索莫吉

比利时，安特卫普

2022 年 7 月

支持材料和软件

Support Material and Software

　　书中提到的所有数据文件及相关信息、所有开源软件和勘误表可以在 GitHub 上找到： https://github.com/AI-TOOLKIT。完整版的 AI-TOOLKIT Professional（Windows 64 位版）可免费用于非商业目的，下载地址：https://AI-TOOLKIT.blogspot.com/p/download−and−release−notes.html。

　　开源（C++）VoiceBridge 下载地址：https://github. com/AI-TOOLKIT/VoiceBridge。

致谢
Acknowledgments

　　我要感谢所有直接或间接对本书及配套 AI-TOOLKIT 软件做出贡献的人。我尽力通过提供相关参考文献来突显他们的重要贡献。在此无法一一列举每个人，但本书中的参考文献和拓展阅读部分，以及软件的归属信息（例如在 GitHub 上，以及软件内的"帮助"和"关于"框中）中将提供完整的名单。如果我无意中忽视了您的贡献，请告知我，我会在未来的版本或勘误表中加以补充！

　　我还要特别感谢 Springer Nature 出版社，尤其是执行编辑罗南·纽金特（Ronan Nugent），感谢他的帮助、支持和辛勤工作，还要感谢艾米·海兰（Amy Hyland）对本书的编校工作！

缩写
Abbreviations

AI　Artificial intelligence 人工智能

ALS　Alternating least squares 交替最小二乘法

ARG　Argument 函数调用时的实际参数

ASR　Automatic speech recognition 自动语音识别

AUC　Area under the ROC curve ROC 曲线下面积

BPI　Business process improvement 业务流程优化

BPR　Bayesian personalized ranking 贝叶斯个性化排名

BSMOTE　Borderline synthetic minority oversampling technique 边界合成少数类过采样技术

CB　Content based 基于内容的

CF　Collaborative filtering 协同过滤

CFE　Collaborative filtering with explicit feedback 显式反馈协同过滤

CFFNN　Convolutional feedforward neural network 卷积前馈神经网络

CHI　Calinski-Harabasz index 卡林斯基－哈拉巴兹指数

CPU　Central processing unit (processor) 中央处理单元（处理器）

CSV　Comma separated values 逗号分隔值

CVD　Cardiovascular disease 心血管疾病

DFT　Discrete Fourier transform 离散傅里叶变换

DOS　Denial-of-service 拒绝服务

EGA　Evolutionary genetic algorithm 进化遗传算法

EXP　Exponential 指数

FFNN　Feedforward neural network 前馈神经网络

FN　False negative 假负

FNR　False negative rate 假负类率

FP　False positive 假正

FPR　False positive rate 假正类率

FSA　Finite state automaton 有限状态自动机

FST　Finite state transducer 有限状态转换器

GA　Genetic algorithm 遗传算法

GMM　Gaussian mixture model 高斯混合模型

GPU　Graphics processing unit 图像处理单元

GRU　Gated recurrent unit 门控循环单元

HAC　Hierarchical agglomerative clustering 层次凝聚聚类

HMM　Hidden Markov model 隐马尔可夫模型

IDCT　Inverse discrete cosine transform 离散余弦逆变换

IDFT　Inverse discrete Fourier transform 离散傅里叶逆变换

IPA　International Phonetic Alphabet 国际音标

KNN　k-nearest neighbors k 最近邻

LCL　Lower control limit 下控制界限

LDA　Linear discriminant analyses 线性判别分析

LM　Language model 语言模型

LN　Natural logarithm 自然对数

LSTM　Long short-term memory 长短时记忆

MAX　Maximum 最大

MDP　Markov decision process 马尔可夫决策过程

MFCC　Mel-frequency cepstral coefficient 梅尔频率倒谱系数

MIN　Minimum 最小

ML　Machine learning 机器学习

ML Flow　Machine learning flow 机器学习流程

MLLT　Maximum likelihood linear transform 最大似然线性转换

NLP　Natural language processing 自然语言处理

NORMINV　Inverse normal distribution function 逆正态分布函数

OOV　Out of vocabulary 词汇表外

PCA　Principal component analysis 主成分分析

PMML   Predictive maintenance machine learning 预测性维护机器学习

PPV   Positive prediction value 正预测值

R2L   Unauthorized access from a remote machine 远程机器无授权访问

RCA   Root cause analysis 根本原因分析

ReLU   Rectified linear unit 修正线性单元

RGB   Red, green, blue 红绿蓝

RL   Reinforcement learning 强化学习

RLS   Reinforcement learning system 强化学习系统

RMSE   Root mean squared error 均方根误差

RNN   Recurrent neural network 循环神经网络

ROC   Receiver operating characteristic 接受者操作特征

RUL   Remaining useful lifetime 剩余使用寿命

SAT   Speaker adaptive training 说话人自适应训练

SER   Sentence error rate 句错误率

SSC   Sum of squared distances of the centroids 质心距离平方和

SSE   Sum of squared errors 误差平方和

SVM   Support vector machine 支持向量机

TanH   Tangent hyperbolic 正切双曲线

TN   True negative 真负

TNR   True negative rate 真负类率

TP   True positive 真正

TPR   True positive rate 真正类率

U2L   Unauthorized access to local super-user 未授权访问本地超级用户

UCL   Upper control limit 上控制界限

UNK   Unknown words 未知词

WALS   Weighted alternating least squares 加权交替最小二乘法

WER   Word error rate 词错误率

WFST   Weighted finite state transducer 加权有限状态转换器

WHO   World Health Organization 世界卫生组织

目录
Contents

第1部分

Part 1

导论

第1章

机器学习和人工智能概述

摘　要： 人们通常对所谓的机器学习知之甚少，尤其是刚接触这个主题的人，不知道我们什么时候需要它，又为什么需要它。很多人只是从科幻作品中了解到人工智能（AI），并不真正了解现实中的人工智能及其与机器学习的关系。本章将通俗易懂地解释什么是机器学习和人工智能，以及机器学习的三种主要形式（监督学习、无监督学习和强化学习），目的在于帮助读者了解机器学习的本质，以及我们为什么需要它。

1.1　概述

机器学习是指计算机利用输入的数据，遵循某种设定的规则，通过完成特定任务，从中学习并提升的过程。这个过程是通过将基于数学优化和计算统计的特殊算法组合在一个复杂的系统中实现的。人工智能就是若干机器学习算法的组合，这些算法同时在几个关联或独立的任务中学习并提升。当前，我们可以开发出不完整的人工智能，但尚未开发出能够完全取代人类的完整人工智能。

也可以说，本书所指的学习是以输入数据的方式将过去的经验转变成知识的过程。

这便提出了几个重要问题：我们应该将机器学习应用于什么样的任务？输入什么样的数据是必要的？如何实现学习的自动化？如何评估学习成功与否？为什么不直接用现有的知识为计算机编程，而是要提供数据？

让我们先来回答最后一个问题。我们需要机器学习而不仅仅是计算机编程，主要原因有三：

（1）计算机程序一旦编写完成，就很难在每次任务更改时做出相应的调整。机器学习则会自动根据输入数据或任务的变化而做出调整。

例如，如果不对过滤垃圾邮件的软件重新编程，就无法处理新型的垃圾邮件。机器学习系统却会自动适应新型的垃圾邮件。

（2）如果输入的内容过于复杂，如有未知的模式和 / 或过多的数据点，则无法通过编写计算机程序来处理任务。

（3）无需编程的学习通常十分好用。

为了能够回答其他问题，我们先来看看图 1-1 展示的典型的机器学习过程。

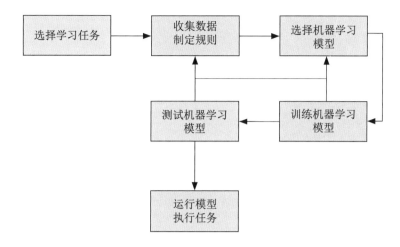

图 1-1　典型机器学习过程

首先，我们需要考虑上述三个原因，决定将什么任务教给机器学习模型。其次，我们需要决定赋予机器学习模型怎样的数据和规则。最后，我们要选择一个机器学习模型，训练它（即让它学习）并测试这个模型的学习是否正确。收集数据、选择模型、训练和测试模型都是递归任务（注意指向上一步的箭头），因为模型如果没有得到充分的训练，我们就需要改变输入数据、增加数据或者选择另一个机器学习模型。

机器学习任务可分为三大类：

（1）监督学习。

（2）无监督学习。

（3）强化学习。

在接下来的部分中，我们将更详细地了解机器学习的含义，了解这三个类别，并探索机器学习在现实世界中的一些应用。

1.2　理解机器学习

正如我们之前所讨论的，机器学习的概念非常抽象，如果你是初次接触这个主题，可能会想了解它的工作原理和真正含义。为了回答这些问题，也让这个概念更明晰，我们来看看最简单的机器学习技术之一——线性回归。大多数人应该都熟悉线性回归，因为它通常是基础数学课程的一部分。实际上，机器学习算法要比线性回归复杂得多，但如果你理解线性回归原理，有助于你理解机器学习是如何运作的。

公式（1-1）就是著名的线性回归数学表达式。

$$\hat{y} = wx + b \tag{1-1}$$

线性回归的目的是什么？x 和 y 值是输入数据，我们希望以某种方式对它们的关系进行建模，以便对于任何给定的 x 值，我们都可以预测相应的 y 值。这个模型中有两个参数，w 表示权重，b 表示偏置或误差。基础数学告诉我们，"权重"参数控制回归线的斜率（见图 1-2），"偏置"参数控制回归线在何处与 y 轴相交。你可能已经明白，我们特意选择使用"权重"和"偏置"这两个词，是因为它们都属于机器学习的专门术语。

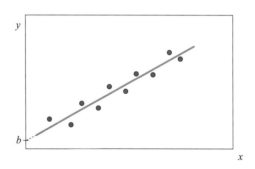

图 1-2 线性回归

通过计算预测值偏离原始点的均方误差，可以评估这个简单的机器学习模型的性能。

在此有必要提及的是，我们会对机器学习模型针对学习数据集（即训练数据集）和测试数据集（未在学习阶段出现过）的表现（学习的成功程度）做出显著区分（详细解释见下文关于准确率和泛化的内容）。出于这个理由，我们首先会把输入的点（x，y）分成两组。一组用于学习（训练），另一组用于测试。我们将在后面的章节中说明如何选择训练数据集和测试数据集，现在，我们假设从图 1-2 的 10 个点中选择前 8 个点作为训练数据，后 2 个点作为测试数据。

下一步是通过最小化机器学习模型针对训练数据集的均方误差来估计 w 和 b 的值（对此不做过多解释，因为它就是简单的线性回归）。在对测试数据集应用回归线之后，可以用公式（1-2）来计算训练数据集和测试数据集的最终均方误差。

$$\begin{cases} MSE_{\text{training}} = \dfrac{1}{n_{\text{training}}} \sum_{i=1}^{n_{\text{training}}} \left(y_i - \hat{y}_i \right)^2_{\text{training}} \\ MSE_{\text{test}} = \dfrac{1}{n_{\text{test}}} \sum_{i=1}^{n_{\text{test}}} \left(y_i - \hat{y}_i \right)^2_{\text{test}} \end{cases} \quad (1-2)$$

两个均方误差参数（即 MSE）可以用来评估这个简易机器学习模型的性能。训练数据集和测试数据集的 MSE 都是模型性能的关键指标！测试数据集的 MSE 在机器学习中通常被称为"泛化误差"。泛化意味着机器学习模型能够处理在学习阶段没有见过的数据。

泛化通常具有重要的现实意义，因为使用历史数据训练机器学习模型的目的是用该模型来处理未来收集的数据！我们将在下文中更详细地介绍准确率和泛化。

1.2.1 准确率和泛化误差

上文提到，我们会对机器学习模型针对训练数据集和测试数据集（未在学习阶段出现过）的表现（学习的成功程度）进行显著区分。

根据训练数据集准确率（和误差）与测试数据集准确率之间差异的大小，我们会评价该模型"欠拟合""拟合良好"或"过拟合"。

欠拟合是指机器学习算法未能学习到训练数据中的关系（模式、知识），导致训练数据的准确率偏低，继而导致测试数据的准确率偏低。

如果机器学习模型针对训练数据的准确率远远高于测试数据的准确率，就可以说这个模型过拟合。换句话说，机器学习算法与训练数据拟合得太紧密，没能很好地泛化。

我们希望模型针对两个数据集（训练数据集和测试数据集）都有良好的拟合和准确率，有时也会为了泛化得更好而牺牲准确率。因此，在拟合良好的情况下，良好的泛化意味着机器学习算法善于处理在学习阶段没有见过的数据。

图 1-3 可视化了这三种形式的拟合，也体现了模型选择的重要性，因为如果我们用线性回归（直线）来对数据集进行建模，就可能出现拟合不足的问题。

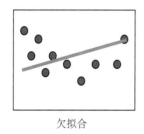 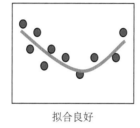 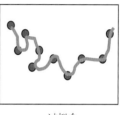

欠拟合　　　　　　　　拟合良好　　　　　　　　过拟合

图 1-3　机器学习模型的欠拟合、拟合良好和过拟合

接下来的问题是，如何令机器学习模型针对测试数据集表现得更好？首先，训练数据集和测试数据集的选择至关重要。两个数据集必须相互独立，并且具有相同的分布！不满足两点中的任何一点，都无法充分评估泛化效果。此外，机器学习模型的复杂程度同样十分重要（前面谈及线性回归和图 1-3 时也提到了这一点）。如果模型过于复杂，则可能导致过拟合。如果模型过于简单，则会发生欠拟合。如果用多项式回归模型代替上述例子里的线性回归模型，就会出现过拟合。但如果输入数据更复杂，则适用于多项式回归模型，此时再用线性回归模型就会发生欠拟合。选择机器学习模型通常是一个试错的过程，需要尝试使用不同的模型（或模型参数），检验训练和测试（泛化）的误差或准确率。

如果出现过拟合，增加输入数据点的数量有助于纠正这种状况。

在数据集较小的情况下（即可用数据有限时），使用 k 折交叉验证程序能够达成统计意义上更好的误差估计。如果把一个较小的数据集简单分为训练数据集和测试数据集，数据集包含的信息可能不足以让机器模型完成学习。而 k 折交叉验证程序是将数据集分成 k 个不重叠的子集。通过取 k 次测试准确率的平均值来估算模型的准确率，在第 i 次测试中，数据集的第 i 个子集被用作测试集，其余数据则被用作训练集。

1.3　监督学习

监督学习是指将关于任务的额外知识（监督）以某种标签（标识）的形式建模后，输入至机器学习模型。例如，在垃圾邮件过滤器任务中，额外的知识可能是每封电子邮件是否为垃圾邮件的标注。机器学习算法会收到一组电子邮件，分别被标注为垃圾邮件或非垃圾邮件，而我们可以通过这种手段对学习算法进行监督。又例如基于机器学习的语音识别系统，标签是一串单词（转录为文本的句子）。另一个例子是在动物识别任务中，对一组动物的图像进行标注。有了哪张图片包含哪种动物的额外知识，学习算法就处于监督之下了。

在数据太多，或者不知道哪些数据属于哪个标签时，提供这种额外的知识并为数据贴上标签并不容易。下一节介绍的无监督学习更适合处理这种情况。

值得注意的是，机器学习算法的核心是数字。所有种类的输入数据都必须先被转换为数字——例如，图像被转换为每个像素的颜色代码——同理，标签也会用数字来定义。例如，在上文的垃圾邮件过滤器中，可以将非垃圾邮件标注为"0"，垃圾邮件标注为"1"。

这些标签通常被称为"分类"，理由将在下一节解释。

监督学习有两种形式：

（1）分类——当标签（类）是离散值，如0，1，2，3，…。

（2）回归——当标签包含连续值，如0.10，0.23，0.15，…。

在这两种情况下，机器学习算法都必须通过识别数据中的模式来学习哪个数据记录属于哪个标签；而且这两种情况的算法非常相似，但评估学习是否成功的方法却不同。前面说过，我们首先要训练一个机器学习模型，然后再测试这个模型，即通过对测试数据进行推理来评估模型性能。推理是指将测试数据输入到训练好的机器学习模型内，要求模型判断哪个标签属于哪条数据记录。显然，在分类式监督学习中，我们可以轻松计算出识别正确标签的数量，被识别错误的标签的占比就叫作估计误差。在回归式监督学习中，标签是在一定范围内的连续值，此时，我们必须考虑估计值的均方误差——即一组误差的平均值。这与简单的回归模型的性能评估方法非常相似。

分类式监督学习常用准确率来代替误差。准确率与误差是互补的概念，即识别正确标签的占比。

监督学习算法分为几种类型，每一种都有各自的优缺点。第2章会对其中一些算法进行详细讲解。简单的监督学习见图1-4。

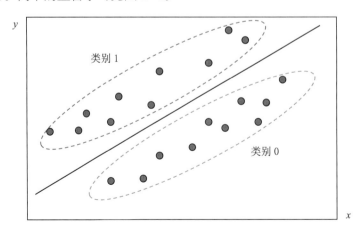

图1-4 简单的监督学习

1.3.1　监督学习的应用

目前已经有许多监督学习的实际应用，而且未来还会有更多的应用出现。现有的一些应用包括：

·垃圾邮件识别，用"垃圾/非垃圾邮件"去标注一组邮件，以实现对垃圾邮件的检测。

·声音识别，基于带有标签的语音记录集合去识别说话人的身份。

·语音识别（语言理解的一部分），基于带有句子转录标签的语音记录集合去识别语音。

·图像自动分类，基于带有标签的图像集合对图像进行自动分类。

·人脸识别，基于带有标签的人像照片集合去识别人脸身份。标签可识别出人脸对应的身份信息。

·疾病诊断，根据收集到的个人数据（体温、血压、血液成分、X 光照片等）判断是否患有疾病。

·预测性维护，通过带有标签的过往数据，预测一台设备（汽车、飞机、生产设备等）是否会发生故障（以及何时会发生故障）。

1.4　无监督学习

用关于任务的额外知识为数据添加标签，再将带标签的数据输入机器学习模型，令其进行学习，这类学习被称为监督学习。当缺少这种额外知识或标签时，便要用到无监督学习。无监督学习的目的就是识别这种额外的知识或标签。换句话说，无监督学习的目标，就是在数据中找到隐藏的模式，对未做标注的数据进行分类或标注，并将类似的数据（类似的属性和/或特征）归为一组，将不相同的数据归入其他的组。无监督学习又被称为聚类（分组）。图 1-5 展示了一个二维（即数据中只有两个特征或列）聚类问题的例子。聚类也可以应用于具有更多特征（维度）、更不容易被可视化的数据集。

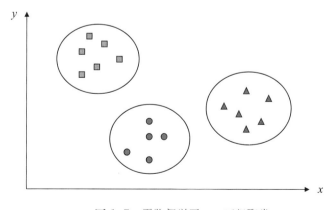

图 1-5　无监督学习——三组聚类

手动分类（标签）数据虽然效果更好，有时却不太可行（如数据太多、不容易识别类别等），这时就要用到无监督学习。

根据输入数据的不同，聚类算法分为很多类型，每种算法都有其优势和劣势。第 2 章会详细介绍其中一些算法。每种算法都会根据特定的相似性度量指标和策略，对数据样本进行分组。对同一数据集应用不同的聚类算法，得到的结果可能大相径庭。

通过无监督学习对未经标注的数据集进行标注后，就可以将得到的数据集应用到监督学习中了！

1.4.1 无监督学习的应用

目前已经有许多无监督学习的实际应用，未来还会出现更多应用。现有的一些应用包括：

· 对消费者进行分组，基于历史消费记录和个人属性将消费者分入不同的组，可用于推荐系统。

· 对市场进行分段，根据选择的属性进行市场细分，可用于市场营销。

· 对社会网络或人群进行细分，可以将人们联系在一起（如社交网站）。

· 检测欺诈或滥用行为（通过无监督学习来更好地理解数据中的复杂模式）。

· 根据不同音乐属性将歌曲分组，如流媒体平台上的音乐流派。

· 根据内容或关键词将新闻文章分组，可用于新闻推荐程序。

1.5 强化学习

强化学习可以被定义为"用于学习控制某个系统的通用决策机器学习框架"。这个定义中有几个重要的关键词需要解释一下。"通用"，意味着强化学习可以应用于任何领域和任何问题：从自动驾驶这种非常复杂的问题，到如业务流程自动化、物流等较简单的问题。"决策"，是指根据具体问题做出任何形式的决定 / 行动，如加速行驶、向前迈出一步、发起行动、购买股票等。"控制某个系统"，指的是为达到特定的目标而采取行动，该特定目标取决于要解决的问题（如到达目的地、获取利润、维持平衡等）。

强化学习和监督学习相似，但有两个重要区别。一是在监督学习中，我们通过向机器学习模型输入带有标签的数据来对算法进行监督。但强化学习模型并不需要外部数据，而是自己生成数据（也有例外，数据从外部产生并传递给强化学习系统，例如，通过游戏图像来学习如何玩游戏）。二是强化学习用奖励信号代替数据标签。奖励信号是对机器学习模型所采取的行为的反馈，指明行为成功（正奖励）或不成功（负奖励或惩罚）。给予奖励又被称为"正强化"，这就是强化学习这一名称的由来。数据和奖励信号皆由强化学习系统根据预设的规则产生。

由此产生了几个问题：如何生成数据，如何发出奖励信号，以及如何设计和操作这个系统。

如图 1-6 所示，强化学习系统可以用环境和智能体之间的交互来描述。环境有时也被称为系统，智能体又被称为决策者。环境可以指不同的事物，而且可以根据需要进行细化。例如，训练计算机驾驶汽车，可以把汽车放在一个非常简单的环境里，也可以将它置于属性繁多的复杂真实环境里。许多强化学习应用在虚拟环境中训练模型，模型不断尝试模拟不同的行为，同时观察结果成功与否（试错）。很多自主驾驶汽车最初就是这样训练的。

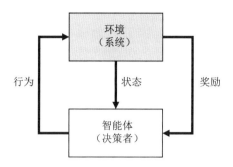

图 1-6 强化学习系统

强化学习系统通常会将环境初始化为一个随机状态后开始运行，有时也可以从特定状态开始。根据具体的问题，状态可以是很多东西。例如，状态可以是指汽车的速度，也可以是在某一具体时间步的多个属性，如速度和方向等。初始状态被传递给智能体，智能体计算出适当的行为（例如，在训练驾驶时这个行为可能是加速或者刹车）。每当一个行为执行完毕、执行结果被传递回环境后，模型都会计算对最近一个状态转换的奖励，并将其传递回智能体（奖励信号）。智能体就是以此来判断一个行为正确与否的。这个循环将一直重复，直到达成最终目的，比如达到系统的预定状态、到达目的地、赢得或输掉比赛等。到这里，我们就称之为一个学习周期（episode）结束。一个学习周期结束后，系统将被重置为新的（随机）初始状态，一个新的回合随之开始。强化学习系统会重复多个学习周期，其间，通过优化长期奖励机制学习何种行为更可能达到预期的结果或目的。我们将在第 2 章中详细讨论长期奖励并举例说明。第 2 章还会讨论智能体的行为如何影响环境的长期行为，以及智能体如何通过所谓的利用（exploitation）策略和探索（exploration）策略去选择行为。利用策略是指智能体倾向于选择会导致积极结果的行为，避开无法产生积极结果的行为。探索策略是指智能体必须尽量尝试找出最有益的行为，即使这些行为可能导致负奖励（惩罚）。

在强化学习系统中，利用和探索必须保持平衡！

1.5.1 强化学习的应用

目前已经有许多强化学习的实际应用，未来无疑还会出现更多。现有的一些应用包括：

· 自动驾驶汽车。采用了基于强化学习的控制系统，用于调整汽车的加速、制动和转向。

· 自动化金融交易。基于每笔交易的利润或损失进行奖励。强化学习的环境由历史股票价格构成。

· 推荐系统。例如，以用户的点击触发奖励。通过实时学习来完善历史数据训练出来的机器学习模型或推荐系统。

· 交通信号灯控制。

· 物流和供应链优化。

· 控制和工业应用，如用于优化能源消耗、提高设备调试效率等。

· 优化医疗卫生领域的治疗方案或用药剂量。

· 广告优化。

· 各类自动化。

· 机器人技术。

· 游戏自动化。

第2部分

Part 2

深入了解机器学习

第2章

机器学习算法

摘　要： 第1章介绍了什么是机器学习及机器学习的必要性。在本章，我们将更深入地了解机器学习，包括最主要的机器学习算法（模型），以及几个相关的重要问题：应该选择哪种算法来完成任务？不同算法的优势和劣势是什么？本章重点在机器学习的实际应用，只在必要时于拓展阅读部分解释相关的数学知识，并且帮助感兴趣的读者更深入地了解相关主题。本章还会通过案例来解释机器学习的各种应用。

2.1　概述

本章中，我们会举例说明不同机器学习算法的工作原理，并着重介绍最常用的监督学习、无监督学习和强化学习算法的实际应用。其中涉及的复杂数学理论，只在确有必要时才作解释。读完本章，读者将学会运用各种机器学习算法去解决实际问题，例如，使用 AI-TOOLKIT 中内置的这些算法。

2.2　监督学习算法

我们说过，监督学习指的是以标签（标识）的形式给机器学习模型输入任务的附加信息（监督）。监督学习分两种形式：分类和回归。这两种形式的机器学习算法，都必须通过识别数据中的模式来学习哪条数据记录属于哪个标签。因此，二者算法相似，但是否学习成功的评价标准不同。分类问题中的评价标准是估计误差，即被识别错误的标签的百分比。在回归问题中，则用估计值的均方误差——或者说一组误差的平均值——来评价。在分类问题中，我们时常使用准确率来代替误差，准确率作为误差的对立面，指被识别正确的标签的百分比。

2.2.1　支持向量机

支持向量机（support vector machine，SVM）就是一个很好的监督学习算法的例子。实际上，它是最常用也最有用的监督学习算法之一，仅次于神经网络（neural network）。

SVM 可以有效地应用于线性和非线性问题。同时，SVM 算法只含有少量参数，易于优化，可以实现更高的准确率，使用起来也更简单，对机器学习新手十分友好。为了更好地理解这个算法，我们先从一个简单的线性 SVM 问题开始，之后再延伸到非线性问题。

假设我们有一个包含两列数据（两个特征向量）的数据集，可以轻松地用二维平面图呈现。再假设有第三列数据，包含了对每个数据记录的分类，且只有两个类别（标签），用 0（c_0）和 1（c_1）表示。那么举个例子，一条数据记录可以表示为"x_1，x_2，c_0"。SVM 算法的目标是找到（学习）将数据点分成两组的最佳超平面（hyperplane）。如图 2-1 所示，在线性问题中，超平面是一条简单的直线。

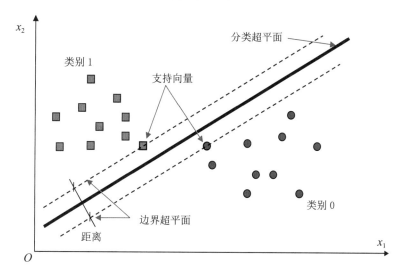

图 2-1　线性支持向量机示例

总会有一个边界或边缘区域，只包含少量数据点。这些点就被称为"支持向量"（因为它们会成为更高维度的向量）。图 2-1 的边界超平面（两条虚线）上有两个支持向量（分别属于两个类别），SVM 通过最大化分类超平面两侧的两个边界超平面之间的距离（见图 2-1）来找出最佳超平面。简单来说，这就是 SVM 算法的工作原理。这种方法的优势之一就是，通过最大化边界区域（距离），可以使数据点和分类超平面（决策边界）之间的距离达到最大，从而获得优秀的泛化效果（详见第 1.2.1 节讲到的泛化）。

由于非线性问题在实践中更常见，下面让我们拓展到更复杂的非线性问题。非线性 SVM 的工作原理和线性 SVM 相同，只是多了一个预处理步骤：将原始数据映射到更高维空间。之所以这么做，是因为这样得到的数据点更易于在高维空间进行分类。这个预处理步骤是通过核函数实现的。

图 2-2 展示了该预处理步骤即"核映射"的工作原理，以及反映射到原空间的工作原理。

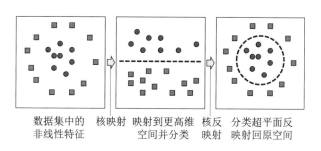

图 2-2　支持向量机的核映射

不同类型的数据适用于不同的核函数。由于核函数的选择很重要，下面列出了各函数的等式。注意 $\boldsymbol{x}_i$，$\boldsymbol{x}_j$ 是包含数据的向量。这里假定读者对向量符号有一定了解（例如，"T"表示一个向量的转置，等等）。

- 线性核函数（无映射）：$K(\boldsymbol{x}_i, \boldsymbol{x}_j) = \boldsymbol{x}_i^{\mathrm{T}} \boldsymbol{x}_j$
- 多项式核函数：$K(\boldsymbol{x}_i, \boldsymbol{x}_j) = (\gamma \boldsymbol{x}_i^{\mathrm{T}} \boldsymbol{x}_j + coef_0)^{degree}$（$\gamma > 0$）
- 径向基函数：$K(\boldsymbol{x}_i, \boldsymbol{x}_j) = \exp(-\gamma \| \boldsymbol{x}_i - \boldsymbol{x}_j \|^2)$（$\gamma > 0$）
- Sigmoid 函数：$K(\boldsymbol{x}_i, \boldsymbol{x}_j) = \tanh(\gamma \boldsymbol{x}_i^{\mathrm{T}} \boldsymbol{x}_j + coef_0)$（$\gamma > 0$）

参数 γ、$degree$ 和 $coef_0$ 可以通过试错或过去经验来选择。一些软件包，如 AI-TOOLKIT，会提供自动参数优化模块。

SVM 算法有一个缺点：当数据集过大的时候，训练就会变得缓慢。在这种情况下，神经网络算法会是更好的选择。我们将在下一节探讨神经网络。

2.2.2 前馈神经网络：深度学习

前馈神经网络（feedforward neural networks，FFNN）是目前除了 SVM 之外最重要的学习算法之一。神经网络之所以这么著名，是因为图像分类卷积前馈神经网络（convolutional feedforward neural networks，CFFNN）的成功（由于 CFFNN，我们有了自动驾驶汽车），我们会在下一节详细解释 CFFNN。神经网络的另一种形式被称为循环神经网络（recurrent neural network，RNN），数据不仅像在 FFNN 中那样向前传递，还会根据时间的先后顺序，将其输出反馈到输入中。循环神经网络在自然语言处理（NLP）方面取得了相当大的成功，但相对于 FFNN 或 SVM 通常需要更多的计算资源。

神经网络中一系列互相连接的元素称为神经元（neurons）[通常也称为节点（nodes）]，神经元将输入数据转换为输出数据，并在这个过程中学习输入数据中的关系。我们上一章说过，输入数据的关系可以很简单，如线性回归，但也可能更复杂、不那么显而易见。图 2-3 是一个前馈神经网络的示意图。

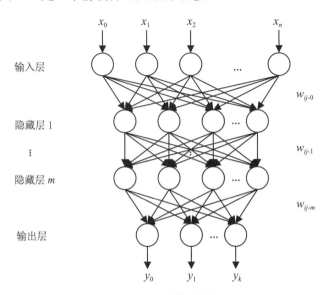

图 2-3　前馈神经网络

输入数据首先被拆分，可以被拆分成输入数据的特征（列），也可以拆分成经过函数过滤的扩展特征集，或一组特征的集，如 $\sin x_0$ 可以作为额外特征被添加。

然后，数据流向第一个包含多个节点（神经元）的隐藏层。之所以称为“隐藏层”，是因为它们对外界不可见，只有输入和输出是可见的。数据最后被传输到输出层（y_0，y_1，$\cdots$，y_k）。

网络中的每个神经元都是相互连接的。输入神经元的数量取决于输入数据，输出神经元的数量则取决于模型。例如，在分类问题中，输出数据可能是每个类别的概率值（概率值最高的类别被选为最终的结果，或叫“决策”），也可能只是一个标签（类别）。每个隐藏层可以包含任意数量的神经元（甚至数百个），隐藏层神经元的数量取决于模型所要解决的问题。

你可能会好奇添加这些隐藏层的原因。通过在神经网络中添加隐藏层，结合使用所谓的“激活函数”（activation functions）（见第 2.2.2.1 节），就可以更大范围地呈现出输入数据中的复杂模式（函数）。这就是神经网络能够表示任何种类的复杂函数的原因！我们通常称带有激活函数的隐藏层为“激活层”（activation layer）。

我们稍后再讨论神经元之间的每条连接的 w_{ij-m}（weight，即权重）的具体属性（详见第 2.3 节），现在只需记住每条连接都有权重，这些权重是神经网络中的参数，神经网络在学习过程中会对其调整。换句话说，神经网络会学习这些权重。回想一下第 1.2 节对线性回归和权重（斜率）参数的讨论。

每个神经元都可以接收带权重的输入信号 w_{ij-m}（来自前一层的神经元），这些输入信号通过一个数学等式将输入 $(x_0$，x_1，$\cdots$，$x_n)$ 转化为输出 y，并将计算出的输出信号 y 传递给下一层中的所有神经元（经过加权）（见图 2-4）。通过对所有带权重的输入 $(x_i$，$w_i)$ 求和，并有选择地添加偏置项 b，再经过激活函数 F_A 的过滤，就可以计算出输出信号。

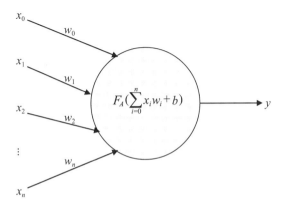

图 2-4　人造神经元

可选偏置项可以看作一个单元 (1) 输入的额外权重，用来对每个神经元进行特殊调整。例如第 1.2 节讨论的线性回归模型中，通过修改 "b" 项（偏置项）可以将直线上下移动，并确定直线在纵轴的截距。虽然神经网络模型中的情况更复杂，但偏置项也具有类似功能。

激活函数是一个重要的元素，我们将在下文更详细地讨论。

2.2.2.1　激活函数

激活函数的作用是通过转换带权重的输入（图 2-4）来为模型添加非线性。如果没有激活函数，那么输出只能是线性函数，我们也无法对具有非线性特征的输入数据进行建模。还记得我们在第 1 章公式（1-1）中是如何定义简单线性回归机器学习模型的吗？它与人工神经元（图 2-4）的内部十分相似。通过激活函数，神经网络可以学习和表达的不仅限于线性问题，还有数据中的任何复杂函数或关系。

激活函数有很多类型，为了做出更好的决策，了解每种类型的优缺点至关重要，表 2-1 总结了一些著名的激活函数及其属性，列举了各种有用的和不太有用的激活函数，以便解释其区别。表 2-1 中，最好的选择是双曲正切函数（Tangent Hyperbolic，TanH）、ReLU 函数和渗漏 ReLU 函数（Leaky ReLU）。当然，只要充分考虑了优点和缺点，你可以使用任何类型的激活函数！未来可能会出现其他类型的激活函数。对此感兴趣的读者可以参见拓展阅读 2.1 和 2.2，了解更多关于激活函数的重要特性。

表 2-1　激活函数

名称	图形	等式	范围
恒等函数		$f(x)=x$	$(-\infty,+\infty)$
	不影响输入		
阶跃函数		$f(x)=0,\ x<0$ $f(x)=1,\ x \geqslant 0$	$(0,1)$

（续表）

名称	图形	等式	范围
阶跃函数	缺点：函数会使某些神经元被关闭（0），这些神经元将一直处于关闭状态，丢失了处理输入的能力。更具体地说，那些一开始就没有被激活的神经元（在输入的左侧）会产生一个零梯度，进而使得这些神经元的信号被关闭（数据丢失）。 缺点：非零中心化。[a]		
Sigmoid 函数		$f(x)=\dfrac{1}{1+e^{-x}}$	$(0,1)$
	缺点：非零中心化。[a] 缺点：饱和边界。[a] 注：这种激活函数在 RNN 中更常见，因为 RNN 有一些额外的要求（见第 2.2.4 节）。		
TanH 函数		$f(x)=\tanh x$	$(-1, 1)$
	优点：零中心化。[a] 缺点：饱和边界。[a]		
ReLU 函数		$f(x)=0,\ x<0$ $f(x)=x,\ x \geq 0$	$[0, +\infty)$

（续表）

名称	图形	等式	范围
ReLU 函数	缺点：函数会使某些神经元被关闭（0），这些神经元将一直处于关闭状态，丢失了处理输入的能力。更具体地说，那些一开始就没有被激活的神经元（在输入的左侧）会产生一个零梯度，进而使得这些神经元的信号被关闭（数据丢失）。 优点：计算效率高。 优点：加速优化（梯度下降）的收敛。		
渗漏 ReLU 函数	 优点：解决了 ReLU 函数中神经元关闭（0）的问题，c 通常是 0.01（一个小数），但也可以是个参数，能被神经网络学习并作为额外的超参数进行调整 $(c<1)$。[a] 优点：无饱和边界。[a] 优点：计算效率高。	$f(x)=c\,x,\ x<0,\ c<1$ $f(x)=x,\ x\geq 0$	$(-\infty, +\infty)$
SoftPlus 函数	 优点：与 ReLU 函数相同但没有硬切换阈值，因此也没有"关闭"问题。[a] 缺点：左侧饱和。[a]	$f(x)=\ln(1+e^x)$	$(0,+\infty)$

注：a. 更多进阶信息参见拓展阅读 2.1 和 2.2。

拓展阅读 2.1　零中心化激活函数的重要性

若是非零中心化激活函数（如 Sigmoid 函数）的神经元，传递给下一层神经元的信号也是非零中心化的。这会对神经网络寻找最优解造成负面影响（梯度下降），因为在反向传播阶段的梯度都会具有相同的符号，导致在寻找最优解时出现非常低效的"曲折波动现象"。曲折波动意味着梯度更新会朝着不同的方向走得太远，使得优化

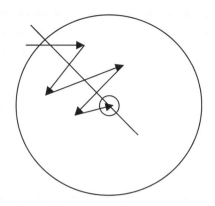

更加困难。第 2.2.2.3 节将更详细地讨论反向传播和寻找最优解。图 2-5 展示的曲折波动的含义可以参考这一部分。

图 2-5 梯度更新时的曲折波动

拓展阅读 2.2 激活函数不饱和边界的重要性

当激活函数在边界处变得饱和时（如 Sigmoid 函数），就意味着该函数的导数值在这些区域非常接近于零。这会导致在反向传播过程中，导数接近于零的区域内神经元梯度关闭，数据信号无法通过这些神经元传递。这个问题实际上比使用非零中心化激活函数的问题要轻微一些，因为在批处理过程中，还有一些其他正面的影响可以部分抵消它的负面影响。

2.2.2.2 神经网络层和连接类型

我们可以对不同的层、不同的神经元连接进行分类。每一层都包含相同类型的神经元，不同层所包含神经元的类型可能不同。

神经网络层可以根据它们的激活函数分类（即激活函数决定了层的类型），但也有其他类型的层，它们对输入数据进行转换并不依靠激活函数。

下面列举了一些这种特殊的层类型：

·批量归一化层（batch normalization layer）

批量归一化层先将输入数据去均值化后再除以标准差，接着对数据进行缩放和平移，得到零均值（zero mean）和单位方差（unit variance）标准化数据。缩放因子和平移因子在批量归一化过程中被设置为网络中的可学习参数。标准化操作是针对每个单独的训练数据点进行的，计算均值和标准差针对的则是整个数据批次。

批量归一化层通常会被添加在全连接层或卷积层之后，非线性激活层之前（参见第 2.3 节）。批量归一化层可以加快神经网络的训练过程，提高神经网络训练的效率，同时减少了神经网络初始权重的影响（在训练开始前最佳权重参数是未知的），并对泛化产生积极作用。

更多关于批量归一化的信息参见拓展阅读 2.3。

· 随机失活层（dropout layer）

随机失活层的作用是提高泛化能力（防止过拟合，见第 1.2.1 节）。

它有一个参数：概率 p（默认值是 0.5）。通过随机将神经元连接值设定为零的方式，对输入数据进行正则化（regularize）处理。将连接值设置为零，意味着某些神经元会被关闭（数据无法通过），也意味着数据或者信息会被丢弃（神经元被丢弃的概率为 p，被保留的概率为 $1-p$）。

· 层归一化层（layer normalization layer）

该层将输入数据转换为零均值和单位方差的标准化数据，再进行缩放和平移。训练样本被单独归一化，然后计算出各层维度上的均值和标准差。它与批量归一化十分类似，应用于循环神经网络中。

神经网络中层之间的连接方式可以根据数据在两个层之间的传递方式进行分类。每个连接都包含一个输入数据和它的权重（x_i, w_i），还有一个视为权重的额外偏置项和一个单位输入（1 b_m），见图 2-4。据此，我们可以定义（包括但不限于）以下几种类型的连接：

· 全连接（线性）连接 [fully connected （linear） connection]

这类连接将所有数据从一个层传输到另一个层，同时还会加上偏置项。偏置项可以被视为连接到一个神经元的额外权重（即一个输入的额外连接），在学习过程它被用来对每个神经元进行特殊调整。

· 无偏置项全连接（线性）连接 [fully connected （linear） connection without bias]

这类连接将所有数据从一个层传输到另一个层，但不会加上偏置项。

· 丢弃连接（drop connected）

与随机失活层具有相同的效果，但不是将激活值归零，而是将连接权重归零。

拓展阅读 2.3　批量归一化

"训练深度神经网络之所以复杂，是因为每一层输入数据的分布都会随前一层参数的改变而改变。这就需要更低的学习率和谨慎的参数初始化，继而导致训练速度变慢，也使饱和非线性函数的模型训练更加困难。"（Szegedy, C., Ioffe,S., 2015）

上述文字的作者将这种现象称为"内部协变量转移"（internal covariate shift），并通过批量归一化对层的输入进行归一化来解决这个问题。通过"将每一层的输入白化，我们可以朝着实现固定输入分布的方向迈出一步，从而消除内部协变量转移的负面影响"（Szegedy, C., Ioffe, S., 2015）。

它的工作原理是什么？批量归一化层通过减去批次均值并除以批次标准差，对其输入进行归一化处理。然后向这一层添加两个可训练的参数。其中一个参数（γ）与标准化的输入（在第一步中计算）相乘，其乘积再与另一个参数（β）相加。最终的信号就是转换后（进行过批量归一化）的批量归一化层的新输出。

假设有小批量数据 $B = \{x_1, x_2, \cdots, x_m\}$。该小批量数据的均值为：

$$\mu_B = \frac{1}{m} \sum_{i=1}^{m} x_i$$

标准差可用以下公式计算：

$$\sigma_B = \sqrt{\frac{1}{m} \sum_{i=1}^{m} (x_i - \mu_B)^2}$$

归一化输入可用以下公式计算：

$$\widehat{x_i} = \frac{x_i - \mu_B}{\sigma_B + \varepsilon}$$

其中 ε 是小数，以防被除数是 0。

最终的批量归一化信号可以写作：

$$y_i = \gamma \widehat{x_i} + \beta$$

γ 和 β 会成为额外的训练参数，神经网络会学习它们的最优值。

示例可见图 2-6。

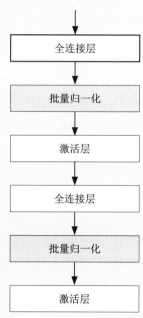

图 2-6　设置了批量归一化的神经网络

2.2.2.3　学习过程

训练监督前馈神经网络（即学习过程）需要结合一系列复杂的算法。本节目的在于让读者对学习步骤形成全面认识，并重点关注神经网络应用的所有细节。只有在应用或进一步开发、改进这些算法时，才需要了解这些学习步骤背后的复杂数学原理。所以我们会尽量简化，只用少量数学公式来解释问题。了解神经网络如何学习，能帮助你将神经网络应用到自己的机器学习任务中。

当我们输入一个向量 x（一系列数字或者特征；一行或一个数据记录）和一个目标标签 y（一个数字），我们会希望神经网络去学习 x 和 y 的关系。一个经过良好训练的神经网络，可以根据给定的任意 x 提供一个等于或者接近于目标值 y 的预测值 $\hat{y}$。训练神经网络需要寻找一个 w 值（权重），可以使输出函数较好地拟合输入数据。为了评估神经网络在一个学习任务上的表现，我们会定义一个关于 w 的误差或目标函数（有时称为成本函数）。这个目标函数对每个输入 / 目标对 $\{x, y\}$ 的误差求和，用来测量预测的 $\hat{y}$（x; w）与目标 y 之间的距离。训练神经网络的过程就是通过调整 w 的值来使目标函数达到最小（即最小化总体误差）。这个函数最小化算法还利用了目标函数相对于参数 w 的梯度，这个梯度由反向传播算法（更多相关信息见后文）计算得出。

由于隐藏层会使误差的计算（目标函数）变得复杂，所以我们需要利用梯度。输出层的误差可以通过比较目标 y 和预测 $\hat{y}$ 轻松得知，但隐藏层的误差却很难得到。不知道每个隐藏层的误差就无法调整权重。但通过反向传播从输出层开始逐层计算隐藏层的误差，就可以解决这个问题。一旦得知了每个隐藏层的误差，就能在训练过程中据此更新每个连接的权重。每个节点都会对相连的输出节点产生一定影响。误差的分配，是依据隐藏节点和输出节点之间连接的强度，且通过反向传播的方式传递至所有隐藏层。

基于神经网络输出（经过前向传播），目标函数的通用定义为：

$$O(w) = \frac{1}{n} \sum_{i=1}^{n} L\left[\hat{y}^{(i)}\left(x^{(i)}; w\right), y^{(i)}\right]$$

在这个等式中，$O(w)$ 是预测结果（基于输入数据和权重 w），是实际值（标签）。(i) 表示在含有 n 条数据记录的数据集中的第 i 条数据记录。字母 L 表示所谓的损失（误差）函数（loss function），它的形式取决于学习的类型是分类问题还是回归问题，以及两个参数——预测值和实际值。请注意，x 在这个等式中是一个矩阵，y 是一个向量，因为我们要表达的是整个数据集，而不仅仅是一条数据记录。出于相同的原因，$x^{(i)}$ 是一个向量（数据的一行），$y^{(i)}$ 是一个数字（标签）。

在下一个等式中，让我们把 $\hat{y}^{(i)}(x^{(i)}; w)$ 简化为 $\hat{y}^{(i)}$。

在分类问题中，模型的输出值是一个在 0 和 1 之间的概率（每个类的概率），这个损失函数被称为"交叉熵损失函数"，上面等式中的 L 可以在目标函数中被替换为：

$$O(w) = \frac{1}{n} \sum_{i=1}^{n} \left[y^{(i)} \log\left(\hat{y}^{(i)}\right) + \left(1 - y^{(i)}\right) \log\left(1 - \hat{y}^{(i)}\right)\right]$$

在处理回归问题时要用到"均方误差损失函数"：

$$O(w) = \frac{1}{n} \sum_{i=1}^{n} \left[y^{(i)} - \hat{y}^{(i)}\right]^2$$

这与我们在第 1.2 节讨论的线性回归机器学习模型（均方误差）时看到的完全一致！目标函数的优化（最小化）通常使用梯度下降算法进行。简单来说，梯度下降算法首先计算出梯度，再更新神经网络中的权重，然后重复以上两个步骤，直到达到所需的收敛（找到函数的最优最小值）。梯度由之前解释过的反向传播来计算。梯度下降法的工作原理可以用图 2-7（一张复杂函数二维拓扑优化视图）来表示。与梯度下降法相似的还有"随机梯度下降算法"，但它处理的是小批量数据而不是每个数据点。随机梯度下降算法效率更高、准确率更好而且训练速度更快，因此也更常用。

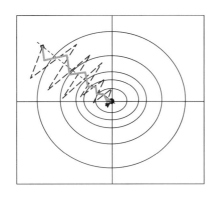

图 2-7 梯度下降算法 + 自适应学习率

通过最小化目标函数来估计权重，可用以下数学公式表达：

$$\widehat{w} = \underset{w}{\mathrm{argmin}}\, O(w)$$

由于广为人知的优化问题（如虚假局部最小值）和学习率问题，优化目标函数的任务十分困难。在梯度下降算法中用学习率来调整权重（图 2-7 中的步长）。如果步长过大或过小，都有可能导致优化失败或者过慢，甚至永远无法收敛。

新的权重用以下简化过的公式计算：

$$\widehat{w} = w - \eta \frac{\partial O(w)}{\partial w}$$

其中，η 代表学习率，是目标函数相对于 w（权重）的偏导数（梯度）。你不需要理解偏导数背后的数学原理，只需把它看作目标函数相对于 w（权重）的梯度——梯度指的是函数下降最快的方向。

解决学习率问题的方法就是用自适应学习率去代替固定学习率（见图 2-7）。根据算法的不同，学习率可以基于梯度值、学习速度、权重值或其他参数来计算。

有许多自适应学习率算法，包括以下几种：

· Adam

· SARAHPlus

· Adadelta

· RMSProp

· Adagrad

这些算法都具有相似的工作原理，其中一些经过了改进和升级。比如 RMSProp 是

Adagrad 算法（Duchi, J., Hazan, E., Singer, Y., 2011）的升级版。Adam 算法（Kingma, D. P., 2015）是 RMSProp 的升级版，而且是当前最常用的算法。它们都是基于小批量的优化器。优化器的开发已成为人工智能领域中一个颇为活跃的研究领域，因此未来可能会出现更多新的优化器。

本书的主旨不是详细解释这些优化器的工作原理，而是帮助你理解其主要原则，以选择最好的优化器。根据经验，我们推荐使用 Adam 优化器，但也可以尝试其他不错的优化器，如 SARAHPlus（Nguyen, L.M., Liu, J., Scheinberg, K.,et al,2017）和 Adadelta（Zeiler, M.D.,2012）。AI-TOOLKIT 支持以上三种优化器， Adam 是其默认的优化器。

2.2.2.4　如何设计神经网络

设计神经网络并没有具体规则，因为隐藏层和隐藏单元（神经元或节点）的数量取决于许多参数的复杂组合，包括以下几种。

·训练数据：记录的数量，神经网络的学习数据中模式（信息）的复杂程度，数据噪声。

·神经网络中的输入和输出节点的数量也取决于输入数据。

·神经网络中激活函数的选择。

·学习算法和参数。

·其他。

如果神经网络的结构过于简单（隐藏层和节点过少），那么模型就无法从数据中学习到信息，进而导致模型性能低下（高错误率）。反之，如果神经网络结构过于复杂（有过多隐藏层和节点），模型或许有不错的表现，但仍然会出现较高的泛化误差（未知测试集的高错误率），或者无法收敛至最终解决方案。

设计有效的神经网络模型的唯一方法是通过试错——设置并训练多个神经网络，评估它们的性能。试错的过程可以自动化进行，但迄今为止，这个领域并未取得十分令人满意的结果（对这个主题的研究仍在进行中）。下一节会有更多关于这方面的内容。

关于人工试错的过程，有一些基本的操作指南（即所谓的经验法则），可能会对你有所帮助。

·输入和输出节点的数量是已知的，可据此优化隐藏节点的数量。输入节点的数量，等于输入数据集中的特征数（列数），加上一个用于偏置项的单元，在大多数神经网络中，都会存在一个偏置项。输出节点的数量取决于神经网络模型（算法），在回归模型中通常等于 1，在分类模型中，等于决策变量中的唯一决策值（类或标签）的数量。

一些分类模型如果只预测分类而不计算每个分类的概率，那它们就可能只有一个输出。AI-TOOLKIT 会处理每个分类标签的概率，因此它的输出节点的数量等于唯一分类标签的数量。

·对于许多问题，一个隐藏层就足够了。增加隐藏层也许对学习数据中更复杂的函数（信息）有帮助（Kolmogorov, A.N., 1957; Hecht-Nielsen, R., 1987），但也会增加模型的复杂性和训练时间，而且可能导致过拟合。在大多数情况下，2~3 个隐藏层就足够了。最好从一个隐藏层开始，根据需要逐一增加。根据柯尔莫哥洛夫定理（Kolmogorov's theorem），包含三个隐藏层的神经网络就足以学习数据中的任何函数。然而，定理并没有说明需要多少隐藏节点或如何确定每一层的节点数量。

·关于如何确定隐藏节点的数量（H），下面介绍一个不错的方法：

（1）计算输入（I）和输出（O）节点数的平均值。

$$H = \frac{I+O}{2}$$

（2）如果只有一个输出，将输出乘以 2。

$$H = 2O$$

（3）用这个公式：

$$H = \frac{2}{3}I + O$$

（4）如果模型包含不止一个隐藏层，那就尝试将输出层之前的隐藏层设置为上述建议中的一个值，并在后续的每个层增加节点数，例如，增加一倍（甚至两倍、三倍）节点的数量。对于输入层前最后一个隐藏层的节点数量，应该设置为便于连接到输入层的数量。

（5）可以尝试在靠近输入层和输出层的隐藏层中将节点数加倍（或增加两倍、三倍等），然后，逐渐向中间隐藏层的方向递减节点数，以使中间层的连接更简单（在第8.5.7.1 节中有举例）。

·为每个隐藏层选择正确的激活函数及其参数也很重要。第 2.2.2.1 节介绍了几种激活函数的优缺点。从 ReLU 和 TanH 激活函数开始，如果效果不好，就继续尝试其他类型，尝试其他层组合，或者增加特殊层，如随机失活层、批量归一化层等。

第 2.2.2.2 节展示了如何构建一些基本的架构。

·还有许多其他参数对神经网络模型同样重要，如批大小、步长(学习率)、迭代次数、优化器类型等。这些参数都取决于所选用的模型和算法。AI-TOOLKIT 的使用，参考第9.2.3 节中的分类模型，这部分详细解释了这些参数，并就如何给它们赋值给出了指导。

下面介绍神经网络设计中的构造（constructive）、剪枝（pruning）和进化遗传算法（evolutionary genetic algorithms，EGA）。

神经网络的结构包括隐藏层和隐藏节点，以及其他参数，如初始权重、激活函数及其参数、学习率等。

自动确定神经网络结构的方法有两类：

·自动化的构造试错法和剪枝试错法。

·EGA。

构造试错法（constructive trial and error method）由一个很小的神经网络（只有一个隐藏层和几个节点）开始，随后增加隐藏层和隐藏节点，并重新评估模型直到达到预设的性能。剪枝试错法（pruning trial and error）和构造试错法类似，只是它由一个庞大的网络开始，通过一步步移除（剪枝）隐藏节点和隐藏层来达到预设性能。这两种方法都十分耗时，因为有众多参数需要优化，而且如果你有大量的数据和／或需要一个庞大的神经网络，最好是利用超级计算机、网格或者云计算。通过一些明智的推测来手动设计神经网络可能会更省力！

EGA 因模仿生物学上的进化理论而得名。EGA 和生物学进化这些术语乍听好像很复杂，但实际上并没有那么复杂。进化算法有很多类型，所谓的遗传算法（GA）被用于神经网络结构优化（设计）。EGA 一直是很多研究的主题，但目前还没有一种标准的方法来有效地设计神经网络结构。EGA 存在一些问题，其中一个是它对自己所优化的问题一无所知。它是通用的优化方法，结合神经网络结构中的许多参数，就会变得非常复杂和耗时。神经网络经常朝着不正确的方向进化，或者由于无效连接，生成的神经网络结构无法用标准训练方法进行训练。利用网格或云计算来运行 EGA 是个不错的选择。

神经网络的进化遗传算法工作原理如下：

· 第一步：随机生成 M 个初始神经网络结构，之后转换成二进制字符串进行编码。有两种神经网络结构编码方案，分别是"直接编码"和"间接编码"。直接编码生成一个 $N \times N$ 矩阵，包含网络中所有节点，其中 N 是节点总数。这个矩阵元素的值可能只有"1"（如果两个节点之间有连接）和"0"（如果没有连接），也可能包含连接的权重。经编码的二进制字符串是 $N \times N$ 矩阵中元素的串联（如按行排列），因此这个字符串可能会非常长。

间接编码只选择部分（最重要的）神经网络结构特征（隐藏层的数量、节点数、连接等）进行编码，但它无法直接生成可训练的神经网络结构。

· 第二步：训练并评估选中的神经网络的性能。

· 第三步：选择表现最好的神经网络结构来进行繁殖（生成新的结构）。

· 第四步：通过对第三步选出的神经网络结构进行"交叉"和"变异"（crossover and mutation）（该术语来自生物学进化论）来随机生成新的结构。

· 第五步：训练并评估新神经网络结构的性能。

· 第六步：用新结构替代旧结构。

· 重复第三步到第六步，直到达到预定的性能。神经网络模型的性能用目标函数衡量，目标函数在优化的过程中达到最大化。

EGA 的过程虽然直接、简单，执行起来却十分耗时，因为要训练并评估许多神经网络模型（结构）。好的表示方法和编码方案至关重要，也曾有人试图找到好的编码策略（字符串、解析树、图形等）。但一些研究者认为，也许最好的方法就是完全不用编码（Castillo, P.A., Arenas, M.G., Castillo-Valdivieso, J.J., et al, 2003）。这也说明，EGA 尚不能真正地自动设计神经网络结构。

拓展阅读 2.4　一个简单的遗传算法示例

优化神经网络结构也意味着对训练出来的模型的性能进行优化（如最大化准确率）。

为了方便理解，先不考虑每个分类和其他性能指标，只考虑模型的准确率。最大化准确率在回归问题中意味着最小化均方误差（MSE），在分类问题中意味着最大化分类预测准确率。

让我们举一个非常简单的例子，在其中用遗传算法对简单函数 $f(x)=2x$ 最大化（优化）。假设 x 的值在 1~15 之间变化。

遗传算法的第一步是选择如何对问题进行表示和编码，之后随机生成一个总体（population）。在这个非常简单的例子中，$f(x)=2x$ 会随着 x 值的变化（1~15 之间）而变化，因此我们用变量 x 表示这个问题。介于 1 到 15 之间的数字最多只需要使用四位二进制数字来表示，因此我们用一个四位数字代表每个 x 的值。例如，经二进制编码，1 可以被表示为 0001，15 可以被表示为 1111。在不足四个数字位的二进制数字前加零，以达到四个数字位。可以用计算器或 Excel 计算任意整数的二进制值。

决定了表示方法和编码方式后，下一步就是生成一个总体。假设我们需要 5 个个体（cases）。

表 2-2 是一个简单的表格，展示了这个例子的输入数据和计算。在上半部分表格中，随机生成了 5 个 x 值，经二进制编码后分别计算 $f(x)$。

表 2-2 遗传算法示例

min(x)	1
max(x)	15

n	x	编码	$f(x)=2x$	繁殖概率	繁殖计数	说明
1	5	0101	10	20.8%	1	1x
2	2	0010	4	8.3%	0	排除！
3	9	1001	18	37.5%	2	2x
4	3	0011	6	12.5%	1	1x
5	5	0101	10	20.8%	1	1x
		sum	48	100.0%	5	
		max.	18			
		min.	4			
		avg.	9.6			

基础项			配对项			交叉点	新编码
n	x	code	n	x	code		
3	9	1001	4	3	0011	1	1|001 0|011 1011 0001
1	5	0101	5	5	0101	2	01|01 01|01 0101 0101
3	9	1001	1	5	0101	2	10|01 01|01 1001 0101
4	3	0011	5	5	0101	3	001|1 010|1 0011 0101
5	5	0101	3	9	1001	2	01|01 10|01 0101 1001

繁殖概率（p-reproduction）指的是个体被选中进行繁殖的概率，通过计算 5 个 $f(x)$ 值的总和（48）除以每个 $f(x)$ 得出。我们的目的是最大化 $f(x)$，所以繁殖概率值越高的个体越有可能被选中。这就是繁殖概率的作用。每个个体被繁殖的次数（count-reproduction，繁殖计数），通过计算每个 $f(x)$ 值除以 $f(x)$ 的平均值后取整。不应该被繁殖的个体（值为 0）将被排除，不再使用。

下半部分表格展示的是交叉操作。随机选择一对个体并计算出一个随机交叉点（crossover-site）。注意个体 2 不在表格中（因为它被排除了）。交叉点用于分离保持不变的点和需要进行交换的点（用一个基于零的索引值来表示）。以第一行（1|001,0|011）为例，从基础编码二进制数的第二位开始（从二进制数开头的零算起，交叉点等于 1）到结尾，把每一数位上的数字与配对编码对应数位上的数字进行互换（下半部分表格的最后一列为配对个体的二进制数），就得到了两个新的二进制数（第一行中的 1011 和 0001）。

接下来解码二进制字符串并计算 $f(x)$ 的值，用所得的新数值替换原数值。新的 x 值为 11（1011），9（1001），5（0101），3（0011）和 1（0001）。

经过第一次迭代，x 的值已经开始增加了！

在本例中我们不会用到变异，但如果有需要，我们只需对每个二进制数进行取反（$0 \rightarrow 1, 1 \rightarrow 0$）即可，在某些情况下这取决于变异概率。变异概率通常很低。例如，假如变异概率为 1%，我们有 5 个项，每个项是一个 4 位二进制数，因此有 $0.01 \times 5 \times 4 = 0.2$ 个项需要进行变异（对数位上的数取反）——注意，因为需要变异项数小于 1，所以没有项会发生变异。

重复上述过程，直到找到 $f(x)$ 的最大值。在神经网络中，$f(x)$ 的值就是经过训练的模型的准确率。

本例源于参考文献 [45] 的一个例子。

2.2.3 卷积前馈神经网络：深度学习

卷积前馈神经网络（CFFNN）和一般的前馈神经网络（FFNN）十分相似，但包含一些特殊层。在其众多应用中，最常见的是图像分类（视觉识别）。神经网络的成功应当归功于 CFFNN，是它促成了机器学习的突破性进展。CFFNN 还有一些应用，包括自主驾驶、面部识别、自动图像分类等。

CFFNN 的灵感来自对动物视觉皮质的研究，动物（包括人类）可以通过感知图像中的模式（边缘、曲线等）来迅速识别物体。每个物体都有一些独有的特征，人们可以在没有对整个物体进行分析的情况下迅速区分它们。利用过去的经验，我们可以进一步改善识别（学习）的能力。CFFNN 会寻找图像中的边缘和曲线，并通过一系列的卷积层和滤波器构建出更复杂的物体。

我们在之前章节中看到的大多数 FFNN 的特征（如结构、激活函数、学习、优化等）也适用于 CFFNN。因此，我们在这里只关注 CFFNN 的独有特征，如卷积层类型及其目的和参数，以及 CFFNN 的一些结构。

以下是 CFFNN 的三种层类型：

- 输入层。
- 卷积层（convolution layer）：CFFNN 中独有的。
- 池化层（pooling layer）：CFFNN 中独有的。

下面几节将详细解释每种层类型。

当然，一般的 FFNN 中的激活层、全连接层等，也可以存在于 CFFNN 中，功能就和我们在前面几节介绍的一样。

由于卷积神经网络主要用于解决图片和视频方面的问题，我们将把图片输入作为重点。

2.2.3.1　输入层

输入层存储输入图像的原始像素。例如，一幅 48×48 尺寸的全彩图像有 48×48×3 = 6912 像素值，一个像素由三种颜色组成——红、绿、蓝——色彩的强度值介于 0 到 255 之间，一幅 600×600 的全彩图像（如来自视频）可能意味着 1080000 像素值。这个简单的例子说明了 CFFNN 需要海量的计算资源！出于这个原因，我们通常先把彩色图像转化成只含有一个颜色的灰度图。色彩(红绿蓝)通常不包含识别图像所需的重要信息，所以灰度图就足够了。

2.2.3.2　卷积层

卷积层承担了 CFFNN 的大部分工作。它包含多个滤波器——有时被称为卷积核，用来学习输入图像的不同特征。

每个滤波器在输入图像上滑动（卷积），并用滤波器内的值（权重）与输入图像像素值（在灰度图中，是一个介于 0 到 255 之间的值）相乘（见图 2-8）。计算结果再组成一个矩阵，叫作特征图（或激活图），包含了原始输入图像中的边缘或曲线。

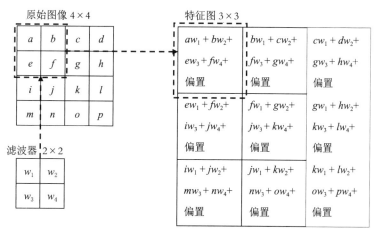

图 2-8　卷积操作

参考拓展阅读 2.5 中的例子，可以了解卷积滤波器是如何处理图像的。

每个卷积层都相当于检测输入图像的具体特征或模式的滤波器。CFFNN 的第一个卷积层负责检测相对简单且易解释的大型特征（如物体的轮廓）。后续层则检测更小、更抽象（可能被包含在较大的特征之中）的特征。CFFNN 的最后一层（全连接层）通过结合前面层检测到的所有具体特征对输入数据进行分类。

每个卷积滤波器（一个卷积层可能包含数个滤波器）的大小决定了它含有权重（滤波器中的值）的数量。例如，如果我们有一个2×2大小的滤波器，那么就有四个权重以表格的形式分布（见图2-8）。

CFFNN在最小化目标函数的同时学习每个滤波器中的权重（见第2.2.2.3节）。

拓展阅读 2.5　对图像进行卷积操作

如果我们把表2-3中3×3卷积滤波器应用到图2-9中，就得到了图2-10中的结果。可以看出，通过对原始图像进行卷积操作，这个简单的滤波器找到了图中物体最重要的轮廓。

表2-3　卷积滤波器（3×3）

−1	−1	−1
−1	8	−1
−1	−1	−1

图2-9　示例图像

图2-10　卷积滤波器示例图像

图 2-8 展示了如何在灰度图上进行卷积操作。可选的偏置也会在输出的特征图中得到体现（更多关于偏置的详细说明见第 1.2 节）。灰度图的深度为 1（只有一个颜色通道）。

如果输入图像有三个通道（即彩色图像的红蓝绿三色），我们就说它的深度是 3。第一个卷积层也必须具有深度为 3 的滤波器。对所有通道进行卷积操作，得到的是特征图中的单一数字，如图 2-8，如果每个像素的深度都是 3，那特征图的左上部分计算如下：

$$a_r w_{1r} + b_r w_{2r} + e_r w_{3r} + f_r w_{4r} +$$
$$a_g w_{1g} + b_g w_{2g} + e_g w_{3g} + f_g w_{4g} +$$
$$a_b w_{1b} + b_b w_{2b} + e_b w_{3b} + f_b w_{4b} + 偏置$$

下标 r、g、b 分别代表三个颜色变量。

可见，在全彩图像的情况下，不仅像素的数量大增，权重的数量也增加了。

滤波器在 CFFNN 最小化目标函数（见第 2.2.2.3 节）的过程中不断学习权重。在学习过程开始之前，每个滤波器中的权重都被初始化为一个随机数字。

每个卷积层都有三个重要参数：滤波器尺寸、步幅和填充（stride and the padding）。下面我们来详细讨论。

· 滤波器尺寸（$W \times H$）

滤波器通常呈正方形，即四边等长。卷积层对输入图像起到检测滤波器的作用，用于检测特定的特征或模式的存在。CFFNN 最上层的卷积层检测大型特征，可检测特征的大小取决于滤波器的尺寸。因此，根据输入图像和图像中物体的尺寸选择尺寸合适的滤波器十分重要。例如，如果输入图像的尺寸是 200×200，我们选择 10×10 的滤波器，那么第一个卷积层中的滤波器能够找到的最大特征，最多只能占输入图像面积的 0.25% ［$10 \times 10 / (200 \times 200)$］。后续卷积层只能发现更小的特征。

· 步幅（S）

步幅是指滤波器在图像上滑动（卷积）时，以像素为单位跳跃的步数。步幅要同时根据滤波器的尺寸和输入图像的尺寸来决定，选择不当可能无法进行卷积操作。例如，输入图像的尺寸是 5×5，滤波器的尺寸是 2×2，如果我们将步幅设置为 2，滤波器则会因为没有足够的像素而无法滑动到图像的边缘（见图 2-11）！所以要确保步幅的值是可以实现的！

选择更大的步幅可以缩小层的尺寸（减少权重数量），但这样会丢失更多细节！

· 填充（P）

填充指的是在输入图像周围添加一圈值为 0 的边缘，以增加图像的尺寸。进行填充主要出于两个原因。第一个原因是防止在应用卷积层时缩减图片的尺寸（见图 2-12），第二个原因是为了设置大于 1 的步幅。若不做填充，可能导致图像尺寸缩减，带来巨大的问题。在应用多次卷积操作后，图像甚至可能会消失（尺寸为 0×0）！

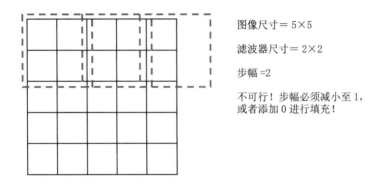

图像尺寸＝5×5

滤波器尺寸＝2×2

步幅 =2

不可行！步幅必须减小至1，
或者添加0进行填充！

图2-11 不可行的步幅

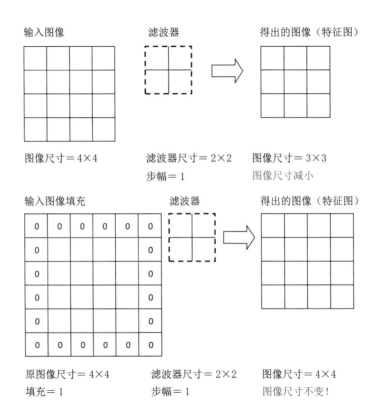

图2-12 填充效果：不缩减图像尺寸

计算卷积层的输出尺寸：

在许多应用中，我们必须给出每个卷积层的输入尺寸。当卷积层涉及步幅和填充时，我们也许无法立即得出该层的输出尺寸（即给下一层的输入）。因此，我们来看一下计算卷积层输出尺寸的数学公式。AI-TOOLKIT有内置的计算器，可以轻松实现这种计算。

卷积层的输入参数如下：

·输入体积：$W_1 \times H_1 \times D_1$（$W_1$ 和 H_1 分别是输入图像的宽度和高度，D_1 是第一个卷积层中输入图像的深度，或颜色通道的数量（深度＝颜色通道的数量）。

·滤波器的数量：N（出于计算效率的考虑，选择2的倍数，如4，8，16，32，64，…）。

·滤波器的尺寸：$F_W \times F_H$

·步幅：S

·填充：P

有上述输入参数，便可计算出输出体积的大小：$W_2 \times H_2 \times D_2$（其中 W_2 是输出图像的宽度，H_2 是输出图像的高度，D_2 是输出图像的深度）：

$$W_2 = \frac{(W_1 - F_w + 2P)}{S} + 1$$

$$H_2 = \frac{(H_1 - F_H + 2P)}{S} + 1$$

$$D_2 = N$$

通常 $F_W = F_H$，因此卷积层中权重的总数等于 $F_W \times F_H \times D_1 \times N$。

2.2.3.3　池化层

在这一层中，一个小窗口（称为"池化窗口"）滑动通过输入图像并向下采样（见图 2-13）。池化层分两种类型：最大池化和平均池化。最大池化在池化窗口内选择输入图像中的最大值作为输出值。平均池化是在池化窗口内计算输入图像中的平均值作为输出值。

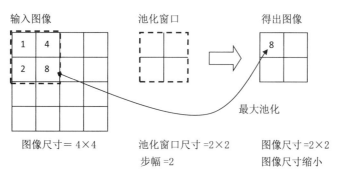

图 2-13　最大池化

最大池化可以保留输入图像中的特征，因此更为常用。池化层位于两个卷积层之间，通过减少数据量来降低神经网络对计算资源的需求。

因为效果一般，池化层已经不再流行，它的功能甚至可以被设置更大步幅代替。

池化层的输入参数如下：

·输入体积：$W_1 \times H_1 \times D_1$（$W_1$ 是输入图像的宽度，H_1 是输入图像的高度，D_1 是深度）。

·池化窗口尺寸：$F_W \times F_H$

·步幅：S

有了上述输入参数，便可算出输出体积 $W_2 \times H_2 \times D_2$（其中 W_2 是输出图像的宽度，H_2 是输出图像的高度，D_2 是输出图像的深度）：

$$W_2 = \frac{(W_1 - F_w)}{S} + 1$$

$$H_2 = \frac{(H_1 - F_H)}{S} + 1$$

$$D_2 = D_1$$

通常 $F_W = F_H$。最常用的输入参数组合是 $F_W=F_H=2$ 和 $S=2$（步幅），或者 $F_W=F_H=3$ 和 $S=2$。

2.2.4　循环神经网络

一般来说，传统的神经网络和机器学习模型无法处理序列信息。例如，在处理语言时，我们通常需要知道一句话的前几个词来判断后面的词；在处理事件时，我们需要知道先前的事件来完成指定的任务。传统神经网络处理序列或时间序列信息的唯一方式，是将数据在一个时间窗口内进行聚合，并将其作为神经网络的输入（见第 8.7.2.1 节）。

而循环神经网络（RNN）利用反馈循环，使下一时间步能够获得先前时间步的信息。之所以叫反馈循环，是因为每个时间步具有反馈连接，允许信息在网络内部持续传递。后面我们绘制 RNN 的结构时，它的工作原理会变得更加清晰。

RNN 就是为了处理序列（时间序列）数据而发明的，首先就被引入到自然语言处理中，用于句子和语言规则的学习。自然语言中的句子是一系列单词的序列，而每个单词则是一系列字母或音素的序列（见第 5 章）。

我们可以通过下面的等式表示 RNN（改编自参考文献 [16]）：

$$s_t = f(s_{t-1}; \boldsymbol{W})$$

其中 s_t 代表在 t 时间步时网络的状态，$\boldsymbol{W}$ 是一个向量参数（$\boldsymbol{W}$ 代表权重）。我们称其循环，是因为它在时间步 t 回溯时间步 $t-1$ 的状态。在有限的时间步数内，可以对这个方程进行简化或展开，使得最终的方程不再涉及递归（recurrence）。

展开是 RNN 计算的主要原则，这使得我们能够利用传统的前馈神经网络中的前向和反向传播算法。三个时间步的状态等式可以通过以下形式展开：

$$s_3 = f(s_2; \boldsymbol{W}) = f(\,f(s_1; \boldsymbol{W});\, \boldsymbol{W})$$

RNN 的当前状态等于隐藏单元的状态，因此 RNN 上一个状态的等式可以写成：

$$\boldsymbol{h}_t = f(\boldsymbol{h}_{t-1}, \boldsymbol{x}_t; \boldsymbol{W})$$

其中，$\boldsymbol{h}_t$ 是在时间步 t 上隐藏单元的状态，f 是激活函数（如双曲正切函数），$\boldsymbol{x}_t$ 是在时间步 t 上的输入向量，$\boldsymbol{W}$ 是包含权重的参数向量。每个时间步都使用相同的激活函数和参数。RNN 和展开的 RNN 示意图见图 2-14。

如图 2-14 所示，引入延迟是为在进入下一个时间步前，等待上一个时间步的激活值被处理完毕。L_t 是每个被优化的时间步上的损失函数或目标函数。

在讨论 RNN 时，我们通常会提到"RNN 单元"，它可以在图 2-15 中以图形方式表示（其中的符号与图 2-14 中的相同；F_A 是激活函数）

根据 RNN 的架构，可以实现不同的应用。最重要的 RNN 架构见图 2-16。

注意，图 2-16 中 RNN 的一些输出（在某些时间步上）被忽略了。整个神经网络所需的最终输出决定了哪些输出会在网络的末端被传递出去。

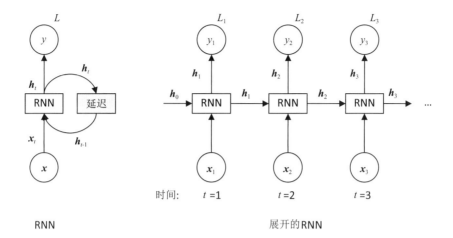

图 2-14　RNN 和展开的 RNN

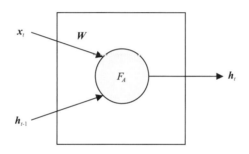

图 2-15　RNN 单元

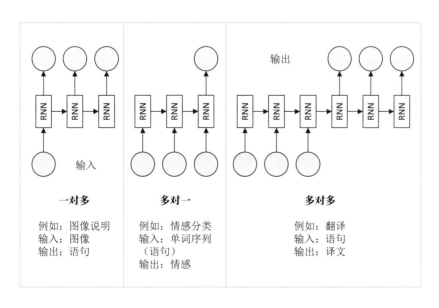

图 2-16　RNN 架构

2.2.4.1 长短时记忆单元

由于 RNN 中的网络展开导致了相同参数（权重矩阵）的重复计算，RNN 对于计算梯度时可能出现的一些问题（梯度消失和梯度爆炸问题）较为敏感（Goodfellow, I., Bengio, Y., 2016）。为了纠正这些问题，为 RNN 建立长期记忆，长短时记忆（long short term memory，LSTM）单元被创造了出来。

简单的 RNN 可以利用前几个时间步的信息。例如，当我们尝试预测句子"树叶飘落自……"（"The leaves fall off the..."）中的下一个词时，RNN 能够预测出下一个单词是"树上"（"tree"）。随着相关信息和目标词汇之间的间隔增大（例如，隔了几个句子），RNN 在学习如何将信息连接起来时，可能出现越来越多的问题[1]。这个问题的解决方案是设置某种长期记忆机制，使必要信息在神经网络中保留更长时间。

LSTM 的图示见图 2-17。

图 2-17 中的 LSTM 单元初看可能有些复杂，接下来让我们一步步了解其构成。一个 LSTM 单元包含一个输入门（i_t）、一个输出门（o_t）、一个遗忘门（f_t）、一个单元状态（C_t）、一个输入的激活（F_{AI}）、一个单元状态的激活（F_{AC}）和三个乘法运算符。

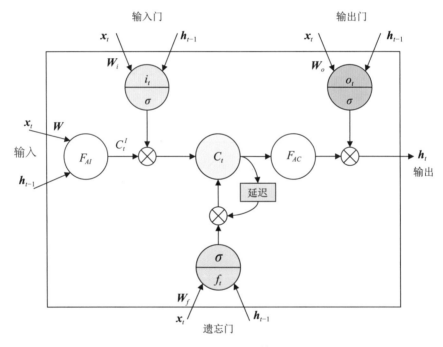

图 2-17 LSTM 单元

输入门、输出门和遗忘门都有一个 Sigmoid 激活函数，就是半圆中的 σ。其他两个激活函数可由用户进行选择，通常用双曲正切函数。关于激活函数的更多信息见第 2.2.2.1 节。

LSTM 能够在较长时间内存储并提供信息。例如，如果输入门保持关闭（即 Sigmoid 激活函数接近于 0），单元状态值（C_t）将不会被更新，当输出门打开（即激活函数接近于 1），信息便可以在以后的时间步（在序列中进一步）中使用。一旦信息被

1　Olah, C.: Understanding LSTM Networks, Github Blog .

使用完毕不再需要，就可以通过遗忘门清除它（设置为 0）。这样做的目的当然是不必手动存储和清除单元（和神经网络）中的信息，而是让神经网络学会何时自动存储和清除信息！注意由遗忘门加权的单元状态延迟反馈循环，通过这种延迟反馈循环可以保持信息（值）的有效性，直到需要使用它为止（即不再需要信息时，通过 $f_t = 0$ 将其清除）。

在 RNN 中，LSTM 单元可以互相连接，并可以取代神经网络中的隐藏层。LSTM 单元可以取代图 2-15 中简单的 RNN 单元。

LSTM 单元（与传统神经网络相同）可以用以下简单公式表示（改编自参考文献 [16, 56]）：

·遗忘门：

$$f_t = \sigma\left[\boldsymbol{W}_f(\boldsymbol{h}_{t-1} + \boldsymbol{x}_t) + b_f\right]$$

·输入门：

$$i_t = \sigma\left[\boldsymbol{W}_i(\boldsymbol{h}_{t-1} + \boldsymbol{x}_t) + b_i\right]$$

·输入门之前的单元状态：

$$C_t^I = F_{AI}\left[\boldsymbol{W}(\boldsymbol{h}_{t-1} + \boldsymbol{x}_t) + b\right]$$

·单元状态：

$$C_t = f_t C_{t-1} + i_t C_t^I$$

·输出门：

$$o_t = \sigma\left[\boldsymbol{W}_o(\boldsymbol{h}_{t-1} + \boldsymbol{x}_t) + b_o\right]$$

·最终输出：

$$\boldsymbol{h}_t = o_t F_{AC}(C_t)$$

以上所有符号在前面章节都解释过，也都出现在了图 2-17 中，除了偏置 "b"。偏置在这里和在传统神经网络中功能相似，是优化的一部分。

在上面的方程中，大部分的数值会通过相应的激活函数进行缩放（例如在 Sigmoid 函数中，输出值介于 0 和 1 之间）。正如前面提到的，由于 RNN 的展开操作，我们可以在 RNN 中使用与传统神经网络中相同（或相似）的优化算法。二者的主要区别在于 RNN 层（例如上面的 LSTM 单元）的计算方式。

有许多 LSTM 的变种，如门控循环单元（GRU），它通过将多个门合并在一起（如将输入门和遗忘门合并成一个 "更新" 门）来简化 LSTM 单元。RNN 和 LSTM 是相当活跃的研究领域。本节介绍了 RNN 的基础知识。RNN 主要应用于自然语言处理，同时也适用于如图像捕捉等其他领域。总体来说，RNN 在神经网络中引入了更多的复杂性，因此也会导致发展过程（训练）更加缓慢。

2.2.5 随机森林（决策树）

决策树（decision tree）和随机森林（random forest，即由多个决策树组成的算法）虽然在应用上不如支持向量机（SVM）或神经网络广泛，但对于某些数据集，它们可以提供良好的结果，并且由于其简单性，可能会被优先选择。而且相较于 SVM 和神经网络，它们的计算过程和模型架构（除了包含很多决策树的随机森林）更加透明。

这句话的意思是，可以将决策树看作一系列经过合理开发的后续问题和答案。决策树由一个根节点（"问题"）和一系列节点（"答案"）组成，然后在每个叶子节点（答案）处添加一个新的节点/问题后发展成内部节点。决策树的构建算法会读取训练数据，然后采用自顶向下分而治之的策略（即从根节点开始，逐步构建内部节点和它们的层级关系），仔细地根据数据选择不同节点。构建决策树使用了一种统计属性——通常称为"信息增益"（information gain）——来对属性进行分类，并从数据中构建决策树。每当需要一个节点时，有最大信息增益（输入空间中具有最大划分能力）的属性会被选中。这个过程被不断重复，直至到达最后一个叶子结点，即我们所寻找的分类目标。

通过利用熵、基尼系数或增比率等，可以以不同方式计算信息增益。详细计算过程和计算公式不在本书讲解范围内。

图 2-18 和表 2-4 是一个简单的决策树示例。为了简要说明，示例使用了非数字文本数据。多数决策树或随机森林算法其实使用数字值（文字标签可以转化为数字）。

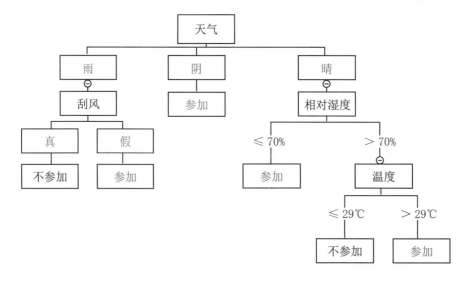

图 2-18 用于决定是否参加特定运动的简单决策树

表 2-4 用于决定是否参加特定运动的简单数据集

天气	温度 /℃	相对湿度 /%	刮风	决策
晴	29	85	假	不参加
晴	27	90	真	不参加
阴	28	78	假	参加
雨	21	96	假	参加
雨	20	80	假	参加
雨	18	70	真	不参加
阴	18	65	真	参加
晴	22	95	假	不参加
晴	21	70	假	参加
雨	24	80	假	参加
晴	24	70	真	参加

（续表）

天气	温度 /℃	相对湿度 /%	刮风	决策
阴	22	90	真	参加
阴	27	75	假	参加
雨	22	80	真	不参加

随机森林由一系列基于随机子采样数据的决策树组成。随机森林算法中的决策树并非采用最优策略（即最大信息增益）来划分规则，而是采用随机划分规则（均匀分布随机采样的信息增益）来寻找划分数据的最佳策略。多个决策树会产生多个不同的结果或决定。随机森林根据所有决策树的结果（取平均值或得票最多的）产生最终决策。

决策树算法容易出现过拟合，而随机森林算法则降低了这种风险，且在泛化方面表现得更为优秀。

2.3　无监督学习算法

还记得我们在第 1 章中说过，无监督学习的目的在于找到数据中的隐藏模式，对未经标注的数据进行分类或标注，进而将相似的数据（具有相似属性和 / 或特征）分配到同一组（簇）中，将不同的数据分离。无监督学习也被称为"聚类"。

这一节将介绍几个较为有效且常用的聚类算法。虽然聚类算法种类繁多，但并没有一种适应所有类型数据的算法。难以用一种算法处理所有类型数据的原因在于数据本身：数据可能是低维或高维（特征或列）的，可能包含噪声也可能不包含，簇的密度可能相似也可能有很大差异，可能包含多层次特征也可能不包含。将无监督学习应用于未知数据集，常常需要不断试错，尝试多种算法。AI-TOOLKIT 内置了下面所有算法，可以很方便地应用于任何数据集。

2.3.1　k 均值聚类

因其简便性，k 均值（k-means）聚类是最常用的聚类算法之一，而且在处理多类型数据集方面表现优越（高准确率、高速度）。k 均值聚类的优势在于它不仅能够处理低维数据，还能够处理高维（特征或列）数据。k 均值聚类的准确率能够随着数据集的增大而增加，数据量越大准确率越高。

接下来介绍的是 k 均值聚类的基础算法，它已经被延伸并进一步优化，更先进版本的 k 均值聚类算法能够提供更优秀的结果。最重要的改进之一在于如何初始化质心（centroid）——所谓质心，即一个簇的中心。参考文献 [2] 介绍了一种为 k 均值聚类选择初始质心的方法：在数据的随机子集上运行若干次 k 均值算法，将得到的解进行聚类，然后选出初始聚类分配（cluster assignments）。

k 均值聚类算法很简单，现总结如下：

（1）首先选择 k 个初始质心或者均值（k 是输入参数，代表期望的类的数量）。通过随机划分进行基本的初始质心选择。初始选择的方法十分重要，这也是更高级的 k 均值聚类算法中有所改进的一个方面（参见前述内容）。

（2）计算每个数据点到每个质心的距离，然后将数据点分配到距离最近的质心。

（3）计算出一组新的质心，然后重新计算所有的距离。迭代过程会一直继续，直到满足特定条件，质心达到稳定。

k 均值聚类算法的缺点总结如下：

· 用户必须提供 k 类（簇）的数值作为输入数据。但在处理未知数据集时，有时无法确定 k 的值。

· 该算法对数据中的噪声十分敏感。

· 对数据中的离群值敏感。建议在应用 k 均值聚类算法之前，对数据集进行分析并移除离群值。

对于未知的数据集，确定簇的数量并不容易。有些算法可以对簇的数量做出有根据的猜测，如 MeanShift（均值漂移）聚类（参见第 2.3.2 节），但它们都需要其他同样不易确定的参数。还有其他估算簇的数量的技巧，例如手肘法（elbow method）（更多信息参见第 8.2 节）。

更多关于 k 均值聚类算法的详细解释参见拓展阅读 2.6。

拓展阅读 2.6　k 均值聚类算法

计算数据点与质心的距离是 k 均值聚类算法的一个重要步骤。测量方法有很多种，如所谓的欧几里得距离（Euclidean distance）或曼哈顿（城市街区）距离（Manhattan / city block distance）。欧几里得距离在实践中应用较多，计算方法如下：

$$d(x_i, c_j) = \sqrt{\sum_{f=1}^{n} \left(x_i^{(f)} - c_j^{(f)} \right)^2}$$

其中，x_i 是第 i 个数据点，c_j 代表第 j 个质心，$d(x_i, c_j)$ 是它们之间的距离。f 代表数据集中特征的数量（列或维度）。

簇的紧密性（compactness）（特定的簇里数据点与质心的远近程度）被用作 k 均值迭代终止的条件，用误差平方和（SSE）来计算：

$$SSE = \sum_{j=1}^{k} \sum_{i=1}^{m} d(x_i, c_j)^2$$

其中，k 代表簇的数量；m 是第 j 个簇里数据点的数量。x_i 是 j 簇当中的第 i 个数据点；c_j 是 j 簇的质心；$d(x_i, c_j)$ 是 x_i 与 c_j 之间的欧几里得距离（见上述公式）。

当 SSE 的减少量达到最小时，k 均值迭代终止。如果 SSE 的减少量小于设定的 ε 值，迭代终止（即没有显著的改善）。还可以通过另外两种方法终止迭代，一种是设置一个最大数量，当所属簇可能变化的数据点数量低于这个数量时终止迭代。另一种是通过设置一个最大的欧几里得距离变化值，当质心的移动距离低于这个值时终止迭代。

2.3.2　MeanShift 聚类

MeanShift 聚类与 k 均值聚类类似，也是一种基于质心的聚类算法（簇的中心就是质心），与 k 均值聚类不同的是，MeanShift 聚类不是缩短数据点与质心的距离，而是滑动给定半径（参数）的窗口，寻找数据点密度高的区域以找到质心。滑动窗口所在的密度最高区域，就是数据点聚集最多的区域。

这种算法十分简单：

·首先随机选择一个数据点，计算特定半径的滑动窗口的 MeanShift 向量。MeanShift 向量指向滑动窗口内数据点密度最高的方向。这种算法的关键就是如何计算这个 MeanShift 向量（详见后文）。

·滑动窗口的中心根据 MeanShift 向量移动。

·重复以上步骤直到数据点收敛。

这种算法最大的优势在于，它能够自动找到类（簇）的数量，不需要输入相关参数。这种算法唯一所需的输入参数就是滑动窗口的半径，滑动窗口的半径对结果影响重大，不能草率决定。不过，有很多方法可以用来估算所需半径（详见后文）。

在最新版的 MeanShift 聚类算法（AI-TOOLKIT 使用的版本）中，数据收敛通过对每个数据点调整滑动窗口半径得到改善。

·在数据集中每个数据点的周围选择 m 个最邻近的数据点[k 最近邻算法（KNN）]，计算出该数据点与 m 个数据点之间的距离，m 用公式 $m=cn$ 选出，其中 c 是数据点总数 n 的比率系数（如 0.2 就是 20%）。

·然后为每个数据点选出它与 m 个近邻数据点之间的最远距离。

取所有数据点最远距离的均值作为滑动窗口的半径。

MeanShift 聚类算法不只用于聚类，由于它的有效性、易用性和计算速度，它还被应用于许多机器视觉领域，如颜色和几何分割、物体追踪等。

拓展阅读 2.7　MeanShift 聚类算法

为了方便解释 MeanShift 聚类算法，我们用一个一维聚类作为例子。图 2-19 显示了一些呈横向线性分布的数据点。目标是将这些数据点分成两个聚类。我们可以在水平线的上方用 $f(x)$ 画出数据点的分布。MeanShift 聚类算法将试图找到分布的局部最大值（密度最高的位置），即一个簇的质心，并把附近的所有点分配给这个簇。这就是所谓的梯度下降法。

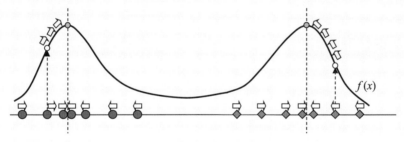

图 2-19　示例数据点

在这里我们需要用一个连续函数 $f(x)$ 来估计点的分布。MeanShift 聚类算法对每个数据点进行定义并应用一个所谓的核函数，再将所有的核函数组合成一个连续的函数来实现这一目的。我们目前只是在一维空间，我们的算法必须扩展到更高的维度上！

图 2-20 显示了三种简单的对称分布函数，可以作为核函数使用。在实践中，高斯核函数（Gaussian kernel）最经常被用到。

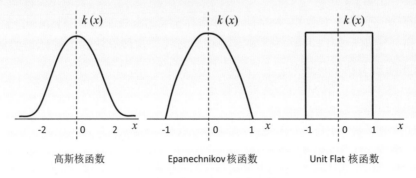

图 2-20　分布函数

图 2-21 显示了应用于每个点的高斯核函数（实线），以及用每个核函数组合（求和）得到的最终的连续分布（虚线）。核函数可被看作能够定义连续分布函数的一种统计技巧。

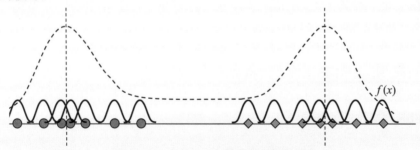

图 2-21　应用于示例数据的高斯核函数（1）

对称核函数的宽度（半径 r 的 2 倍）是一个重要的参数，如果它太小会导致发现的簇过多，如果它太大则会导致发现的簇太少。图 2-22 说明了这一效应：左边显示宽度过小，右边显示宽度过大。

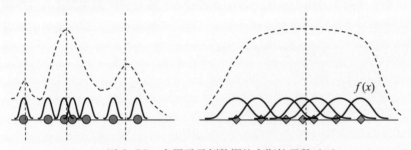

图 2-22　应用于示例数据的高斯核函数（2）

高斯核函数（正态分布）可以用以下数学公式来表示：

$$K_N(\pmb{X}) = c\mathrm{e}^{-\frac{\left\|\frac{\pmb{X}}{r}\right\|^2}{2}}$$

参数 r 是对称核函数的半径（核函数宽度的一半！），这和前面提到的 MeanShift 聚类算法使用的滑动窗口的半径完全一样！　在 $r=1$ 的情况下，我们得到的是标准正态分布！参数 c 是一个控制核函数的高度的常量。变量周围的双线表示矢量的绝对值。

这个例子中数据点的近似 $f(\pmb{X})$ 分布（含有核函数 K），可以通过简单地将每一点的核函数相加来计算：

$$f(\pmb{X}) = \frac{1}{N}\sum_{i=1}^{N} K(\pmb{X}-\pmb{X}_i)$$

用上述高斯核函数替换通用核函数：

$$f(\pmb{X}) = \frac{c}{N}\sum_{i=1}^{N}\mathrm{e}^{-\frac{\left\|\frac{\pmb{X}-\pmb{X}_i}{r}\right\|^2}{2}}$$

这个分布函数的梯度（导数）指向我们必须移动的方向，即簇（或更高密度的区域，见本部分开头）的质心的方向。用 $G(\pmb{X})$ 表示 $f(\pmb{X})$ 的负梯度，那么 MeanShift 向量可以表示为如下方程：

$$M(\pmb{X}) = \frac{\sum\limits_{i}\pmb{X}_i\, G(\pmb{X})}{\sum\limits_{i} G(\pmb{X})}$$

计算 $G(\pmb{X})$ 只需取 $f(\pmb{X})$ 的负值：$G(\pmb{X}) = -f'(\pmb{X})$。要取梯度的负值，否则向量会指向相反的方向！

MeanShift 聚类算法如何将一个点分配到一个簇中，可以简单描述如下：

· 它将 $\pmb{X}$ 初始化为数据集中一个随机的数据点，并计算出 $M(\pmb{X})$，即 MeanShift 向量。

· 根据 MeanShift 向量 $M(\pmb{X})$ 所指方向移动 $\pmb{X}$。

· 重复上述步骤直至数据收敛。最终得到的 $\pmb{X}$ 就是数据点所属簇的质心。

在更高的维度上（多列数据集），该算法的工作原理相同，但不是沿着一条线移动，而是在更高的维度上进行均值漂移。下面是一个二维例子的前三个步骤（"位移"），每一步都从上一步结束的地方开始（见图 2-23）。

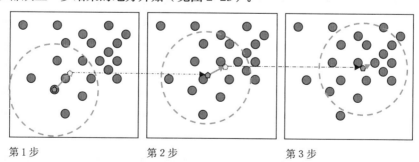

第1步　　　　　　　第2步　　　　　　　第3步

图 2-23　简化的 MeanShift 聚类算法

2.3.3　DBScan 聚类

DBScan 聚类和 MeanShift 聚类一样，是一种基于密度的算法，不同之处在于它有一个噪声分离功能，因此它对数据中的异常值或噪声不像其他算法那样敏感。DBScan 也可以自动找出簇（组）的数量，还能处理不同形状和大小的簇（相比不能处理所有形状的簇的 k 均值聚类，这是一个很大的优势）。例如，它可以处理 k 均值聚类无法发现的非凸形的簇的形状！

DBScan 的缺点主要有两个：

（1）它无法很好地处理密度不同的簇。

（2）它不能很好地处理高维数据（许多列或特征）。与 k 均值聚类等相比，无法很好地处理含有大量特征的数据是它的明显缺点。

DBScan 与 MeanShift 聚类的工作原理非常相似，也有一个给定半径的滑动窗口。它还有另外一个参数：为了使数据点形成簇或组，DBScan 定义了滑动窗口中数据点的最小数量（见下文）。

DBScan 不需要簇的数量作为参数，但它需要另外两个参数（滑动窗口半径和滑动窗口中数据点的最小数量），这两个参数很难估计（该算法对这些参数很敏感）。

基于密度的聚类算法（如 MeanShift 和 DBScan 聚类）背后的基本思路是，簇是由数据点的高密度区域组成的，这些高密度区域由密度较低的区域分隔开来。一个簇中的数据点的数量上限由点之间连接的紧密性决定。

DBScan 聚类算法相对简单，它的工作原理如下：

首先选择一个随机的数据点，在一个滑动窗口中分析点周围的小区域（与 MeanShift 聚类非常相似）。如果数据点的密度足够大［邻域半径（epsilon radius）内的数据点达到最小数量］，滑动窗口中的区域就被认为是一个新的簇的一部分。

接下来，所有相邻的点都用同样的技术进行分析，如果它们具有相同的最小密度，那么就会被合并为一个区域（这些相邻的点有时被称为"密度可达"点，即具有相似的密度）。如果邻近点之间具有不同的密度，则它们会被分隔为不同的区域。

上述过程重复进行，直到所有的数据点都被分析并添加到一个簇中或被标记为噪声（离群点）。离群点是指在邻域半径内，没有找到足够的邻近点（即找到的邻近点数量 < 设定的最小邻近点数）。

一个被标记为噪声的数据点也可能在后续的聚类过程中被归入簇中，因为它位于聚类附近的边界点（位于聚类的外围）！例如图 2-24 和 2-25 所示。我们称这种情况为"不对称行为"。因为在某些聚类算法中，分析聚类的边界点（点 A）时，这个边界点通常不会被归入聚类（因为它们位于低密度区域）；但当分析聚类内部的点（点 B）时，边界点 A 则有可能被归入聚类，因为它是聚类内部某个点（在同一个滑动窗口内）的邻近点。

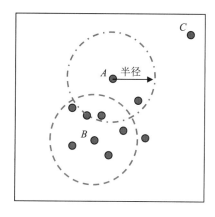

最小数据点数量：5

点 A 是一个边界点，是簇的一部分。红色虚线表示一个低密度区域（点数小于 5）。点 C 是一个离群点。

图 2-24 DBScan 密度聚类算法

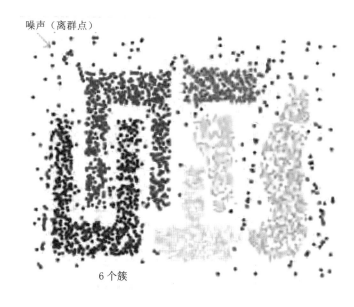

噪声（离群点）

6 个簇

图 2-25 DBScan 示例

2.3.4 层次聚类

层次聚类（hierarchical clustering）算法以分层的方式处理数据点。层次聚类算法可以分为两种类型：在处理数据点时，一种使用合并策略，另一种使用分割策略。

合并策略首先将每个数据点分配到一个单独的簇（n 个数据点 = n 个簇），然后成对地合并（聚合）簇（相似性决定了哪些簇会被合并），直到所有数据点都被合并成一个簇。这种算法叫"层次凝聚聚类"（HAC）。更多详细内容见后文。

分割策略则首先将所有数据点分配到一个簇中，然后将该簇不断分割成子簇，直到所有数据点都成为独立的簇。

实践中常用合并策略，即 HAC 算法。HAC 算法非常简单，可总结为以下几点：

（1）将每个数据点分配到一个单独的簇。

（2）将符合相似性度量指标的一对簇合并为一个簇（见后文）。例如，如果相似性度量指标是两个簇的质心距离，那么就合并（质心距离）最接近的两个簇。

（3）重复第二步，直到所有的数据点（簇）都合并成一个簇。

簇的层次结构可以表示成树的形状（或树状图），树的每一级都对应上一级迭代中的步骤。当然，每一层都对应了簇的数量。这个算法的优点之一就是可以从层次树中选择最佳的簇的数量。

HAC 算法的聚类合并决策依赖于所选择的相似性度量指标。类似于其他聚类算法，数据点之间的相似性通常由距离来确定。最常用的距离度量是欧几里得距离，这种情况下可以表示为以下方程式：

$$d(x_i, x_j) = \frac{1}{n} \sum_{i=1}^{n} (x_i - x_j)^2$$

根据两个簇（包含几个数据点）之间的距离，有几种备选的相似性度量指标和算法：

· 可以取两个簇中所有数据点两点之间的最大距离（成对的）。

· 可以取所有两点之间距离的平均值。

· 可以简单地采用簇的质心距离。质心的计算方法与其他算法相同。

图 2-26 用二维例子解释了该算法的工作原理。为了便于理解，输入数据和层次树都以相同的欧几里得距离显示。该图并不精确（数值没有计算），只是为了说明算法的原理。

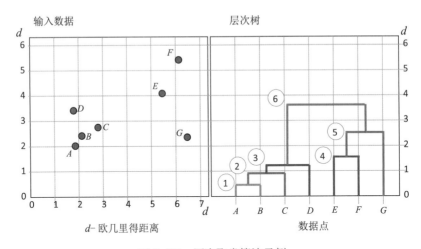

图 2-26 层次聚类算法示例

图 2-26 右侧圆圈中的数字表示建立层次树的步骤。第 1 步是合并点 A 和 B，因为它们具有最小的欧几里得距离。然后簇（A，B）的质心与点 C 最接近，因此它们被合并。同理，D 也被加入。点 E 和 F 是下一对最接近的点，因此被合并为一个簇（E，F）。之后 G 被添加，因为与簇（E，F）的质心最接近。最后，通过将簇（A、B、C 和 D）和（E、F 和 G）合并在一起来关闭层次树。层次树中的树枝（水平线）的高度表示不同簇之间的欧几里得距离。

如果我们从顶部开始垂直切割图 2-26 的层次树，那么会在第 6 步得到两个簇（A、B、C 和 D）和（E、F 和 G）；在第 5 步得到三个簇（A、B、C 和 D）、（E、F）和（G），以此类推。

层次聚类算法的一个缺点是它比其他聚类算法更耗时，但如果输入数据包含其他算法无法发现的层次信息，使用层次聚类算法可能更有效。

2.4　强化学习算法

我们首先总结一下在第 1 章学到的关于强化学习的内容。

我们将强化学习定义为"用于学习控制某个系统的通用决策机器学习框架"。

强化学习系统可以用环境（系统）和智能体（决策者）之间的互动来表示，如图 2-27 所示。许多强化学习用于在虚拟环境中训练模型，模型在虚拟环境中反复进行模拟，尝试不同的行为，同时观察结果成功与否（试错）。

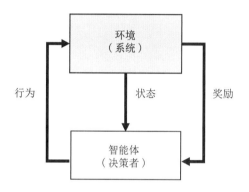

图 2-27　强化学习系统

强化学习系统通常将环境初始化为一个随机状态后开始运作，但它也可以从一个特定的状态开始。根据要解决的问题，状态可以是许多不同属性。例如，它可以是一辆汽车的速度，也可以是特定时间步的几个属性，如速度、方向等。然后，该状态被传递至智能体，智能体做出适当的行为（例如，在解决汽车的问题时，可能是提高速度或刹车）。每次采取行为并传回环境时，环境会根据当前的状态计算一个奖励值（一个数值化的性能度量），并传回给智能体（奖励信号）。智能体由此得知这个行为是对还是错。这个循环反复进行，直到实现最终目标，例如，到达目的地、赢得或输掉游戏等，达成系统的预期状态。至此，我们称之为一个学习周期结束。一个学习周期结束后，系统被重置到一个新的（随机）初始状态，新的学习周期开始。强化学习系统会在多个学习周期之间循环，通过优化长期奖励来学习哪些行为更有可能带来期望的结果或目标。强化学习系统中的三个主要组成部分（行为、状态和奖励）是整个系统的黏合剂。如何选择行为？状态和环境是如何建模的？奖励是如何确定的？这些关键问题的答案解释了整个系统的工作原理，因此，我们接下来将逐一详细探讨这些要素。

2.4.1　行为选择策略：智能体是如何选择行为的？

智能体决定了在哪些情况（状态）下采取哪些行为。在每个强化学习系统中，都有一些预先定义的行为可供智能体选择。举一个简单的汽车驾驶的例子，假设其中涉及两个行为：加速和刹车。当学习过程开始时，智能体对要解决的问题完全不了解，因此必须通过试错来选择行为。这正是动物或人类处理未知情况或问题的方式。即使有可能得到负奖励（惩罚），智能体也必须通过尝试来找出哪些行为在哪些情况（状态）下是正确的。智能体只能采取随机行为。这就是所谓的探索策略。

在学习过程中，智能体会记录（学习）哪些行为在系统的哪些状态下是成功的（正奖励），以便以后能够利用这些信息来选择更有可能在长期内获得正奖励的行为。这就是所谓的利用策略。

智能体的行为影响环境的长期行为。从长远来看，最佳的学习策略会在利用和探索策略之间找到平衡。这样做的一部分原因是，在学习的开始阶段，智能体对问题一无所知，必须采取随机行为；另一部分原因是，当经过一段时间的学习之后，智能体已经了解一系列行为，此时就应该探索不同的行为，以获得更好的结果。

经过训练的智能体在哪种状态下选择哪种行为，由行为选择策略来定义。最佳的行为选择策略也是预期未来奖励最高的策略。我们将在下一节看到如何计算这个未来奖励。

2.4.2 奖励函数：什么是折现累积未来奖励？

在强化学习中，最重要和最具挑战性的任务之一是设计一个有效的奖励策略。选择不正确的奖励会导致模型的失败！采取每个行为/步骤后，我们都会给系统一个奖励（或惩罚）。我们经常针对具体步骤分配不同的奖励值，例如，在一个学习周期中间给予奖励，也可能在一个周期结束时给予奖励；在解决具体问题时，还可能存在一些特殊的步骤，需要单独为其分配不同的奖励值。达成终止状态时，通常会给出更高的奖励（或惩罚）。这就是我们给予强化学习系统的监督（输入），通过这种方式，智能体可以知道它采取的行为是对还是错。后面在讨论具体示例时，会对这一点进行更为详细的解释。

但是强化学习系统并不只是简单地运用用户定义的奖励！每当智能体采取一个行为并将其传递给环境时，系统会估算出一个被称为"折现累积未来奖励"的值，用于对最近的状态转换进行评估，并将该值传递回智能体。

我们通常把对折现累积未来奖励的估算称为"奖励函数"或"价值函数"。强化学习系统通过学习使奖励函数最大化，因为长远来看，最大的奖励意味着采取了最好的行为！

在上述定义中，有几个关键词需要解释一下。

为什么需要估算？为什么要考虑未来奖励而不是只考虑当前奖励？为什么要对未来奖励进行折现，折现的具体含义是什么？

为了做出长期看来最好的决策，我们需要估算并考虑未来可能获得的奖励，而不只是眼前的即时奖励。但是，未来的奖励通常比当前的奖励更不确定，因此，对未来奖励进行折现（降低奖励的影响）是一种应对方式。这与金融学中的"现金流折现"非常相似！

之所以说折现累积未来奖励是一种估算，是因为智能体不确定在采取若干行为后会得到什么奖励，但它可以通过统计理论来估算！更多信息参见拓展阅读2.8。

拓展阅读 2.8　估算奖励函数与深度 Q 学习

别忘了，一个学习周期是在达成系统目标之前，若干"行为—奖励—状态"的循环。学习周期中的最后一个状态被称为"终止状态"。一个学习周期因而形成了一个行为—奖励—状态的有限序列。如果我们用 s_0 表示初始状态，用 a_0 表示第一个行为，用 r_1 表示第一个状态变化后的第一个奖励，那么我们可以把行为—奖励—状态序列以如下形式表达：

$$[s_0, a_0], [s_1, r_1, s_n], [s_2, r_2, s_2], \cdots, [s_n, r_n]$$

因为学习刚开始时智能体尚未采取行为，第一个元素 $[s_0, a_0]$ 不包含奖励。最后一个元素不包含行为，因为在达到终止状态 s_n 之后，将不再采取任何行为——r_n 是任务完成奖励。

为了能够计算折现累积未来奖励（奖励函数），我们需要做出一个假设，即下一个状态 s_{k+1} 的概率仅依赖于当前状态 s_k 和行为 a_k，而不依赖于之前的状态或行为，即不依赖于 s_{k-1} 和 a_{k-1}。基于这个假设，我们可以用马尔可夫决策过程（MDP）来计算一个学习周期的总奖励，如下所示：

$$R = r_1 + r_2 + \cdots + r_n$$

这是所有奖励的总和。由于每个奖励都发放于特定的时间步，所以我们也可以将上述方程表达如下（t 指时间）：

$$R_t = r_t + r_{t+1} + r_{t+2} + \cdots + r_n$$

由此可得出在任何给定时间步上的累积未来奖励。

我们也已经知道，由于未来行为的结果存在不确定性，因此需要对未来奖励进行折现，以考虑这种不确定性。在马尔可夫决策过程中，折现累积未来奖励（即奖励函数）是对之前提到的累积未来奖励公式进行折现的结果，可以表示如下：

$$R_t = \gamma^0 r_t + \gamma^1 r_{t+1} + \gamma^2 r_{t+2} + \cdots = \sum_{k=0}^{n} \gamma^k r_{t+k}$$

这里的 γ 是折现系数，范围是 $0 \leq \gamma \leq 1$。γ 值越大，未来奖励的影响就越大。在未来的 k 个时间步里收到的奖励，其价值（未来奖励的现值）仅为即时奖励的 γ 的 k 倍（如果 $\gamma<1$，则价值较低）。

同理可得到时间步 t 的折现累积未来奖励（奖励函数）：

$$R_t = r_t + \gamma R_{t+1}$$

也就是说，时间步 t 的奖励函数是由时间步 $t+1$ 的奖励函数和当前时间步 t 的奖励 r_t 之和构成的。这样就能轻松地将不同时间步的奖励函数给联系起来了。

我们也已经知道，智能体的目的是最大化奖励函数。在任何给定的状态下只要采取最佳行为就会得到最大奖励。出于这个原因，我们用 $Q(s_t, a_t)$ 表示最大奖励，即 Q 函数。它是一个函数，因为它在不同的状态—行为组合下有不同的值。字母 Q 来自"质量"（quality），指的是为获得最大奖励所采取的决策 / 行为的质量。$Q(s_t, a_t)$ 是最大奖励，因此可以写成：

$$Q(s_t, a_t) = \max R_t$$

与奖励函数类似，我们可以在任何时间步 t 计算 Q 函数，如下所示：

$$Q(s_t, a_t) = r_t + \gamma Q(s_{t+1}, a_{t+1})$$

这个方程被称为贝尔曼方程（Bellman equation），可用于计算 Q 函数的近似值。实践中用神经网络（神经网络在学习任意类型的函数方面特别出色）来学习 Q 函数，称为"深度 Q 学习"。

图 2-28 显示了可以适用这个任务的神经网络。有多少个可能的行为，就有多少个输出节点。在只有一个激活状态的前提下，每个输出为给定的状态（s_n）与行为（a_n）的组合提供 Q 值。要实现只有一个激活状态，可以通过输入向量将所有其他状态设置为 0，激活状态设置为 1。

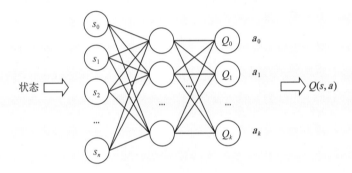

图 2-28 神经网络示例

神经网络学习了 Q 函数后，就可以算出任何状态—行为组合的 Q 值，然后根据最高 Q 值选择行为。

实践中的 $Q(s_t, a_t)$ 方程稍作了修改，引入了一个学习率（α）：

$$Q(s_t, a_t) = Q(s_t, a_t) + \alpha[r_t + \gamma \max_a Q(s_{t+1}, a) - Q(s_t, a_t)]$$

这个方程虽然看起来很复杂，但实际上当 α 被设定为 1 时，它与之前的方程是一样的！

这个方程和学习率 α 有着非常重要的意义！其中，$Q(s_t, a_t)$ 是当前或旧的 Q 值，"$r_t + \gamma \max_a Q(s_{t+1}, a)$"是学到的或新的 Q 值！"$\max_a Q(s_{t+1}, a)$"表示采取最优行为能够得到的最大 Q 值。

结合上面的解释，我们可以看到这个方程首先判断了旧值和学习到的新值之间的差异，然后将这个差异乘以学习率 α，学习率 α 的取值范围在 $0 < \alpha \leqslant 1$。学习率会减小学习前后 Q 值的差异，并将这一减少后的差值加到旧值上。这意味着，如果 $\alpha < 1$，那么学习过程会放慢，先前的知识（包含在旧的 Q 值中）会成为新 Q 值的一部分，这部分在新值中的占比为 $1-\alpha$。如果 $\alpha=1$，那么旧值会被新值取代，此时的学习速度最快，但完全忽略了先前的知识，只使用最新的信息。在实践中，通常使用 $\alpha=0.1$ 的学习率，

这样可以缓慢地调整 Q 值，让先前的知识占主导地位。

"双重深度 Q 学习"是深度 Q 学习的一种改进版本，其中训练了两个独立的 Q 值函数，一个用于选择下一步的动作，另一个用于计算奖励函数（值函数）。AI-TOOLKIT 同时内置了这两种算法。

2.4.3　状态模型：环境的行为模式

我们用一个模型来定义环境的行为。这个模型影响着智能体如何通过行为将系统转换至新的状态。并不是所有的强化学习系统都会使用模型。根据环境行为的复杂性，模型也可能非常简单或者非常复杂。

在强化学习系统中，环境模型可以简单地遵循物理规则，如考虑重力，或当涉及车轮时考虑滚动阻力等因素。如果智能体采取了一个行为，比如让汽车加速，那汽车的下一个状态（如位置）就取决于环境模型是否考虑了滚动阻力。我们可以根据需要将环境模型设计得简单或复杂。环境模型可以包含多种规则，不仅限于物理规则。应用在商业领域的环境模型也可以包括如决策制定或物流路线规划等规则。

下面几节将举例说明如何定义这样一个模型。

2.4.4　例 1：简单业务流程的自动化

在例 1 中，我们要为一个简单业务流程的自动化设计一个强化学习系统。这个业务流程的目的是通过若干步骤（任务）生产特定产品。

有十个可能的步骤 A、B、C、D、E、F、G、H、I、J，其中步骤 E 不可用。具体的步骤（任务）的产出并不重要。简化的业务流程图见图 2-29。

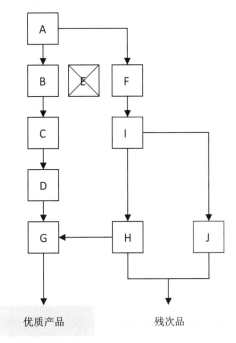

图 2-29　例 1：简化的业务流程图

业务流程的产出可能为正，即产出优质产品，或者为负，即产出残次品。系统设计的目标是找到产出优质产品的最佳步骤排列。

许多现实问题都可以通过网格布局来表示，其中相互连接的步骤彼此相邻。这种将问题建模成网格布局的方法被称为"网格世界"。将图 2-30 中的网格世界与图 2-29 中的业务流程图进行对比，就可以清楚地理解网格世界的意思。将简单的业务流程图转化成网格形式，就可以使用标准化的建模形式了。

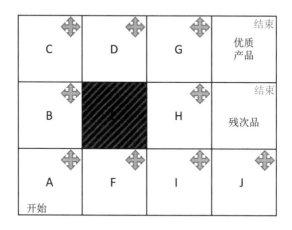

图 2-30 例 1：业务流程的网格世界

整个流程从单元格 A 开始，最终产出优质产品或残次品。优质产品总是通过单元格 G 交付，而残次产品则可能通过单元格 H 或 J 交付。单元格 E 则不可用，可能因为某个员工缺席或其他原因，但在这个例子里，为什么不可用并不重要。

接下来我们看看在每一个步骤流程或单元格可能采取的行为。

2.4.4.1 行为

每个步骤流程可以看作强化学习系统中的一个状态，每个状态都存在四个可能采取的行为，在网格中用上下左右表示（网格中四个方向的箭头，可能移动的方向）。这四个行为可以被映射到与具体问题相关的行为上，例如，向上 = 加速，向下 = 刹车，等等。本例中的行为是指将产品转移到下一个步骤。例如，在 A 状态下，向上会将产品转化到 B 状态，向右会将产品转化到 F 状态，而向左或向下移动则没有任何作用（保持在 A 状态）。

任何一个状态想把产品转移到 E 状态时，都不会发生任何事情，产品状态不变（E 状态不可用）。G 状态向右移动可以交付优质产品，H 状态向右移动或 J 状态向上移动都会产出残次品。图 2-31 中蓝色箭头表示可能采取的行为选择策略（简称为策略）。策略就是每个状态（步骤）在接收到产品后所采取的行为（上下左右）。

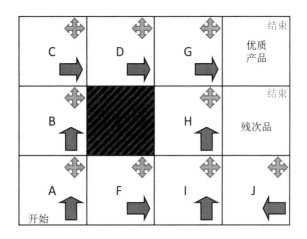

图 2-31   例 1：行为选择策略

我们可以把网格的每个状态（A, B, C ，…）想象成一个人员，由这个人员来决定如何处理产品。当产品由人员 H 或者人员 J 交付时，产品为残次品。人员 G 经手的产品一定是优质产品。交付出残次品的原因有很多，比如某一步骤上的决定出了错。

2.4.4.2 奖励策略的设计

强化学习中最具挑战性的任务之一就是设计有效的奖励策略。奖励选择失误会导致模型的失败。为了正确选择奖励，需要先知道一个学习周期会产生怎样的结果。

我们说过，通过若干次状态的改变达到预定目标的过程，称为一个学习周期。在终止状态，也就是一个学习周期的最后一个状态，目标被实现。

在我们的简单业务流程模型中，包含有两个显著结果和一个不显著却符合逻辑的结果。两个显著的结果分别是交付优质产品和交付残次品。一个不显著的结果是没有产品交付，产品在生产步骤之间长时间移动，甚至一直移动。而这个业务流程的目的当然是尽快交付产品。

每个成功（交付优质产品）和失败（交付残次品或没有交付产品）的结果都应当得到相应的奖励。

分配给交付产品的奖励叫作"任务完成奖励"（terminal reward），任务完成奖励会因为交付的是优质产品还是残次品而有所不同。交付优质产品时收到正奖励，交付残次品则会产生负奖励（惩罚）。

分配给第三种结果（不交付或延迟交付）的奖励也应该是负奖励，以促使模型缩短生产时间。负奖励应该在什么情况下分配，又应该如何进行分配？符合逻辑的做法是，给每一个步骤（产品转移到下一状态或步骤时）都分配负奖励，有助于减少产品在步骤间流转的时间（不必要的行为）。我们将此称为"行为奖励"（action reward）（在这种情况下是惩罚）。

奖励值很重要，不能随意赋值。在这个例子里，我们将给三种结果分配不同的奖励值（原因见后文）：

（1）任务完成奖励——交付了优质产品：+1。

（2）任务完成奖励——交付了残次品：−1。

（3）行为奖励——每进行一个步骤：−0.04。

上面三个奖励的具体数值并不重要，重要的是它们之间的关系。选择（+10，−10，−0.4）可能会得到相同的结果。当然，奖励应当得当，具体原因如下：

先说任务完成奖励。给交付优质产品分配一个正奖励，给交付残次品分配一个负奖励（惩罚）是符合逻辑的做法。如果这个奖励值是 −0.5 而不是 −1，会发生什么？交付残次品所收到的惩罚值小于交付优质产品收到的奖励值，最终会导致更多残次品的产生。当然，选择合适的奖励值并不总是这么容易，因此需要通过试错，来找出最好的奖惩组合。

再讲讲行为奖励 −0.04。在我们的例子里，为行为奖励分配一个负值（惩罚）是符合逻辑的。如果选择一个更小的负值，比如 −0.8 甚至 −1.5，会出现什么情况？两个任务完成奖励（+1，−1）的效果将被抵消掉。我们会计算累积奖励，即每一步骤的奖励（任务完成奖励是最后一步）的总和。如果给行为奖励分配一个更小的负值，那么行为奖励的权重（相比任务完成奖励）就会过大，进而对学习过程带来消极影响。行为奖励值 −0.04 来源于试验，当然你也可以试验其他数值，如 −0.01。

上述这些奖励只对应当前的步骤（或状态的改变），折现累积未来奖励（奖励函数）由强化学习系统来计算。我们将这些奖励值作为监督信息提供给强化学习系统。

2.4.4.3 学习过程

现在让我们将重点放在主要原则，粗略地解释一下在这个例子里，学习是如何进行的。

我们说过，强化学习系统一般会将环境初始化为一个随机状态开始运行，但也可以从一个特定状态开始运行。初始状态被传递至智能体，智能体计算出一个合适的行为。每次执行一个行为后，智能体将这个行为传回环境，系统针对当前状态的改变计算出一个奖励，并把奖励再传递给智能体（奖励函数）。这个循环会一直重复，直到达成最终目的，至此一个学习周期结束。学习周期结束后，系统会被重置到一个新的（随机或特定）初始状态，新的学习周期开始。

强化学习系统会经历多个学习周期，通过优化长期奖励来学习采取何种行为会达成期待的结果或目标。

第一步，让我们把例 1 的环境初始化为图 2-32 所示的策略：策略是指对应每个状态可能采取的初始行为。蓝色箭头表示每个状态（过程步骤）的初始行为。为了让学习过程更好理解，我们在这里采用了一个非常有效的初始策略，如果采用随机策略则可能糟糕得多。

结束
优质
产品
结束
残次品
C
D
G
B
H
A
F
I
J
开始

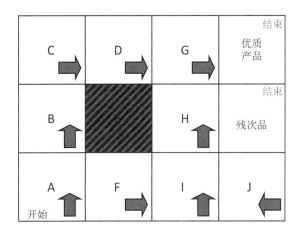

图 2-32 例 1：策略

图 2-33 是为该案例设计的奖励。分配给每个非终止状态单元行为奖励，意味着产品无论向哪个方向移动(选择任何下一步骤)，只要离开当前单元，就会被给予值为 −0.04 的奖励（惩罚）。

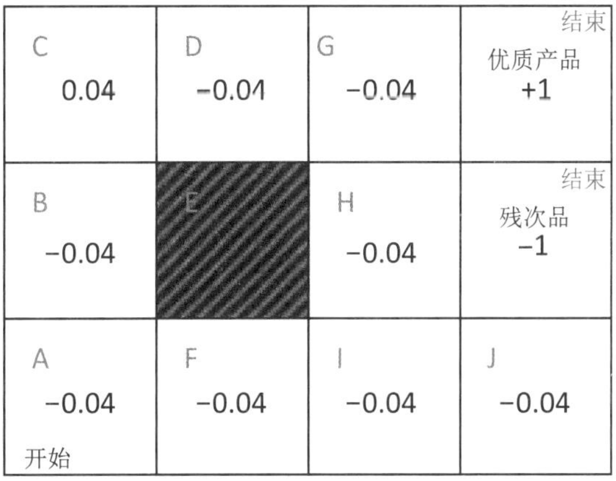

C
0.04
D
−0.04
G
−0.04
结束
优质产品
+1
B
−0.04
E
H
−0.04
结束
残次品
−1
A
−0.04
开始
F
−0.04
I
−0.04
J
−0.04

图 2-33 例 1：奖励

智能体基于策略执行步骤，直到达到终止状态，一个学习周期结束。假设图 2-34 和图 2-35（还包括一个探索周期）展示的是前三个学习周期。

学习周期 1 用折现系数 $\gamma=1$（为了简化起见，不折现）折现后的总奖励为：

$R_1=-0.04-0.04-0.04-0.04+1=0.84$

学习周期 2 用折现系数 $\gamma=1$ 折现后的总奖励为：

$R_2=-0.04-0.04-0.04-0.04+1=0.84$

学习周期 3 用折现系数 $\gamma=1$ 折现后的总奖励为：

$R_3=-0.04-0.04-0.04-1=-1.12$

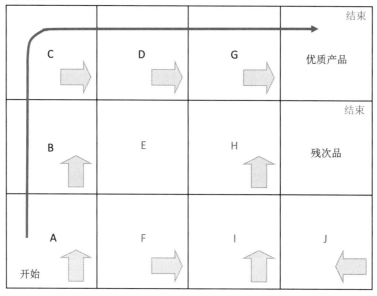

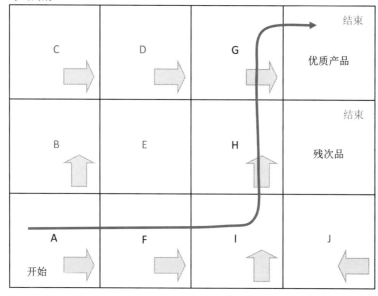

图 2-34 例 1：几个学习周期——第 1 部分

智能体通过多个学习周期的尝试，学习最好的策略，并在每一步选择最佳流程路径。从这三个学习周期中我们可以学到什么，智能体又能学到什么？智能体会学到以下几点：首先，学习周期 1 和 2 的总奖励相同，但在周期 2 中流程会经过 H 状态，智能体（经过多个学习周期）可以从中学习到，当流程经过 H 状态时，就会有很大的可能产出残次品。因此智能体会更倾向于学习周期 1 的流程路径。

智能体在学习周期 1 中是如何选择策略的呢？它是通过尽量减小总的负奖励（以及交付残次品后得到巨大负奖励的风险）来选择的。例如，如果当前流程处于 F 状态，那么智能体会选择 F→I→H→G 这一路径。由此决定了产生最小总负奖励和最优路径的策略。智能体通过多次尝试不同的流程路径组合，计算奖励函数（折现累积未来奖励），学会如何选择策略。不要被（正或负）奖励和最大化／最小化这类术语所迷惑，只需要根据前几节的解释，想想我们希望实现什么样的目标即可。

因为学习周期 3 中的路径导致了较大的负奖励（残次品），这个路径是不好的。这些"错误"的学习周期与更好的学习周期（如周期 1 和 2）对于学习同样重要。

图 2-35 的下半部分显示了一个探索周期。探索周期意味着智能体必须通过尝试不同的行为来找出哪些行为是正确的，尽管这些行为会面临获得负奖励（惩罚）或较低总奖励的风险。而利用周期则意味着智能体倾向于选择会导致积极结果的行为，避免会导致负面结果的行为（即在学习周期 1 至 3 中选择的策略）。在折现系数 $\gamma=1$ 的探索周期中，总奖励为：

$$R_e = -0.04 \times 9 + 1 = 0.64$$

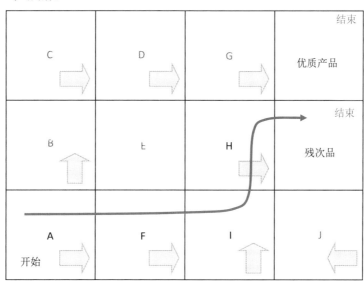

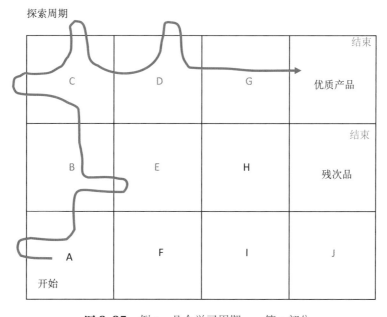

图 2-35　例 1：几个学习周期——第 2 部分

在移动产品 9 次后，行为奖励的影响是将（之前的）最佳值从 0.84 降低到 0.64。这正是我们目的——不必要的移动会被惩罚。例如图 2-35 中所示的探索周期，当在 A 状态时，智能体尝试向左移动，结果只能留在 A 状态（因为左边没有单元格，所以蓝线返回），但仍会因为该尝试行为而收到 −0.04 的惩罚。

> **注：**这个例子是 AI-TOOLKIT 中的一个演示项目，我们将在第 9.2.3.10 节中进一步解释，同时展示如何使用 AI-TOOLKIT！

2.4.5　例 2：倒立摆

在例 2 中，我们要为倒立摆（cart-pole）设计一个强化学习系统。倒立摆是控制理论和机器人学领域中研究最为广泛的模型之一，是现实中的物理系统模型的简化版，只涉及研究问题所需的基础物理知识。这个例子展示了基于物理系统构建的第二类强化学习模型。

倒立摆是一辆可以在一维空间中水平（左右）移动的小车，车身连接着一根摆杆，摆杆可以自由地围绕固定点旋转（类似于一个摆锤）。图 2-36 展示了简化的倒立摆系统。

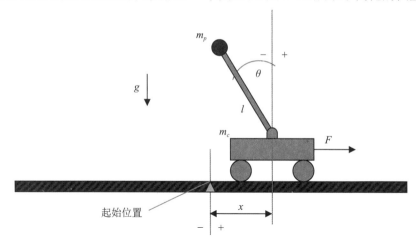

图 2-36　简化的倒立摆控制系统

该模型考虑了重力加速度（g）、摆杆的质量（m_p）、小车的质量（m_c）和摆杆的长度（l）对系统的影响，但忽略了其他物理属性，如摩擦。当小车向左或向右移动时，由于摆杆的质量，摆杆会受到反向作用力的影响，围绕着固定点旋转，继而倒下。倒立摆系统的目标是通过施加水平力（F），使小车水平移动（向左或向右），并将摆杆平衡在小车的顶部，使其不倒下。如果摆杆开始倾斜，我们会令小车向某个方向移动，以使摆杆重新回到小车中间的平衡位置（即竖直位置）。此外，还有一个限制距离（x_{max}）的要求，以防止小车在任一方向上移动过远。

强化学习智能体将学会如何在没有人类干预的情况下使摆杆在小车上保持平衡。

2.4.5.1　行为

在倒立摆系统中，可用的行为只有一个，即作用于小车的水平力（F）。当力为正时，小车向右移动；当力为负时，小车向左移动。F 是恒定的（绝对值不变），只有符号会发生变化。

2.4.5.2　环境

倒立摆系统的物理属性见图 2-36。当对小车施加水平力（F）时，可以计算出小车的水平加速度（$\ddot{x}$）和摆杆的角加速度（$\ddot{\theta}$）（见下文）。然后，可以根据给定时间步长（τ）确定小车的水平速度（v）和摆杆的角速度（$\dot{\theta}$）。对于任何给定的时间步长，可以根据摆杆的角速度和小车的水平速度计算摆杆的角度（θ）和小车的位置（x）。这些方程式是根据物理定律导出的。

$$\ddot{\theta} = \frac{g \cdot \sin\theta - \cos\theta \left(\frac{F + m_p \, l \, \dot{\theta}^2 \sin\theta}{m_c + m_p} \right)}{l \left(\frac{4}{3} - \frac{m_p \cos^2\theta}{m_c + m_p} \right)}$$

$$\dot{\theta}_t = \dot{\theta}_{t-1} + \tau \ddot{\theta}_{t-1}$$

$$\theta_t = \theta_{t-1} + \tau \dot{\theta}_{t-1}$$

$$\ddot{x} = \frac{F + m_p l \left(\dot{\theta}^2 \sin\theta - \ddot{\theta} \cos\theta \right)}{m_c + m_p}$$

$$v_t = v_{t-1} + \tau \ddot{x}_{t-1}$$

$$x_t = x_{t-1} + \tau v_{t-1}$$

在方程中，字母 t 表示施加水平力后小车的下一个状态，而 $t-1$ 表示在施加水平力之前的当前状态。这两个状态之间的时间间隔由时间步长 τ 表示。

小车的水平移动和摆杆的角度变化都取决于时间步长——时间步长越大，小车和摆杆的移动就越大。因此，时间步长的大小对系统的行为有重要影响，其他属性（即质量、杆长和施加的力）也需要一并考虑，以允许系统在达到终止状态（摆杆倒下）之前进行多个步骤。

2.4.5.3　奖励策略的设计

强化学习系统最重要也最具挑战性的任务之一，就是设计一个有效的奖励策略。错误的奖励策略可能导致整个模型的失败。为了选择正确的奖励策略，我们首先必须能够确定一个学习周期的结果。

我们说过，一个学习周期是通过若干状态改变（行为—奖励—状态的循环）达到预定目标的过程。在多数强化学习系统问题中，达成目标被称为终止状态，即学习周期的最终状态。但本例有些特殊——不存在需要达成的终止状态，因为我们要使摆杆尽可能久地保持平衡。那么，如何定义一个学习周期何时结束、达成什么样的学习结果呢？

选择之一是设定一个最短的时间段，让倒立摆在小车开始运动后的这个时间段里保持平衡。第一个选择是设定一个"负面"结果，把"试着让倒立摆保持平衡直到失败"

作为一个学习周期。本例中，我们选择第二种方式，会让摆杆尽可能久地保持平衡。

但在本例中，该如何定义失败呢？失败，或者说产生负面结果，有两种可能。第一种是摆杆倒下的角度超过了给定角度 θ。第二种是小车离起始位置太远。因此这里存在两种终止状态，各自代表一种负面结果或失败。每次失败后，摆杆都会被重置。

我们已经定义了一个学习周期，以及学习周期结束时所有可能产生的结果。其中有两种负面结果，以及一种摆杆处于平衡位的持续的正面"结果"（与上述失败的情况相反，θ 和 x 的值都在设定范围之内）。现在，我们来设计奖励。

如果摆杆保持平衡，我们就给智能体一个正奖励，如果不能保持平衡就给出一个惩罚。因为这个模型的目的是尽可能久地使倒立摆保持平衡，所以在每个时间步上，都要对保持平衡的摆杆给出正奖励。我们将正奖励值设为 +1。根据试验，将失败的奖励值设定为 0。

虽然将失败的奖励值设为 −1 也符合逻辑，但这样一来负面结果的权重就太大了。

这个例子中的奖励策略虽然简单，只有两个值（+1, 0），却十分有效。我们也可以设计一个更为复杂的奖励策略，比如，测量小车的横向位置和摆杆的倾斜角度，对导致小车更靠近起始位置和摆杆更接近竖直状态的行为给予更高的奖励值。这样一来，智能体就会在试图保持平衡的过程中处理更多信息。100% 完美的奖励策略是不存在的，我们设计奖励策略的时候总会造成某种错误。当然，我们的目标是尽量减少这些错误。

2.4.5.4 学习过程

强化学习系统一般会将环境初始化为一个随机状态后开始运行，但也可以从某个特定状态开始运行。初始状态被传递至智能体，智能体计算出一个合适的行为。每次执行一个行为后，智能体便将这个行为传回环境，系统会针对当前状态的改变计算出一个奖励，再把奖励传递给智能体（奖励函数）。这个循环会一直重复，直到达成最终目的，至此一个学习周期结束。一个学习周期结束后，系统会被重置到一个新的（随机或特定的）初始状态，新的学习周期开始。强化学习系统会经历多个学习周期，通过优化长期奖励来学习采取何种行为会达成期待的结果或目标。

那么问题来了：在例 2 中，什么是状态？例 1 中的状态是不同的生产步骤（网格单元）。状态是指用来为系统进行动态建模的模型（或者环境）的属性，在例 2 中，是指倒立摆的属性。选择正确的属性对于学习的成功十分重要，选中的属性将作为输入数据提供给强化学习模型。我们将选择以下四种属性来描述状态：

- 小车的位置
- 小车的速度
- 摆杆的角度
- 摆杆的角速度

倒立摆系统的学习过程或模拟过程步骤如下：

- 摆杆的位置重置为垂直状态，并且将所有状态属性（位置、速度、角度和角速度）都重置为 0。

· 对小车施加一个随机但恒定的水平力（F），该力可以是正或负（方向向右或向左），但始终使用相同的值。

· 根据第 2.4.5.2 节中的方程计算出下一个状态。

· 检查倒立摆是否已经达到了终止状态。终止状态是指当摆杆失去平衡（角度超过给定阈值）或者小车距离起始位置太远，用等式可以表示为 $|x| > \Delta x_{\text{threshold}}$ 和 $|\theta| > \Delta \theta_{\text{threshold}}$（都是失败）。用绝对值来表示，是因为我们将中心和垂直轴的两侧分别视为正和负。

· 如果达到终止状态，则不给予奖励（0），并且这一个学习周期结束。整个过程从头开始（第一步）。如果没有达到终止状态，则给予智能体一个 $a+1$ 的奖励。最后的行为和奖励会被存储下来（学习）。

· 根据当前采用的是探索策略还是利用策略，智能体会选择一个随机行为（探索）（恒定的水平力 F），或者选择对于当前状态最好的行为（利用）。

· 根据第 2.4.5.2 节中的方程计算出下一个状态。

· 重复以上步骤，以此类推。

当然，即使摆杆一直保持平衡，我们也不能无休止地模拟下去，因此设置了每个训练周期最大的步数为 200 步。对于倒立摆强化学习系统来说，在当前的奖励策略（+1，0）下，如果过去 100 个训练周期的平均奖励等于或大于 195（对应 97.5% 的准确率，即 195/200），则学习效果良好。最佳的学习效果是每个周期的平均奖励达到 200（100%）。

在探索策略下，智能体又是如何选择行为（利用过去经验）并学习（储存过去经验）的呢？其实我们已经回答过这个问题了——深度 Q 学习。深度 Q 学习（一种基于神经网络的算法）可以用来估算奖励函数（或 Q 值），即折现累积未来奖励。因此，我们要设计一个神经网络架构。

在没有解决过类似问题的情况下，设计一个适当的神经网络并不容易，必须频繁试错才行。用于描述倒立摆模型动态的四个状态（位置 s_0、速度 s_1、角度 s_2 和角速度 s_3），会被作为输入数据提供给神经网络（见图 2-37）。神经网络的输出是每个行为的 Q 值。每个状态组合（位置、速度、角度、角速度）和行为（施加→正向力 a_0，施加←反向力 a_1）都与一个 Q 值对应，Q 值最高的行为就是最优行为。

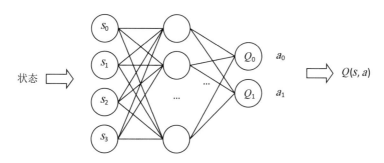

图 2-37　深度 Q 学习神经网络

特别注释：双重深度 Q 学习是深度 Q 学习的一种改进形式，其中使用相同的神经网络来估计每个行为的概率，并用于下一个行为的选择，即选择概率最高的行为作为下一步的行为。神经网络的输出是每个行为的概率估计值。

注：这个例子是 AI-TOOLKIT 中的一个演示项目，将在第 9.2.3.10 节进一步解释，同时还会说明 AI-TOOLKIT 是如何使用的！

2.5 混合模型：从自编码器到深度生成模型

前几节详细介绍了最重要的机器学习模型（算法）。这一节将介绍混合模型，其中包含两个相互关联的机器学习模型，分别称为"编码器"和"解码器"。目前，这一类混合模型被广泛应用于许多行为研究，研究成果也成为许多实际应用的重要支柱，如在面部识别中，编码器被用于抽取面部特征（更多详细信息见第 6 章）。

首先我们来了解一下自编码器（autoencoder, AE），它是许多类似的混合模型的起点，如变分自编码器（variational autoencoder，VAE）和生成对抗网络（generative adversarial network，GAN）。混合模型本身的实用性有限（虽然也有不少有趣的应用，如图像降噪、创意图像生成等），但有许多混合模型研究成果被成功用于其他类型的模型，如面部识别和机器翻译等。

2.5.1 自编码器

一个自编码器包括两个相连的机器学习模型（通常是神经网络或卷积神经网络），它们被同时训练。第一个机器学习模型的输出被用作第二个机器学习模型的输入数据。自编码器首先将输入数据进行降维表示（变成更少数据——编码），即所谓的特征空间，然后将这个特征空间转化回原始数据形式（解码）。编码器的功能与主成分分析（PCA）模型（见第 4.3.2.2 节）完全相同，即降低维度和抽取特征，它只抽取输入数据中最重要的特征（包含最丰富的变量 / 信息），从而降低数据的大小（降维）。接下来，第二个机器学习模型，即解码器，会学习如何将输入数据的降维表示转化回原始数据形式。

我们可以用训练单一神经网络的技术（如反向传播、随机梯度下降等，见第 2.2.2.3 节）来训练自解码器，训练可以通过最小化输入和自编码器的输出（损失函数）之间的差异来进行。

自编码器主要用于降低维度（与 PCA 相同）、抽取特征（见第 6 章人脸识别）和数据可视化（比起原始数据，包含更多可识别信息的较低维度的数据能被更好地可视化）。

既然自编码器可以将大量的输入数据降维表示，我们可否把它用于数据压缩，减小数据量，通过 IT 网络传输，然后恢复数据的原始形式，以此解决网络拥堵的问题？答案是否定的，因为自编码器的数据降维表示会有损耗（即不能根据它完全重建原始数据），而且自编码器只学习特定类型数据的降维（压缩），不能用于其他类型的数据。这也是我们在这里不用"数据压缩"这个术语的原因。

2.5.2　变分自编码器和生成机器学习模型

生成机器学习模型（下文简称"生成模型"）主要被用来训练混合机器学习模型，在训练过程中创造（生成）与输入数据相似的新数据。例如，如果用狗的图像训练一个生成模型，经过训练的模型就能创造出与输入数据的图像不同但相似的新图像。也可以通过输入额外的信息改变新生成的图像（如改变朝向、颜色、风格等）。

变分自编码器（VAE）是自编码器的升级版本，它会学习特征空间的概率分布（通常是复杂的高斯分布），而不是学习如何描述数据本身的降维表示（特征空间）。这和基于密度的无监督学习类似（见第 2.3.2 节）。如果你不熟悉这个主题，那么可能会对概率分布这个词产生疑惑，它是指我们尝试估计（概率性、不确定性）降维输入数据的复杂分布，例如，在一个机器学习模型（如神经网络）中对图像中彩色像素的复杂分布进行建模。神经网络很擅长学习复杂的概率分布函数。

如果我们知道特征空间数据的近似分布，即可将数据建模，利用它来采样并生成第二个机器学习模型（解码器）的输入数据，解码器经过训练可以将降维数据转换到原始输入数据（见前面提到的自编码器）。

那该如何利用这个混合模型生成新的数据？在模型训练成功后，只需要丢弃解码器，对学习得到的特征空间概率分布进行采样，再将数据输入解码器（第二个机器学习模型），即可生成类似混合模型原始输入数据的新数据。这个生成数据的装置可以被称为生成器（generator）。

训练 VAE 的过程与训练自解码器的过程相似，但增加了几个必要步骤（如两个机器学习模型之间的重参数化技术），允许我们在两个机器学习模型的各层间运用反向传播（利用随机梯度下降共同训练两个模型）。

生成模型本身的实用性不强（后文会详解），但它构成了许多研究的基础。生成模型的一个有趣应用是学习并分析特征空间（分布），对其进行转化/调整后，生成修改（改良）版本的数据。如果我们能在特征空间中找到系统性的信息（如特定现象的成因），就可以利用这些知识来创建数据的改良版本，比如改良化学成分、药物等。在这种情况下，生成模型是一种简化和特征提取技术，可问题在于，简化的方向是否有意义，以及我们是否可以指定简化的方向。

生成模型常用于生成图像和调整图像，但模型的训练需要巨量的资源和时间（特别是在处理较大图像的情况下），并且输出数据的质量往往不佳。VAE 模型通过学习输入数据生成图像，虽然生成的图像比较模糊，但可以处理多样化的图像样本；另一类生成模型——生成对抗网络（详见下一节）可以生成更清晰的图像，但可以处理的图像更单一，缺乏多样性。

如果输入数据包含某种系统性信息，如许多稍有旋转的人脸图像，那么经过训练的 VAE 会将这些信息嵌入其学习到的特征空间（嵌入空间）中。提取这些信息并将其输入另一个模型就可生成类似的有旋转角度的人脸。这种技术的实际应用价值尚不清楚，但它可以帮助研究者了解特征空间是如何构成的。

2.5.3　生成对抗网络

生成对抗网络（GAN）与 VAE 相似，是一个包含两个机器学习模型的生成性混合模型，但两者仍有一些重要的区别。GAN 通常应用于图像（本节重点），但也可以应用于其他类型的数据。名字中的"对抗"（adversarial）一词是对两个机器学习模型是如何配合，或者说是如何对抗的描述。第一个模型学习生成合成（人工生成或伪造的）图像，第二个模型学习分辨真实和伪造的图像。在混合模型的训练过程中，第一个生成模型必须提高生成图像的真实性，第二个模型必须提高判别真实和人造图像的能力。两个模型在完成各自任务时都会表现得越来越好。

图 2-38 显示了 GAN 的架构。由左侧输入随机噪声（高斯分布），随后由生成器转化为人造样本（人工生成或伪造的图像），生成的图像和真实的样本（真实图像）一起传递给判别器（discriminator）。判别器判断一个图像是真实的还是人造的。最后计算目标函数误差并将误差通过两个机器学习网络进行反向传播。GAN 的训练分为几个阶段：首先，分别用真实数据和生成器生成的人造数据训练判别器（都需要通过反向传播来更新判别器神经网络的权重）；其次用输入的随机噪声和反向传播（不改变判别器中的权重）来训练生成器，更新生成器神经网络的权重。通过这种方式，判别器向生成器反馈如何能生成更好（更真实）的数据（图像）。

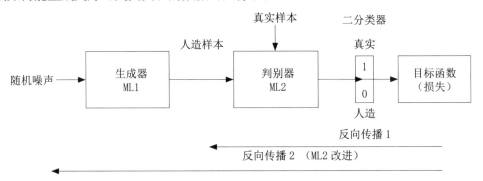

图 2-38　GAN 的架构

训练 GAN 十分耗时，模型往往无法收敛得到最优解（生成器的性能和判别器的性能达到平衡），或者收敛的过程十分缓慢。对此仍有很多研究尚在进行中。

除了训练二分类器（binary classifier）区分真实（1）或人造（0），我们还可以给混合模型输入标签作为监督信息，如使用物体类型标签（狗、猫、马等）。

也可以输入捕捉到数据主要属性的额外信息，如方向、颜色等，详见第 2.5.2 节。

GAN 已被用于生成新的创意图像，模拟面部老化，进行图像到图像的转换（如改变图像的风格），等等。训练这类模型都需要耗费大量的资源和时间，特别是在可用维度上训练时，而且模型常常无法收敛得出期待的解决方案，或者在训练几天后崩溃。尽管目前模型直接应用于实务的可能性不大，对其的研究仍能帮助研究人员了解混合机器学习模型，研究结果也可以用于其他类型的模型中（如用于人脸识别）。

关于 AE、生成模型、VAE 和 GAN 的更多信息，请见参考文献 [16, 94-96]。

第 3 章

机器学习模型的性能评估

摘　要：在学习了几个最重要的机器学习模型后，本章将介绍如何评估机器学习模型的性能。评估性能是指评估模型对给定课题（数据）的学习效果如何，以及学习成果在实践中的应用效果如何。不同的机器学习模型有其特定的性能指标，且通常会根据应用场景的不同而有所不同。本章将介绍不同类型的性能评估方法，以及它们的适用场景。在阅读完本章后，你将能够理解机器学习模型的性能指标。

3.1　概述

本章将介绍机器学习模型的性能评估。通常根据机器学习模型应用场景，其性能可以通过不同的方法定义。在第 1 章中，我们已经了解到使用不同的训练数据集和测试数据集，以及泛化性能对于机器学习模型的重要性；还通过最简单的机器学习模型——线性回归——了解了均方误差这个性能指标。本章将介绍其他几种性能指标，根据模型的应用情况，我们可以同时或分别使用它们。

每种性能指标都有其优点和缺点，这也是我们需要众多类型的性能指标的原因之一。有的指标可能会低估或高估模型的准确率（取决于数据），有的指标往往不具有代表性，还有一些指标需要与其他指标配合使用，才能更全面地评估模型性能。

之前的章节讨论过机器学习模型的三个主要类别（监督学习、无监督学习和强化学习），后面我们还会看到一些混合模型，如推荐系统模型（第 8.4 节）。每种类型的模型都有自己的性能指标。

监督学习可以进一步分为分类和回归，它们的性能指标也不同。下一节将着重介绍监督学习的性能指标。

根据是否有参考标签，无监督学习具有外部和内部两种性能指标。无监督学习的目标是对输入数据进行分类（组或簇），分类依据是衡量簇的紧密性的内部指标，例如，在 k 均值聚类中使用的误差平方和（参见第 2.3.1 节）。这种紧密性指标可用于优化聚类，同时可作为停止的标准。数据在不同组或簇中的分布情况可以通过几种内部性能指标检测。在用有标签的数据（参考标签）评估一个无监督学习模型的性能时，可以对输入数据进行聚类，然后将模型的聚类结果与原始类别进行比较，再用与监督学习模型类似的方法计算该模型的性能指标。我们将这些性能指标称为外部性能指标。一般来说，计算无监督学习模型的性能指标比计算监督学习模型的性能指标更困难。在第 3.3 节中，我们将介绍一些重要的无监督学习性能指标。

强化学习有一个特殊的性能评估系统，称为奖励系统。它通常计算多个学习周期的折现累积未来奖励，用这个计算结果来作为性能指标（参见第 2.4 节）。

混合机器学习模型有很多类型，也有各自的性能指标（如推荐系统模型），我们将在各个模型相应的章节中进行讨论。

3.2 监督学习模型的性能指标

图 3-1 总结了所有的监督学习模型性能指标。接下来会详细解释这些指标。分类模型所有的指标都基于叫作混淆矩阵（confusion matrix）的评估方法，后文也会进行解释。模型整体性能用通用性能指标计算，模型在特定类别上的性能通过单一类别性能指标进行计算。单一类别性能指标在评估特定类别数据上的模型性能效果突出。

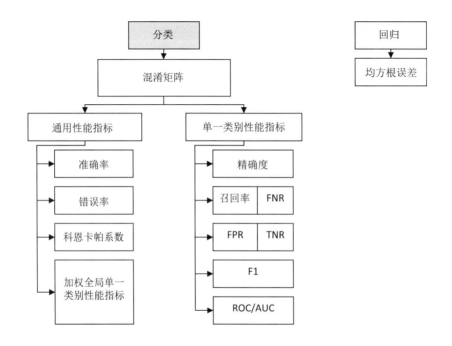

图 3-1 监督学习模型性能指标

3.2.1 均方根误差

均方根误差（RMSE）是评估回归模型性能的一种非常简单且有效的指标。

3.2.2 混淆矩阵

混淆矩阵能够通过简单的表格展示机器学习模型的各种错误类型。根据这种表格，就可以推导出该机器学习模型所有的性能指标。

让我们通过一个简单的例子，尽量清晰地介绍混淆矩阵和性能指标。假设我们有一个经过输入（训练）数据集训练的机器学习模型。测试数据集包含 N 条记录，每条记录包含 m 个特征（列）和一个决策变量（列）。决策变量的取值有三个类别，分别为 A、B 和 C（即使类别数目不同，原则不变）。每条记录分别被标记为 A、B 或 C 类。表 3-1

展示了一个输入数据的例子（未填充真实数据）。

表 3-1　输入数据示例

	f_1	f_2	...	f_m	决策
1	...	...	...	...	A
2	...	...	...	...	C
...	...	...	...	...	...
N	...	...	...	...	B

图 3-2 展示了这个模型的混淆矩阵和所有的性能指标。混淆矩阵的水平维度（列）对应于原始类别，其中"原始"类别表示输入数据集当中的类别（决策变量）是已知且正确的。垂直维度对应经过训练的机器学习模型生成的预测类别。我们通过比较预测类别与原始类别来评估机器学习模型的性能。

让我们来看一下图 3-2 中混淆矩阵中的值。第一个数字 45 是模型正确预测结果的数量，预测属于类别 A（模型预测为 A 且原始类别也是 A）。第一行中的第二个数字 5 是错误预测结果的数量（预测类别为 A，原始类别为 B）。最后一个数字 0，表示原始类别是 C、模型预测为 A 的记录数量。混淆矩阵中的其他行都以类似的方式填充。

我们不用计算就可以立即从混淆矩阵中看出，经训练的模型在处理原始类别为 B 的数据时犯的错误最多（5 + 2）。我们可以利用这一信息来改进模型。如果你对图 3-2 中的内容还不完全理解，不要担心，接下来几节将逐步对其进行解释。

3.2.3　准确率

分类模型的准确率（Accuracy）是指被正确分类的记录数占总记录数的比重。也可以用混淆矩阵中的数值来表示，如下：

$$Accuracy = \frac{\sum T}{\sum (T+F)} \times 100$$

其中 $\sum T$ 是所有预测分类正确的情况（记录）之和，即混淆矩阵中的对角线（45 + 44 + 48 =137）；$\sum (T+F)$ 是总记录数，即混淆矩阵内所有值的和（150）。T 代表真（true），F 代表假（False）。由此可得，准确率等于 137/150 =0.913 或 91.3%。

也可以用模型的错误率来代替准确率。错误率用 1－准确率来计算。在这个例子里是 1－0.913 = 0.087 或 8.7%。

尽管准确率是一种简单有效的评估指标，它并不适用于所有类型的问题。例如，如果类别 A、B 和 C 所包含的记录数量存在显著差异（即类别不平衡），那么准确率可能不够精确（可能会高估实际情况）。

准确率的另一个缺点是它无法显示记录是被如何错误分类的，而这一信息在某些应用中十分重要。以医院为例，假设类别 A 表示重大手术，类别 B 表示药物治疗，类别 C 表示治疗结束。我们将实际上应该是类别 B 或 C，但被错误预测为类别 A 的情况称为假正类（FP）；将实际上应该是类别 A，但被错误预测为类别 B 或 C 的情况称为假负类（FN）。

混淆矩阵

		原始			Σ
		A	B	C	
预测	A	45	5	0	50
	B	6	44	0	50
	C	0	2	48	50
Σ		51	51	51	

A

		原始		
		A	B	C
预测	A	TP	FP	FP
	B	FN	TN	TN
	C	FN	TN	TN

B

		原始		
		A	B	C
预测	A	TN	FN	TN
	B	FP	TP	FP
	C	TN	FN	TN

C

		原始		
		A	B	C
预测	A	TN	TN	FN
	B	TN	TN	FN
	C	FP	FP	TP

通用性能指标

		95% c.i.	Equation
准确率	91.3%	4.5%	$(TP+TN)/(TP+TN+FP+FN)$
偶然准确率	0.3333		$(P_{e-original-A}*P_{e-predicted-A})+(P_{e-original-B}*P_{e-predicted-B})+(P_{e-original-C}*P_{e-predicted-c})$
科恩卡帕系数	87.0%	5.4%	$(Accuracy-Pe)/(1-Pe)$
加权全局精确度	91.2%	4.5%	$((TP+FN)_A*P_A + (TP+FN)_B*P_B + (TP+FN)_C*P_C)/(TP+FN)_{ABC}$
加权全局召回率	91.3%	4.5%	$((TP+FN)_A*R_A + (TP+FN)_B*R_B + (TP+FN)_C*R_C)/(TP+FN)_{ABC}$
加权全局 F1	91.3%	4.5%	$((TP+FN)_A*F1_A + (TP+FN)_B*F1_B + (TP+FN)_C*F1_C)/(TP+FN)_{ABC}$

置信区间 (c.i.):

95%
$\pm1.96 *sqrt(accuracy*(1-accuracy)/N)$

单一类别性能指标

精确度	90.0%		$TP/(TP+FP)$	* 又叫 PPV (positive prediction value)
召回率	88.2%		$TP/(TP+FN)$	* 又叫 TPR (TP rate), Sensitivity
FNR	11.8%		$FN/(TP+FN)$	* 又叫 Miss rate
F1	89.1%		$2*Precision*Recall/(Precision+Recall)$	
TNR	94.9%		$TN/(FP+TN)$	* 又叫 Specificity
FPR	5.1%		$FP/(FP+TN)$	

精确度	88.0%
召回率	86.3%
FNR	13.7%
F1	87.1%
TNR	93.9%
FPR	6.1%

精确度	96.0%
召回率	100.0%
FNR	0.0%
F1	98.0%
TNR	98.0%
FPR	2.0%

图3-2 性能指标示例

显然，同样是错误的分类，但如果错误地将类别 A（需要重大手术）的病人预测为类别 B 或 C，可能会导致病人因没有进行手术而死亡的严重后果。

如果我们将类别 B 或 C 错误地预测为类别 A，病人可能会接受不必要的手术，但死亡风险不高。因此，机器学习模型所犯的错误类型有时至关重要！如果知道哪种错误的代价更高，就可以利用这些信息来针对特定应用改进机器学习模型。

3.2.4　科恩卡帕系数

科恩卡帕系数（Cohen's Kappa）用于量化两个评估者（对同一事物同时进行评估或评价的两个人）的可靠性。这一指标在许多领域中都很常见，如医疗保健领域。科恩卡帕系数有时也被称为评估者间的一致性（inter-rater reliability）。科恩卡帕系数考虑了评估者之间达成一致并非出于确信而是偶然（比如两人给同一对象投票）这种可能性。因此，科恩卡帕系数比百分比一致性（即相同投票的百分比）更为稳健。例如，在一项实验中有两个人对一个产品进行评估，可以通过合并他们的评估结果来得出关于该产品的总体统计结论。科恩卡帕系数只在有两个评估者的情况下有效，不适用于多于两个的评估者。

机器学习模型也可以使用科恩卡帕系数来评估，机器学习模型对一个项目（记录）的预测（投票）可以被视为来自一个评估者，而原始的已知决策值（投票）可以被视为来自第二个评估者。通过这种方式可以得到模型预测的科恩卡帕系数，作为一种对偶然性进行了修正的稳健的准确率指标。

当数据集之中不同类别间存在显著的不平衡（某一类别的记录数远远多于其他类别）时，科恩卡帕系数尤其有效，因为在这种情况下，它比准确率更可靠。科恩卡帕系数对数据中的类别不平衡不敏感。

科恩卡帕系数的计算方法如下：

$$\kappa = \frac{Accuracy - Accuracy_{\text{chance}}}{100 - Accuracy_{\text{chance}}}$$

这个等式里的 *Accuracy* 是指前一节中介绍过的准确率。偶然准确率（$Accuracy_{\text{chance}}$）是指通过随机猜测（随机分类器）获得的准确率。偶然准确率的计算方法如下：

$$Accuracy_{\text{chance}} = \frac{1}{N^2} \sum_k \left(n_{k\text{o}} \cdot n_{k\text{p}} \right)$$

其中 N 是记录总数，k 是类别的数量（决策值；在这个例子中有三个类别：A、B 和 C），$n_{k\text{o}}$ 是原始评估者 o 选择 k 类别的次数，$n_{k\text{p}}$ 是评估者 p（机器学习模型预测）选择 k 类别的次数。

上述等式是通过使用统计概率理论推导出来的，仅表示在所有情况下评估者随机选择的概率之和。

我们先来计算偶然准确率。假设总记录数 $N = 150$。类别 A 被随机选中的概率（$P_{e\text{-A}}$）是原始数据偶然概率和预测偶然概率的乘积（$P_{e\text{-A}} = P_{e\text{-original-A}} P_{e\text{-predicted-A}}$），其中

$P_{e\text{-original-A}}=(45+6+0)/150$，$P_{e\text{-predicted-A}}=(45+5+0)/150$。上述等式中 $n_{ko}=45+6+0$，$n_{kp}=45+5+0$， 因此 $P_{e\text{-A}}=(45+6+0)\times(45+5+0)/(150\times150)=0.1133$。同样，可以计算出类别 B 和 C 的偶然准确率，分别是 $P_{e\text{-B}}$=0.1133 和 $P_{e\text{-C}}$= 0.1067。将这三个类别的偶然准确率相加，得到总的偶然准确率约为 0.33。

由此可计算得到科恩卡帕系数为 (91.3−33.3)/(100−33.3) = 86.95%。科恩卡帕系数告诉我们，使用准确率评估很可能高估了模型的性能。不过，需要注意的是，所有的测量指标都是统计估计值。

3.2.5 单一类别性能指标

在介绍单一类别性能指标之前，我们先将混淆矩阵中的值分成四个类目：

真正类（True Positive, TP）

假正类（False Positive, FP）

真负类（True Negative, TN）

假负类（False Negative, FN）

混淆矩阵中的值是基于数据分类结果划分的。在图 3–2 中的混淆矩阵的下方展示了每个分类（A，B，C）的所属类目。在定义了这四个类目的含义后，将某个分类划分入对应类目的原因一目了然。

（1）真正类（TP）。

真正类表示模型正确地预测了样本（数据记录）属于正类，“正类”指的是我们选来评估模型特定性能的一个类别。例如，如果正类是 A，则 TP 表示原始类别为 A，模型预测也是 A。图 3–3 的第一格就是类别 A 的 TP。

A		原始		
		A	B	C
预测	A	TP	FP	FP
	B	FN	TN	TN
	C	FN	TN	TN

图 3–3 分类的类目

（2）假正类（FP）。

假正类表示模型错误地将样本（数据记录）预测为正类。例如，如果正类是 A，样本的原始数据类别为 B 或 C 时，FP 表示模型错误地将 B 或 C 类别的样本预测为 A 的数量。在图 3–3 中，第一行的第二和第三格属于 FP。

（3）真负类（TN）。

真负类表示模型正确地将一个样本（数据记录）预测为不属于正类（即负类）。例如，如果正类是 A，则 TN 表示模型正确地将样本预测为非 A 类的数量。对于原始数据中属于类别 B 和 C 的样本，无论预测类别是 B 还是 C，只要为非 A，结果都属于真负类。也因此针对类别 A 的 TN 值在图 3–3 中表示为蓝色。

（4）假负类（FN）。

假负类表示模型错误地将样本预测为非正类（即负类）。例如，如果正类为 A，则 FN 表示模型错误地将 A 类原始数据预测为 B 或 C 的数量。

通过混淆矩阵中四个类目的值，可以计算各个单一类别性能指标。

3.2.5.1　精确度

精确度（precision）是指预测正确的正例在所有正类结果中的占比。正例指的是被模型正确地预测为选中类别的数据。在这里，精确度有时也被称为正预测值（positive predictive value，PPV）。以类别 A 为例，可以通过以下方式计算精确度：真正类值为 45，假正类值为 5 + 0（这里有两个假正类！），因此精确度为 45/50=90%。

$$precision = \frac{TP}{TP + FP}$$

精确度对于数据不平衡（imbalanced data）敏感，即当某一类别的数据比例发生变化时，即使模型的真实性能没有变化，精确度的表现（数值）也会发生改变。让我们通过一个简单的例子来说明这一点，在保持同等的分类性能的同时，将类别 B 和 C 的样本数量增加 10 倍。

在图 3-4 中，左边是原始的混淆矩阵，右边是经过修改的混淆矩阵，下方分别显示两个矩阵对应的准确率、科恩卡帕系数和精确度。其中列 B 和 C（混淆矩阵 1）中的所有值都被乘以 10，生成修改后的值（混淆矩阵 2）。尽管科恩卡帕系数表明修改后的模型性能与原始模型性能基本相同，但修改后的矩阵中类别 A 的精确度显著下降。准确率稍微增加但并没有显著改变。这表明科恩卡帕系数对于数据中的类别不平衡并不敏感。

混淆矩阵 1

		原始		
		A	B	C
预测	A	45	5	0
	B	6	44	0
	C	0	2	48

准确率　91.3%
科恩卡帕系数　87.0%
精确度　90.0%

混淆矩阵 2

		原始		
		A	B	C
预测	A	45	50	0
	B	6	440	0
	C	0	20	480

准确率　92.7%
科恩卡帕系数　87.1%
精确度　47.4%

图 3-4　混淆矩阵示例

3.2.5.2　召回率和假负类率

$$recall = \frac{TP}{TP + FN}$$

$$FNR = 1 - recall = \frac{FN}{TP + FN}$$

召回率又被称为真正类率（true positive rate，TPR）或者灵敏度（sensitivity）。假负类率（false negative rate，FNR）与召回率互补。召回率是正确的正类率（预测类别正确的正例的比例），假负类率是预测错误的正类率（预测类别错误的正例的比例）。召回率和假负类率均对数据不平衡不敏感。

在这个例子中，类别 A 的召回率计算为 45 / (45 + 6 + 0) = 45 / 51 ≈ 88.2%。需要注意的是，这里有两个假负类值，它们必须被加进去，以得到类别 A 的总假负类值。

3.2.5.3 真负类率和假正类率

$$TNR = \frac{TN}{FP + TN}$$

$$FPR = 1 - TNR = \frac{FP}{FP + TN}$$

真负类率（true negative rate，TNR）也称为特异度（specificity）。假正类率（false positive rate，FPR）又称误报率（fallout）。TNR 是正确的负类率（预测类别正确的负例数量占比），FPR 是错误的正类率（预测类别错误的正例数量占比）。不要被错误的正类率这个叫法迷惑，它实际代表模型错误地将负类样本预测为正类的比例。

真负类率和假正类率均对数据不平衡不敏感。

3.2.5.4 F1 分数

$$F1 = \frac{2 \cdot precision \cdot recall}{precision + recall}$$

F1 分数是精确度和召回率的调和平均数，是二者的结合，也可以被看作另一种准确率。F1 分数对数据不平衡敏感。

3.2.5.5 加权全局性能指标

通过对所有单一类别性能指标进行加权平均计算，可以得到加权全局精确度、加权全局召回率、加权全局 F1 分数等。其中的权重就是每个类别中的样本数量。例如，加权全局精确度的计算如下：

$$precision_G = \frac{N_A \cdot precision_A + N_B \cdot precision_B + N_C \cdot precision_C}{N_A + N_B + N_C}$$

其中 N_A 是类别 A 中样本数量，N_B 是类别 B 中样本数量，N_C 是类别 C 中样本的数量，把混淆矩阵中每个分类的真正类和假负类样本的数量相加，就能够得到相应类别的总数据记录数量。

3.2.5.6 ROC 曲线和 AUC 性能指标

ROC 曲线用于将机器学习模型的收益（预测正确的正例——真正类率或召回率）与成本（错误的预测——假正类率）之间的平衡进行可视化。其目的当然是减少错误分类、增加正确分类。一些机器学习模型利用 ROC 曲线下面积（即 AUC）进行优化。ROC 曲线下面积越大，模型性能越好。

通过将多个 FPR 和 TPR 的值绘制在坐标轴上，可以得到 ROC 曲线。其中 FPR 位于横轴，TPR 位于纵轴。由于混淆矩阵只提供一个 FPR/TPR 点，我们需要找到一种计算出若干的点的方式。如果我们给每个分类预测赋予一个概率，就能够通过调整分类概率阈值，得到几个混淆矩阵和几对 FPR/TPR 值。图 3-5 的简单例子显示了这个过程。机器学习模型的输出（预测）是三个概率值，每个值代表这个数据点被划分到一个类别的概率。我们选出五个概率阈值。例如，如果一个类别概率等于或大于 0.9，就表示样本将被划分为这个类别。根据阈值会产生一系列不同的分类预测和混淆矩阵。不同的混淆矩阵可以计算出不同的 FPR/TPR 值，进而绘制出每个类别的 ROC 曲线。全局 ROC 曲线也可以通过计算 FPR/TPR 值的加权全局值来绘制。

3.3 无监督学习（聚类）的性能指标

由于数据的维度、数据点的分布和数据中的噪声等，对一个未知的数据集进行聚类通常十分困难。因此，才有了我们在第 2.3 节看到的多种聚类算法。一些研究人员甚至认为，仅用一个聚类算法实现众多类型的数据集的聚类是不可能的，因为不同类型的数据集需要不同的相似性度量指标，不同算法也必须做出权衡。我们已经在第 2 章中见过一些不同类型的相似性度量指标，以及它们各自的优缺点。因为这些差异，评估这些聚类模型的性能往往也很困难。

一个好的聚类模型有以下主要特征：

· 它应该能找到数据点确切的簇的数量。在未知数据集中确定簇的数量往往有一定难度。

· 能够将相似的项归为一簇，把不同的项归入不同簇。

这一点取决于模型使用的相似性度量指标。

评估聚类模型的性能主要会用到两组指标：

· 基于内部标准的性能评估指标。

· 基于外部标准的性能评估指标。

基于内部标准的性能评估指标评价簇内数据点的凝聚度（即聚集程度或一致性），以及簇之间的分离度（区分度），或二者的结合。

基于外部标准的性能评估指标适用于输入数据点类别已知，并且预测的聚类（分类）可与原始（参考）聚类相比较的情况。因此它与监督学习的性能评估相似，但二者是不同的，因为基于外部标准的性能评估指标可能在两个不同的标签系统（原始及参考）间做比较。例如，如果一个聚类算法将标签 A 分配给一组数据点，参考数据集中的同一组数据点标签就不太可能是 A。这种不确定性必须在评估标准内体现出来。

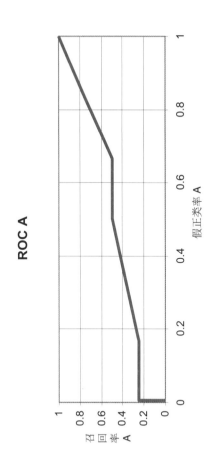

ROC A

混淆矩阵

序号	原始	概率 P_A	P_B	P_C	阈值 0.9	0.8	0.7	0.6	0.5
1	A	0.7	0.1	0.2	C	C	A	A	A
2	B	0.8	0.05	0.15	C	A	A	A	A
3	A	0.4	0.5	0.1	C	C	C	C	B
4	C	0.1	0.3	0.6	C	C	C	C	C
5	A	0.9	0.1	0	A	C	A	A	A
6	B	0.7	0.1	0.2	C	C	C	C	A
7	C	0.5	0.3	0.2	C	C	C	C	A
8	C	0.6	0.3	0.1	C	C	C	A	A
9	A	0.5	0.2	0.3	C	C	A	C	A
10	C	0.7	0.2	0.1	C	C	A	A	A

阈值 0.5

预测 \ 原始	A	B	C
A	3	2	0
B	1	0	0
C	0	0	1

假正类率 83.3%
召回率 75.0%

阈值 0.6

预测 \ 原始	A	B	C
A	2	2	0
B	0	0	0
C	2	0	2

66.7%
50.0%

阈值 0.7

预测 \ 原始	A	B	C
A	2	2	1
B	0	0	0
C	2	0	3

50.0%
50.0%

阈值 0.8

预测 \ 原始	A	B	C
A	1	1	0
B	0	0	0
C	3	1	4

16.7%
25.0%

阈值 0.9

预测 \ 原始	A	B	C
A	1	0	0
B	0	0	0
C	3	2	4

假正类率 A 0.0%
召回率 A 25.0%

图 3-5 ROC 曲线示例

3.3.1　基于内部标准的性能评估指标

为评估聚类算法的性能，我们选择以下两个基于内部标准的性能评估指标（简称内部性能指标）：

- ·簇内数据点（数据记录）的凝聚度（聚集程度或一致性）。
- ·簇之间的分离度（区分度）。

实践中，为了更好地利用二者优势，常常采用结合凝聚度和分离度的混合标准。

测量簇内的数据点的凝聚度有不同的方法。最常用的方法是误差平方和（SSE）结合数据点到质心的欧几里得距离。误差平方和越小，数据点离质心越近，簇也就越紧密，换句话说，簇（组）的凝聚度就越高。

$$SSE(C_i) = \sum_{X \in C_i, c_i \in C_i} d(c_i, X)^2$$

SSE 可以通过上面公式计算，其中 C_i 代表 i 簇，X 是 i 簇内的数据点，c_i 是 i 簇的质心，$d_{()}$ 是用这两个参数计算欧几里得距离的函数。

由于内部性能指标基于凝聚度，凝聚度基于 SSE，在不基于距离的聚类方法下（如基于密度的 DBScan、MeanShift 等），这种评估方法不具有很好的代表性。用内部性能指标评估基于距离的聚类方法（如 k 均值聚类）和基于密度的聚类方法性能时，后者可能得到更低的值，尽管它的实际性能相当甚至更好。

簇的分离度也有不同的计算方法。最常用的是簇的大小加权簇的质心到整体质心距离平方之和（SSC）。$d_{()}$ 是用两个参数计算欧几里得距离的函数。

$$SSC = \sum_{i=1}^{n_k} n_i \cdot d(c_i, c)^2$$

这里的 n_k 代表簇的数量，n_i 代表簇内数据点的数量（簇的大小），c_i 是 i 簇的质心，c 是整体的质心（所有质心的平均数）。

基于 SSC 的内部性能指标，对于使用不同相似性度量指标的聚类方法，如基于密度的聚类方法，也不具有很好的代表性。用这种指标评估基于密度的模型和基于距离的模型时，较低的值并不一定意味着较差的性能。SSC 是否有效取决于数据点的分布。

我们通常要求模型同时具有较高的凝聚度和分离度，所以多数内部性能指标在算法中结合了这两个指标。

接下来，我们来了解一下常用的内部性能指标，这些方法在 AI-TOOLKIT 中可用。

3.3.1.1　轮廓系数

轮廓系数（the silhouette coefficient）结合了凝聚度和分离度指标（Rousseeuw, P.J., 1987）。首先对每个数据点（数据记录）进行计算，然后计算均值得到模型整体的轮廓系数。轮廓系数这个名称的来由，在于它的值越高，簇的边界（轮廓）区分度（可见度）越高。

$$S_i = \frac{\min(b_i) - a_i}{\max(a_i, b_i)}$$

S_i 是数据点（数据记录）i 的轮廓系数，其中 a_i 代表数据点 i 到所在簇内其他数据点的平均距离，b_i 是数据点 i 到其他簇内数据点的平均距离，$\min(b_i)$ 是指到最近的簇的距离。

轮廓系数值的范围在 -1 到 1 之间。值越高意味着聚类结果更好，或者说数据点与其所在的簇更匹配、与其他邻近的簇更不匹配。当 a_i 下降时（簇内距离缩小）簇的凝聚度上升，当 b_i 上升时（簇间距离增大）簇间的分离度上升。轮廓系数为负值，意味着簇的重叠。全局轮廓系数计算如下：

$$Silhouette = \frac{1}{n} \sum_{i=1}^{n} S_i$$

其中 n 是数据集中的数据点数。

3.3.1.2 卡林斯基 – 哈拉巴兹指数

卡林斯基 – 哈拉巴兹指数（Calinski-Harabasz index，CHI）结合了凝聚度和分离度，直接采用了前面介绍过的 SSE 和 SSC 指标（Caliński, T., Harabasz, J.,1974）。

$$CHI = \frac{SSC}{SSE} \times \frac{n - n_k}{n_k - 1}$$

其中 n 是数据点数量，n_k 是簇的数量，SSE 是簇内的误差平方和，SSC 是簇之间的加权误差平方和（详见第 3.3.1 节）。

SSE 衡量凝聚度，SSC 衡量分离度。CHI 值越高，说明凝聚度越高（SSE 较低）、分离度越好（SSC 较高）。出于与之前解释过的 SSE 和 SSC 评估方法相同的原因，CHI 对于并非基于距离的聚类方法（如基于密度的模型）不具有很好的代表性。

3.3.1.3 Xu 指数

Xu 指数是同类内部性能评估指标的一种变体，计算方法如下（Xu, L., 1997）：

$$Xu = D\log\left(\sqrt{\frac{SSE}{Dn^2}}\right) + \log(n_k)$$

其中 D 是数据集的特征（列）数量，n 是数据点的数量，n_k 是簇的数量。

Xu 指数通常为负值，且数值越小代表聚类的结果越好。

上述所有的内部性能指标都可在簇的数量未知的情况下（多数情况是如此）用来确定簇数。更多相关信息将在下一节介绍。

3.3.1.4 确定最佳簇数

如果缺少已知标签的参考数据，就可以用上述内部性能指标来确定最佳簇数，有两种方法可以根据聚类模型和最优解之间的差距（最佳簇数）来估计最佳簇数。

·方法一：当模型距离最优解较远时，应该选用手肘法（拐点法）。手肘法（拐点法）的基本原理，是簇（和数据点）的凝聚度和分离度（见上文）在达到特定水平后就不再发生显著变化，这也是接近最佳簇数的信号。因为所有内部性能指标都基于凝聚度和分离度计算，我们可以将其与手肘法（拐点法）结合使用。

　　·方法二：如果模型离最优解较近，那么一个或多个内部性能指标的最小值或最大值（取决于性能指标）就对应着最佳簇数。

　　由于通常我们不知道模型是否已经接近最优解，可以首先用方法二。如果方法二不能得到明确的答案，就要回到方法一。有时也需要通过迭代，在最终估计簇的大小时再回去使用方法二。

　　让我们通过一个求最佳簇数的简单例子演示上述过程。这个例子会用到鸢尾花数据集（详见第 8.3 节），数据集包含三个已知的（经过标注的监督数据集）簇（类别），便于我们测试方法的有效性。为了更好地视觉化（见图 3-6），这个鸢尾花数据集经过主成分分析（PCA）降维处理。降维后的数据集仅用于下面的视觉呈现，不用于聚类。

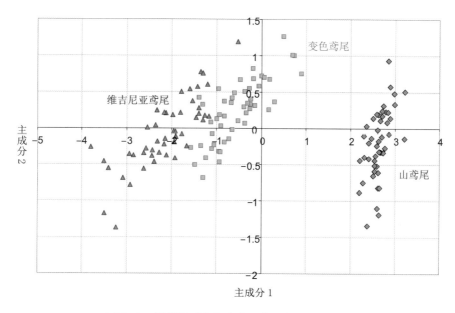

图 3-6　保留了两个主成分的降维鸢尾花数据集

　　使用 AI-TOOLKIT 中两种不同的聚类算法对鸢尾花数据集进行聚类：MeanShift 聚类（基于密度）和 k 均值聚类（基于距离）。可以看出两种不同相似性度量下内部性能指标的有效性。

　　MeanShift 通过调整核带宽来实现不同的聚类效果，k 均值聚类直接通过设定簇数来控制聚类效果。MeanShift 算法不易确定簇数，因此记录下大小为 2、3、5 和 6 的簇。k 均值聚类算法使用了大小为 2、3、5 和 6 的簇。AI-TOOLKIT 记录了每种设置下聚类结果的内部性能指标和准确率（已知标签），结果如图 3-7 和图 3-8 所示，为了便于理解，图中标出了原始图和归一化图。

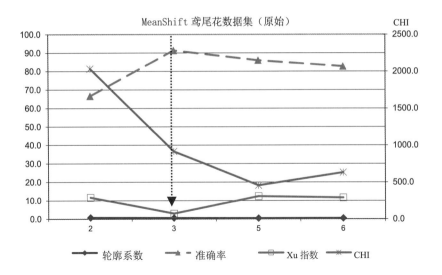

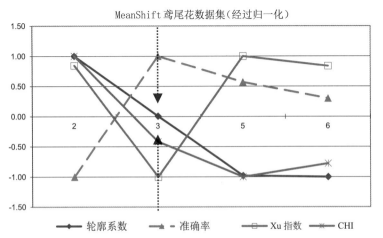

图 3-7 MeanShift 聚类结果 (AI-TOOLKIT)

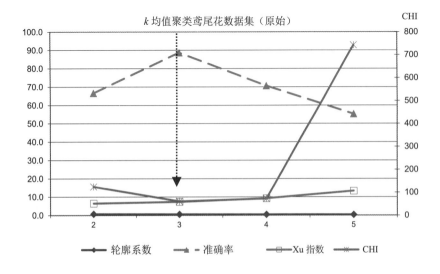

图 3-8 k 均值聚类结果 (AI-TOOLKIT)

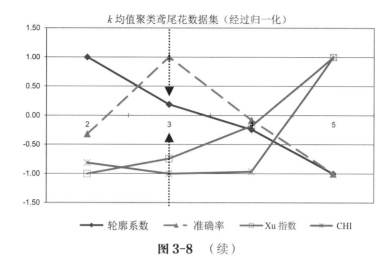

图 3-8　（续）

图 3-7 和图 3-8 中的横轴表示簇的大小，（左侧）纵轴是性能指标的值。未经归一化的 CHI 值因为数值太大单独标注在右侧纵轴上。这也是需要将数据归一化的原因。

尽管鸢尾花数据集由于两个簇重叠（变色鸢尾和维吉尼亚鸢尾）变得复杂，MeanShift 聚类模型仍显现出较好的整体准确率（91.33%），见图 3-6。

假设我们无法得知簇的准确率，因为在多数情况下数据集都没有标签（没有计算准确率的参考）。先用方法二通过一个或多个内部性能指标来找出最佳簇大小。Xu 指数最小、CHI 和轮廓指数最大时可以得到最佳簇大小。这个例子里 Xu 指数最小时最佳簇大小是 3，CHI 和轮廓系数值最大时最佳簇大小是 2，因此得出最佳簇大小是 2 或 3。因为 CHI 值突然跳高（>2000），且每个方法得出的最佳簇大小的结果不同，接下来我们需要用到手肘法（拐点法）。

根据手肘法需要取最佳值（轮廓系数的最小值，CHI 最大值）的下一个值，因此两种方法（CHI 和轮廓系数）都得出簇大小为 3（最佳值都是归一化图中左侧第一个点）。如果无法参照已知的标签计算出准确率，就可以选择 3 作为最佳簇大小。

k 均值聚类模型准确率较低（88.66%）。假设我们不知道准确率。通过方法二也无法确定最佳簇大小（各种性能指标的最小值和最大值），因此需要用到方法一。

根据手肘法，最佳簇大小对应最小 Xu 指数的下一个值（在归一化图中为 − 1），即最佳簇大小为 3。同样取对应轮廓系数最大值 2 的下一个值，即最佳簇大小是 3。我们说过，Xu 指数必须最小化，CHI 和轮廓系数需要最大化。CHI 值在簇大小为 5 时突然跳高，因为在这一点 Xu 指数很高、轮廓系数值很低，5 明显不是最佳簇大小。因此把 2 当作 CHI 最大值，选其后的值 3 作为最佳簇大小。

当我们离最优解越远，估计最佳簇大小就越困难，这是符合逻辑的。一般来说，只要计算包含了足够的数据点和性能指标，这个基于经验的方法还是可靠的。如果通过以上步骤还是不能确定簇大小，说明模型距离最优解还远，需要尝试其他模型或者大幅修改模型参数。

除了上述三个指标（轮廓系数、Xu 指数和 CHI），还有更多内部性能指标。对内部性能指标的研究是一个进行中的课题，这里展示的三个指标是目前最有效也最常用的内部性能指标。其他内部性能指标大多遵循相似的原则。

3.3.2 基于外部标准的性能评估指标

基于外部标准的性能评估指标（简称外部性能指标）适用于已知输入数据类别的情况，可以通过对预测聚类（分类）和原始（参考）聚类的比较来评估模型性能。外部性能指标和监督学习的性能评估指标相似，不同之处是外部性能指标可能存在两套不同的标签系统。例如，如果聚类算法将标签 A 分配给一组数据点，同一组数据点在参考数据集中的标签就不太可能是 A。

这一部分将着重介绍几个外部性能指标，并通过简单的例子展示如何应用它们。

3.3.2.1 纯度指标

如果我们用簇中最常出现的标签（类别）标注这个簇，就可以使用以下公式计算出聚类的纯度（Purity）：

$$Purity = \frac{\sum_{i=1}^{K} n_{max}^{i}}{n}$$

其中 K 是簇数，n_{max}^{i} 是 i 簇中多数类的数据点数量，n 是数据集中点的总数。例如，数据集中有两个已知类别 A 和 B，聚类结果如下：

·簇 1：A A A B A A B A A
·簇 2：A A B B B B B B A

那么簇 1 的多数类为 A，簇 2 的多数类为 B。聚类结果的纯度为 (7+6) /18 = 72.2%。 纯度的取值范围在 0 到 1（或 0~100%）之间，值越高表示聚类越准确。用纯度作指标的一个缺点在于，簇的数量越多，它的值就越接近 1。

3.3.2.2 列联表

几个外部性能指标可以在列联表（contingency table）中同时进行计算，这和用于监督学习模型性能评估的混淆矩阵相似。我们说过，无法直接对参照数据集的标签和聚类用的标签进行比较，因为二者使用不同的标签系统。

曼宁等人（Manning, C.D., Raghavan, P., Schütze, H., 2009） 建议将聚类的过程看作一系列决策，即对数据集的 $N (N-1)/2$ 对数据点（数据记录）的逐一决策。我们只在两个数据点相似的情况下将其归为一类。真正类（TP）决策将两个相似数据点分配给同一个类别，真负类（TN）决策将两个不相似的数据点归入两个不同类别。这里可能出现两种错误，假正类（FP）决策将两个不相似的数据点归入同一类别，假负类（FN）决策将相似数据点归入不同类别。这与我们在监督学习部分看到的相似。这四种决策可以构成聚类模型的列联表，如表 3-2 所示：

表 3-2　列联表

	同一簇	不同簇
同一类别	TP	FN
不同类别	FP	TN

接下来几节将基于列联表讨论模型的外部性能指标。

3.3.2.3　兰德指数

兰德指数（Rand index，RI）计算正确决策的百分比，因此它是经过调整的聚类模型全局准确率。

$$RI = \frac{TP + TN}{TP + TN + FP + FN}$$

3.3.2.4　精确度、召回率和 F1 分数

$$Precision = \frac{TP}{TP + FP}$$

$$Recall = \frac{TP}{TP + FN}$$

$$F1 = \frac{2\,P\,R}{P + R}$$

精确度测量簇内分类正确的数据点（数据记录）的数量。精确度也被称为正预测值。精确度对数据不平衡敏感。

召回率评估每个簇内的特定类别，又被称为真正类率。召回率对数据不平衡不敏感。

F1 分数结合了精确度和召回率，对数据不平衡敏感。F1 分数还有一个改进版，给召回率赋予了更大权重。为了使对假负类的惩罚力度比假正类更大，下面等式中选择 $\beta > 1$（Manning, C.D., Raghavan, P., Schütze, H., 2009）。

$$F_\beta = \frac{(\beta^2 + 1)\,P\,R}{\beta^2 P + R}$$

3.3.2.5　基于外部标准的性能评估指标：实例

本节将用一个实例来演示如何计算前述性能指标。这个实例来源于参考文献 [50] 中一个例子，由于涉及组合数学（数学领域的一个分支），本节面向在这个领域涉猎较深读者。AI-TOOLKIT 可以自动计算这些指标，因此无需手动计算。

假设数据集经过聚类，所得结果呈现在图 3-9 的左上方。数据集有三个类别（"三角""圆形"和"菱形"），被聚类模型分别归入 c1、c2 和 c3 三个簇。例如簇 c1 中有 6 个三角形、1 个圆形和 0 个菱形。第一步是计算列联表中 TP、TN、FP 和 FN 的值。

一个簇内有多少个或多少对正类数据点（包括真正类和假正类 TP+FP），可以通过簇内数据点的总数计算，在簇 c1 内是 7，在簇 c2 内是 7，在簇 c3 内是 6。我们将聚类看作一系列的决策，在数据集的 $N\,(N-1)/2$ 对数据点中二选一。因此不能简单地将所有独立元素相加，而要考虑所有可能的分组（即配置排列）。

此处用组合数学计算可能的分组数。例如，有两个元素 A 和 B，我们可以计算出这两个元素被归入一组的次数。答案是 1，$C(2, 2)=1$，只有一种分组可能，即 A 和 B 在同一组（AB）。但如果有三个元素 A、B 和 C，$C(3, 2)$ 的结果是 3，因为有三种分类可能（BC|A、AC|B 和 AB|C）。排列的顺序不在考虑范围。这里组合的底数总是 2，因为我们要对一对数据点进行聚类操作。

输入数据簇分布				
	c1	c2	c3	合计
Δ	6	1	2	9
O	1	5	0	6
◊	0	1	4	5
合计	7	7	6	

		FN	TN
c1	Δ	18	60
	o	5	8
	◊	0	0
c2	Δ	2	4
	o	0	30
	◊	4	2
c3	Δ	0	0
	o	0	0
	◊	0	0
	合计	29	104

TP + FP	57
TP	32
FP	25
TN+FN	133
TN	104
FN	29

列联表		
	同簇	不同簇
同类	32	29
不同类	25	104

纯度	75.0%
兰德指数	71.6%
精确度	56.1%
召回率	52.5%
F1	54.2%

簇 c1　　簇 c2　　簇 c3

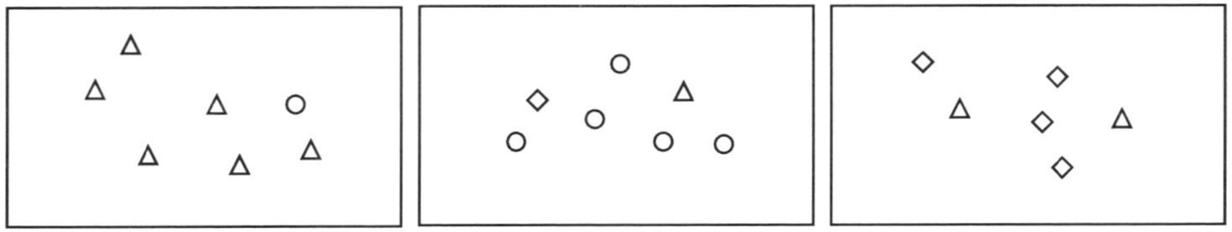

图 3-9　基于外部标准的性能评估指标：实例

因此可以这样计算正类的总数：

$$TP + FP = \binom{7}{2} + \binom{7}{2} + \binom{6}{2} = 57$$

用同样的逻辑，我们也可以计算出真正类。我们说过，真正类决策将两个类似的点分配到同一个簇中；我们在簇 c1 中有 6 个三角形，c2 中有 5 个圆形，c3 中有 4 个菱形和 2 个三角形。在 c3 中加入最后 2 个三角形是必要的，因为它们被分配到同一个簇（真正类）中（哪个簇不予考虑）。

$$TP = \binom{6}{2} + \binom{5}{2} + \binom{4}{2} + \binom{2}{2} = 32$$

最后可以轻松计算出假正类，如下所示：

$$FP = (TP + FP) - TP = 25$$

下一步是计算负类。这一步不涉及组合数学，因为负类决策打破了我们将一对点分配到同一簇的规则，相反，单点被分配（$\binom{n}{1} = n$）。请记住，一个真负类决策将两个不相似的点分配到不同的簇中，而一个假负类决策将两个相似的点分配到不同的簇中。

三角形、圆形和菱形的真负类数可按以下方法计算：

$$TN_\triangle = 6 \times (5 + 0 + 1 + 4) + 1 \times (4 + 0) = 64$$
$$TN_\circ = 1 \times (1 + 2 + 1 + 4) + 5 \times (2 + 4) = 38$$
$$TN_\diamond = 0 \times (1 + 2 + 5 + 0) + 1 \times (2 + 0) = 2$$
$$TN = TN_\triangle + TN_\circ + TN_\diamond = 104$$

通过上述计算，得到一个点可能被不同簇中不同类别的点置换的次数。例如，如果一个簇中有两个 A 类点，另一个簇中有三个 B 类点，在每次只置换一个点的前提下，就有六种可能的方式来置换这两个簇中不同类别的点。

假负类可以用类似的方法计算（这里我们替换掉相同的类）：

$$FN_\triangle = 6 \times (1 + 2) + 1 \times 2 = 20$$
$$FN_\circ = 1 \times (5 + 0) + 5 \times 0 = 5$$
$$FN_\diamond = 0 \times (1 + 4) + 1 \times 4 = 4$$
$$FN = FN_\triangle + FN_\circ + FN_\diamond = 29$$

有了上面的结果，就可以通过使用前几节介绍的等式轻松地计算出性能指标。结果可以在图 3-9 中看到。

第4章

机器学习数据

摘 要： 机器学习模型（算法）从数据中学习。本章将介绍如何为机器学习收集、储存并处理数据，以及数据策略和机器学习与数据策略之间的联系。机器学习模型的质量很大程度上取决于数据的质量，因此关于数据的内容是机器学习的重中之重。考虑到其重要性，我们会对数据的预处理（包括数据清洗、转换、采样、重采样、特征选择、归一化等）做出详细讲解。

4.1 概述

机器学习的数据可能有多个来源，如商业文档和数据、传感器（物联网设备）、社交媒体、网络商店、视频摄像头、移动设备、内部和外部数据存储、麦克风等。这些数据可能具有不同的类型和格式，如数值、文本、图像、音频记录。以标准化且高效的方式收集、预处理和存储这些数据，对机器学习的成功至关重要！

我们必须建立一个组织层面的数据策略，其中也包括机器学习数据策略。与其他类型的业务数据相比，处理和传递机器学习所需的数据要满足一些特定的要求。接下来的部分将详细说明机器学习数据的具体要求（数据的收集、预处理、存储等），以及如何将它们整合到整个组织的数据策略中。

4.2 数据策略

为了将机器学习数据策略整合到组织层面的数据策略中，首先需要定义什么是组织层面的数据策略。SAS 白皮书[1] 很好地概括了组织层面的数据策略的含义（图 4-1）。

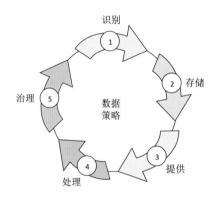

图 4-1 数据策略

---

1 The 5 essential components of a data strategy (White Paper), SAS (2018).

　　组织需要制定符合当下实际情况的数据策略。制定全面的数据策略，既要考虑当前的业务和技术任务，同时也要重视新的近期和远期目标。制定数据策略是为了确保所有数据资源都能够被轻松高效地使用、共享和移动。数据不再是业务的副产品，而是能够为业务和决策赋能的重要资产。数据策略旨在帮助组织像管理和使用资产一样地管理和使用数据。它提供了跨项目的共同近期和远期目标，确保数据被充分、高效地使用。数据策略通过建立通用的方法、实践和流程，实现企业对数据的可重复的管理、操作和共享。

　　数据策略必须解决数据存储的问题，同时还必须考虑数据的识别、访问、共享、理解和使用方式。成功的数据策略必须涵盖数据管理中的各个不同领域。一个完整的数据策略包括五个核心组件，它们作为构成要素共同支持组织内的数据管理。这五个核心组件是识别、存储、提供、处理和治理[1]。

　　（1）识别（identify）：识别数据并理解其含义，无论其结构、来源或位置。使用和共享数据的核心是建立一致的数据元素命名规范及约定，无论数据以什么方式存储（如数据库、文件等）或其存储的物理系统在何处。在数据和元数据（数据的定义、来源、位置、域值等）之间形成一种引用和访问的途径也同样重要。就像我们在图书馆需要用准确的卡片目录来检索图书一样，成功地使用数据依赖于元数据（来帮助我们检索特定的数据元素）。将业务术语及其含义整合为业务数据词汇表，是解决这一挑战的常见手段之一。

　　（2）存储（store）：将数据持久化存储在易于共享、访问和处理的结构和位置中。关键在于要有一种实用的存储方式，以便轻松访问和共享所有创建好的数据。不必将所有数据都存储在同一个地方；只需要将数据存储起来，然后提供一种找到和访问它的方式即可。

　　（3）提供（provision）：将数据打包，方便重复使用和共享，并提供访问数据的规则和指南。

　　（4）处理（process）：移动、整合来自完全不同的系统的数据，提供一个统一、一致的数据视图。对于多数公司来说，数据既有内部来源也有外部来源。内部数据是由多个（甚至数百个）应用系统生成的。外部数据也有各种来源（云应用程序、业务伙伴、数据提供商、政府机构等）。尽管这些数据通常包含大量信息，但它们的形式不一定都符合每个公司特有的数据整合方式，因此需要进行转换、纠正和格式化，以使其变得可用。

　　（5）治理（govern）：建立、管理和传达信息政策及机制，以便有效地使用数据。数据治理在整体数据策略中的作用是确保公司内的数据被统一管理。无论是确定安全细节、数据修正逻辑、数据命名标准，还是建立新的数据规则，有效的数据治理可以确保数据的管理、操作和访问规则具有一致性。数据的处理、操作或共享的决策不是由开发人员个人决定，而是由数据治理的规则和政策所确定的[2]。

1　The 5 essential components of a data strategy (White Paper), SAS (2018).
2　The 5 essential components of a data strategy (White Paper), SAS (2018).

4.3 机器学习数据策略和任务

作为数据策略的延伸，接下来我们定义一个机器学习数据策略框架。图 4-2 展示了这个框架的概要，可以用于设计组织内的机器学习数据策略。

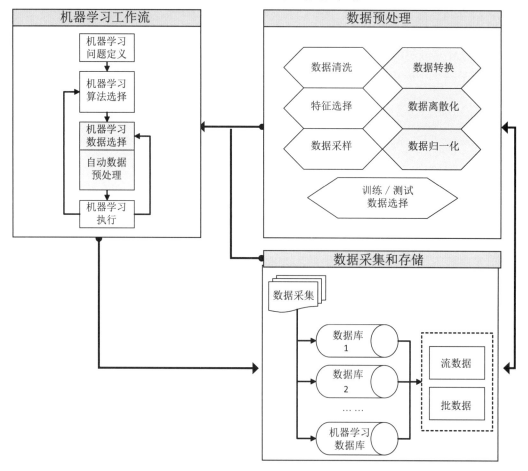

图 4-2 机器学习数据策略框架

不同的机器学习应用和算法需要不同类型和数量的数据，以及不同的数据传输方法。因此，开发机器学习数据策略，首先要研究机器学习工作流如何影响数据的采集、存储、传输和预处理步骤。

机器学习工作流通常是从专门的机器学习数据库提供数据，该数据库存储了经过预处理的数据。将经过预处理的数据直接传输到机器学习工作流中也是可能的，或者根本不需要对数据进行预处理，因为机器学习工作流中已经包含自动数据预处理环节（见图4-2）。例如，AI-TOOLKIT 包含几个自动数据预处理步骤，可以在设计过程中选择数据特征（列），显著简化了工作。

机器学习应用的输出数据通常会存储在数据库中，等待进一步传输或处理（例如，传输到仪表板或另一个应用程序等）。

图 4-2 中框架的每一部分将在接下来的章节中解释。

提示：制定机器学习数据策略是一个持续的过程！数据策略可能会根据新的机器学习应用的需求延伸和 / 或修改，以适应所有需求。

4.3.1　机器学习工作流

图 4-3 展示了一个简化的机器学习工作流。每个机器学习应用程序必须从定义要解决的问题开始，所需数据自然也取决于此。接下来所选的机器学习算法类型也会影响所需的输入数据。之前我们说过，有三种主要类型的机器学习算法：监督学习、无监督学习和强化学习。也说过这些算法可能有几种实现途径，例如，监督学习可以利用支持向量机、神经网络、随机森林等。此外，监督学习也可能涉及分类或回归。

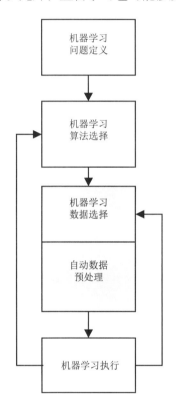

图 4-3　简化的机器学习工作流

所有这些选项是如何影响数据类型、数据量和数据交付方式的？

这个问题的答案取决于几个因素：

（1）定义要解决的问题，这决定了机器学习应用需要什么类型的数据，这些数据是已经在内部或外部数据库中、立即可用，还是需要采集。采集数据本身就是一个庞大的课题（涉及测量、问卷、数字检索……），并且为了提供必要质量和效率的数据，采集数据必须被标准化。采集的数据必须按照事先制定好的数据策略（识别、存储、提供、处理和治理）进行存储！我们最好把所需的数据量和数据中的特征数（列或变量）估计得高一些，因为在机器学习模型的开发过程中，机器学习专家需要找到最佳特征组合和最优数据量！参见图 4-2 中的"数据采集和存储"。

（2）在监督学习中，我们需要单独准备训练、测试和推断（预测）数据集。在无监督学习中，我们只需要一个训练数据集和一个推断（预测）数据集。第 1.2.1 节中提到过，训练和测试数据集必须彼此独立，并且具有相同的分布！这些因素都会影响机器学习的数据策略。参见图 4-2 中"数据预处理"。稍后会详细介绍！

（3）有些机器学习应用可能具有自动数据预处理功能，因此不需要对数据进行额外的预处理，或者仅需要对部分数据进行预处理。

（4）有些机器学习应用允许动态选择数据中的特征（列），这样就不需要对数据进行额外的预处理。

（5）有些机器学习应用/算法需要对数据进行批量处理，有些则需要以数据流的方式处理。因此，数据的处理方式取决于模型要解决的问题和所用到的算法。又或者，因为一种算法需要一次性输入大量数据，我们就要使用一种适用数据流的算法来解决问题。

（6）大多数机器学习算法使用数值型输入数据，因此非数值型数据要先被转换为数字。一些算法可能要使用其他类型的输入数据，比如文本或图像。因此需要进行数据清洗、数据转换和离散化，这一点将在下一节中讨论。

（7）机器学习模型的开发是一个迭代的过程。首先，如果模型不能提供令人满意的结果，就需要换成另一类算法，进而影响对输入数据的要求。其次，由于更换算法，数据量或数据中的特征数也可能需要调整（见图 4-3）。

你需要找到会对组织层面数据策略产生影响的所有机器学习工作流参数，设计一种能够高质量、高效率完成机器学习任务的数据策略。先前关于机器学习算法的章节可以帮助你理解所有要求。

4.3.2 数据预处理

识别必要数据之后，在将其输入机器学习工作流之前，通常需要对其进行预处理。下文将介绍最常用的数据预处理步骤。

其中很多数据预处理步骤都可以自动完成，这也确保了所有数据以标准化和高效的方式得到处理（图 4-4）。

4.3.2.1 数据清洗

数据清洗是数据预处理中最常用的步骤之一。数据中可能存在空记录、空值、错误值、无效值（例如是文本而不是数字）等。在进行进一步处理之前，必须解决这些不合规的数据。

我们把有多个列（特征）的值的列表——或换句话说，一行数据——称为一条数据记录。特定行和列中的数据称为一个值。如果你把数据想象成表格，那么一个值就是表格中的一个单元格，记录则是表格中的行。

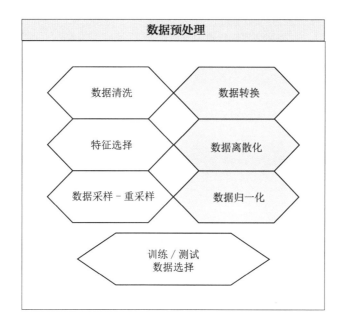

图 4-4　数据预处理

空记录必须删除。空（缺失）值可以与整条记录一起删除，也可以替换为空值所在列的平均值、相邻值的平均值、列中常见值或 0 等。在处理特定问题时，应根据具体情况选择最佳解决方案。错误值或无效值也以同样的方法处理。查找和替换值的过程可以自动化。

数据清洗规则明确且统一，可以确保数据清洗方式的一致性，避免对机器学习的结果造成混淆。假设一个数据集中的空值被替换为 0，而另一个数据集中的空值被替换为 1，这将影响机器学习的结果！

虽然数据清洗可以达到较高的自动化程度，但是通过视觉检查数据和手动分析数据仍有助于检测数据中可能存在的各种问题。因此，数据分析平台不可或缺！

有一种不那么广为人知的技术叫"变异分析"，可用于检测数据中的问题。变异分析可以在未经解释的变异发生时，准确地指出错误数据点的位置。更多关于这种技术的信息可以在拓展阅读 4.1 中找到。AI-TOOLKIT 具有内置的自动变异分析工具。

拓展阅读 4.1　变异分析

变异性是数据非常重要的一个属性，它衡量的是数据在中心周围的分布情况。

衡量数据变异性最常用的两个指标是方差和标准差。方差是每个数据点与平均值之间距离的平方的平均值，它没有单位，因为它仅仅是数据分布的一种度量。标准差是方差的平方根，它与数据的单位相同。

异常值对方差（和标准差）有很大的影响，因此必须找到导致数据中出现异常值的根本原因！

根据变异的类型和程度，我们可以把数据的变异分为受控（in control）和失控（out

of control）两种情况。如果出现失控变异，证明数据出现了问题。利用一些简单的统计技巧，就可以确定特定特征上的变异是否属于失控变异。这对排除失控变异、避免给机器学习模型造成混淆至关重要。

这里介绍一种名为"X&R 控制图"的工具来研究数据的变异性。AI-TOOLKIT 数据分析模块中有内置的 X&R 控制图工具。

大多数数据可以被归入三个主要的类别：

（1）离散计数（泊松分布），如事件的计数。

（2）离散分类（二项分布），如"是 / 否""好 / 坏"等。

（3）连续数据（正态分布）。

因为基于连续时间序列数据做出的决策更加可靠，所以最好将其他类型的数据（如离散计数或离散分类）转换为连续时间序列数据。转换方法如下：

对于离散分类数据（如"是 / 否""好 / 坏"等），可以使用值发生之间的时间间隔（如"是"发生和"否"发生之间的时间间隔）来形成连续数据。

对于离散计数数据，则可以测量特定事件之间的时间间隔来转换为连续数据。

X&R 控制图是最常用的控制图之一，因为它运用了中心极限定理来进行"数据归一化"，所以基本不用考虑数据的概率分布类型。另外还有两种不常用的控制图：用于离散分类（二项分布）数据的 p 图，以及用于离散计数（泊松分布）数据的 u 图。由于这两种控制图和我们的目的无关，在此不做详细讨论。

X 图和 R 图的示例分别在图 4-5 和图 4-6 展示。图 4-5 还展示了控制图的重要区域和界限。控制界限设定在距离均值（μ）三个标准差（3σ）的位置：上控制界限（UCL）方向为正（+），下控制界限（LCL）方向为负（−）。

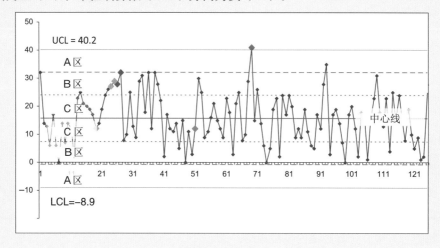

图 4-5　X 图

35
30
25
20
15
10
5
0
1
11
21
31
41
51
61
71
81
91
101
111
121

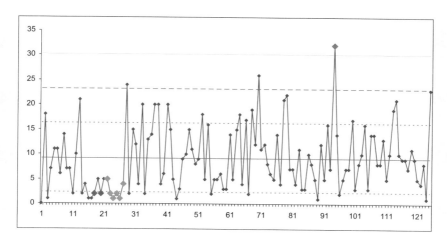

图 4-6 R 图

控制图的上下控制界限之间划分了六个区域，均值的两侧各有三个区域（在均值/中心线的上方和下方）：C 区是距离均值一倍标准差的范围，B 区在距离均值一个到两个标准差之间，A 区在距离均值两个到三个标准差（即控制界限）之间。在 R 图中，如果下控制界限（LCL，B 区和 C 区）小于 0，那么该控制界限是无效的，不应被考虑在内。图 4-7 解释了控制图上不同线条和标记的含义。

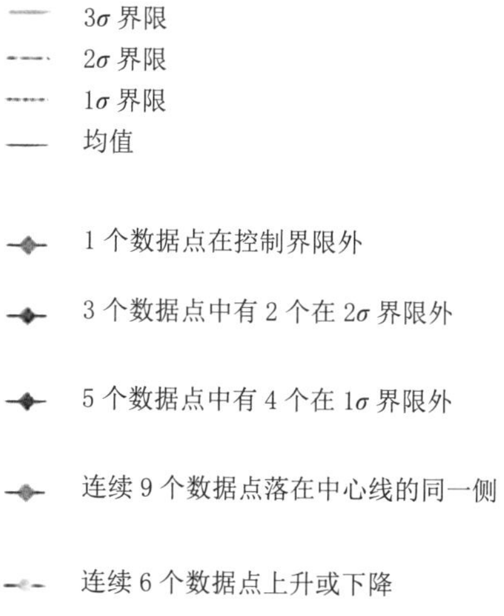

3σ 界限
2σ 界限
1σ 界限
均值
1 个数据点在控制界限外
3 个数据点中有 2 个在 2σ 界限外
5 个数据点中有 4 个在 1σ 界限外
连续 9 个数据点落在中心线的同一侧
连续 6 个数据点上升或下降

图 4-7 控制图图例

如何使用控制图？

在使用控制图时，需要注意两个容易出问题的地方：

（1）控制界限——检查是否有数据点落在控制界限之外，有则意味着数据变异失控（不能解释的变异）。

（2）数据点在 A、B、C 区的分布——数据点在三个区域的分布可以反映数据中存在的特定问题。图 4-8 和 4-9 总结了数据可能出现的所有问题。

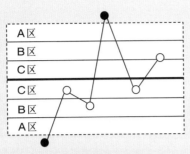

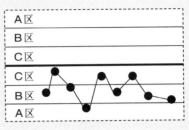

1 个数据点落在 A 区之外

9 个数据点连续落在中心线的同一侧

落在 A 区外说明这个点超出了控制范围，统计学上有三种可能的含义：
· 数据均值的偏移
· 标准方差变大
· 独立问题（只影响一个点）

数据均值发生偏移时会出现这种情况

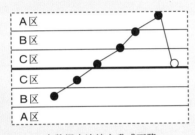

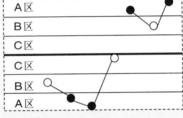

6 个数据点连续上升或下降

3 个数据点中有 2 个在 A 区或之外

提示数据均值的趋势（系统性变化）

提示数据均值的偏移，或标准差的变大

图 4-8 控制图问题（第 1 部分）

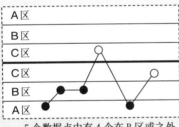

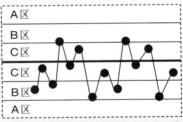

5 个数据点中有 4 个在 B 区或之外

14 个连续的数据点交替上升和下降

提示数据均值的偏移

提示数据发生系统性变化

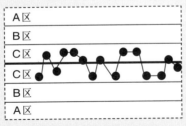

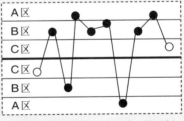

15 个连续的数据点落在 C 区内

8 个连续的数据点落在中心线两侧，但均不在 C 区内

提示采样 / 子分类出现了问题，具体来说，不同子分类中的数据来源具有不同均值

提示数据存在采样 / 子分类问题，具体来说，不同子分类中的数据来源具有不同均值。

图 4-9 控制图问题（第 2 部分）

如果检测到数据存在问题，我们有两个选择。一是尝试找到问题的原因，二是移除问题数据点。如果能找到问题的原因，就可以尝试解决问题（如数据采集或研究过程中的问题等），再重新采集数据。如果是系统性问题，则可能存在许多错误的数据点，解决问题可能比仅仅删除问题数据点更有益。

提示：在使用控制图时，首先要查看 R 图，检查是否存在失控数据（落在控制界限之外的数据点）或其他问题。X 图上的控制界限是根据平均范围计算的，因此如果数据在 R 图上失控，X 图上的控制界限就没有意义。R 图上的失控数据点的影响被消除后，再查看 X 图。

图 4-8 和 4-9 列举了控制图可以检测到哪些问题，以及这些问题的示意图和解释（基于参考文献 [7, 8, 10] 改编）（AI-TOOLKIT 可以自动识别这些问题）。这些问题包括：

- 1 个数据点落在 A 区之外。
- 9 个数据点连续落在中心线的同一侧。
- 6 个数据点连续上升或下降。
- 3 个数据点中有 2 个在 A 区或之外。
- 5 个数据点中有 4 个在 B 区或之外。
- 14 个连续的数据点交替上升和下降。
- 15 个连续的数据点落在 C 区内，在中心线上下。
- 8 个连续的数据点落在中心线两侧，但均不在 C 区内。

4.3.2.2　数据转换

有时数据转换是必要的。例如，当我们希望通过合并多个特征来减少数据量，或者希望修改某些特征，或者希望将文本分类数据转换为数字值的时候。

主成分分析（PCA）实现数据降维

为什么我们要减少数据量、合并多个特征（列）？因为更多的数据并不一定能带来更好的机器学习结果！数量有限的高质量数据对于实现机器学习目标更有帮助，高质量不仅意味着数据清洁，还意味着它包含了足够的信息。此外，数据较少的情况下，机器学习的速度更快，也许还能解决内存不足的问题！为了获得高质量数据，必须投入足够的时间来研究目标问题和数据，而不是对数据来者不拒！数据对于机器学习的效果影响最大！

我们可以通过主成分分析法，在不丢失数据中的基本关系的前提下，显著缩小具有大量特征（列）的大型数据集。缩小数据集是通过将数据集转换为一组新特征实现的，新特征是数据集的主成分，具有不相关性和有序性，前几个特征保留了原始数据集中大部分的信息（变异）。我们可以通过计算特征的协方差（或相关性）矩阵并求解其特征值和特征向量来计算主成分（Jolliffe, I.T., 2002）。

拓展阅读 4.2 主成分分析

假设一个数据集有 p 个特征（p 列数据），用特征 x_1，x_2，$\cdots$，x_p 来表示。PCA 寻找 m 个新的派生特征（$m \ll p$），这些新特征能够保留原数据集中大部分信息，包括原特征的方差和原特征之间的相关性。用 $\boldsymbol{x}$ 来表示一个包含许多特征（列）的巨大数据集 $\{x_1, x_2, \cdots, x_p\}$，PCA 能够在不丢失数据中的基本关系的前提下显著地减少 $\boldsymbol{x}$ 的维度。

它的工作原理是什么？

PCA 的第一步是找到一个具有最大方差的线性函数 $\boldsymbol{a}_1^{\mathrm{T}}\boldsymbol{x}$，其中，$\boldsymbol{a}_1$ 代表由 p 个常数 α_{11}，α_{12}，$\cdots$，α_{1p} 组成的向量，T 是向量 $\boldsymbol{a}$ 的转置，因此：

$$\boldsymbol{a}_1^{\mathrm{T}}\boldsymbol{x} = \alpha_{11}x_1 + \alpha_{12}x_2 + \cdots + \alpha_{1p}x_p = \sum_{j=1}^{p}\alpha_{1j}x_j$$

下一步是找到具有最大方差且与 $\boldsymbol{a}_1^{\mathrm{T}}\boldsymbol{x}$ 不相关的线性函数 $\boldsymbol{a}_2^{\mathrm{T}}\boldsymbol{x}$。以此类推，直到第 k 步找到具有最大方差且与前面的函数 $\boldsymbol{a}_1^{\mathrm{T}}\boldsymbol{x}$，$\boldsymbol{a}_2^{\mathrm{T}}\boldsymbol{x}$，$\cdots$，$\boldsymbol{a}_{k-1}^{\mathrm{T}}\boldsymbol{x}$ 不相关的线性函数 $\boldsymbol{a}_k^{\mathrm{T}}\boldsymbol{x}$。我们称 $\boldsymbol{a}_k^{\mathrm{T}}\boldsymbol{x}$ 为第 k 个主成分。

一个数据集中有 p 个主成分（等于数据集中特征的数量）。但通常情况下，仅使用 m 个主成分（$m \ll p$）就能解释数据集中大部分的信息。这种减少特征或复杂度的降维就是我们想要实现的目标。

为了更清晰地说明这一点，让我们看一个有两个特征（两列数据）的例子。

在图 4-10 中前半部分是数据的图形，后半部分是主成分的图形。重点关注图形的比例，具体值不相关所以不在此标注。

特征 x_1 和 x_2 高度相关，都具有较大方差。x_2 方向上的方差更大（数据在垂直方向上比在水平方向上分布更广）。在主成分图上可以清楚地看出，pc_1 方向上的方差比 x_1 和 x_2 方向上的更大。而 pc_2 方向上几乎没有方差，因此我们可以说 pc_2 不包含重要信息。

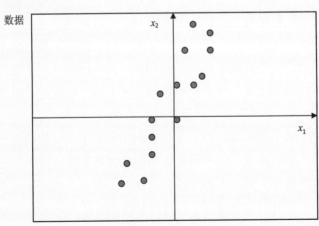

图 4-10 主成分分析示例

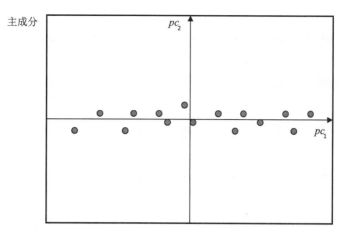

图 4-10（续）

如果 p 个特征之间存在实质性的相关性，那么前几个主成分将包含原始数据中的大部分信息。主成分的计算可以简化为几个相对简单的任务。第一步是计算 p 个特征（p 个数据列）的协方差（或相关性）矩阵。当 $i \neq j$ 时协方差矩阵包含特征 i 和 j 之间的协方差，或当 $i=j$ 时则包含特征 i 的方差。第 k 个主成分可以用 $pc_k = \boldsymbol{a}_k^{\mathrm{T}} \boldsymbol{x}$ 计算，其中 $\boldsymbol{a}_k$ 是协方差矩阵的特征向量，对应于其第 k 个最大的特征值 λ_k。如果 $\boldsymbol{a}_k$ 是单位长度（要求），则 pc_k 的方差等于 λ_k。

实践中更常用相关性矩阵来代替协方差矩阵，因为很多时候它能提供更好的结果（Jolliffe, I.T., 2002）。

将分类值转换为数值

分类数据有两种主要类型：

· 标称数据（nominal），指的是没有顺序的分类值，例如，〔红，蓝，紫〕。
· 定序数据（ordinal），是带有顺序的分类值，例如，〔不太好，好，非常好〕。

将分类数据转换成数值数据主要有三种方法：

· 整数编码。
· 独热编码。
· 二进制编码。

整数编码器会将每个分类值转换为连续的整数值。

例如，把〔不太好，好，非常好〕替换为 [1, 2, 3]。每个分类特征（列）都可以用类似方式编码，例如，把表 4-1 第二列数据〔小圆，中圆，大圆〕转换为 [1, 2, 3]。定序的分类值也可以用这种方式转换。

表 4-1　整数编码示例

原始数据		整体编码数据	
列 1	列 2	列 1	列 2
好	小圆	2	1
好	大圆	2	3
不太好	中圆	1	2
非常好	大圆	3	3
不太好	中圆	1	2

通过整数编码来转换标称分类数据，假如机器学习模型认为编码后的数字是有意义的刻度，则可能会在学习过程中产生偏差（学习误差）。例如，在［红，蓝，紫］这种情况下，如果通过整数编码转换，红 =1，蓝 =2，紫 =3，则模型可能会在数据中引入紫＞红、蓝＜紫这种实际上不存在的特殊关系！为了避免这种情况，可以将编码数据进一步使用独热编码或二进制编码进行转换。

独热编码可以把每个整数编码的值替换为一组值。组中的值的数量等于这一列中唯一分类值的数量。其中除了一个值被设为 1（每个类别位置不同），其他数字都设置为 0。例如，［红，蓝，紫］被替换为 [1, 0, 0, 0, 1, 0, 0, 0, 1]，其中红色被转换为序列 {1, 0, 0}，蓝色转换为序列 {0, 1, 0} 等。每个类别中有多少值，这个数据集中的列（特征）就会增加多少。独热编码示例见表 4-2。

表 4-2　独热编码示例

原始数据			独热编码数据					
列 1	列 2		列 1	列 2	列 3	列 4	列 5	列 6
好	小圆		1	0	0	1	0	0
好	大圆		1	0	0	0	1	0
不太好	中圆		0	1	0	0	0	1
非常好	大圆		0	0	1	0	1	0
不太好	中圆		0	1	0	0	0	1

二进制编码将每个整数编码值替换为二进制值，并将二进制值的每个二进制位单独记成 0 和 1。位数最多的二进制值决定了数据集中列增加的数量。较短的二进制值用 0 进行填充。二进制编码示例见表 4-3。1 的二进制值为 0001，2 的二进制值为 0010，3 的二进制值为 0011。

表 4-3　二进制编码示例

原始数据			二进制编码数据							
列 1	列 2		列 1	列 2	列 3	列 4	列 5	列 6	列 7	列 8
好	小圆		0	0	0	1	0	0	0	1
好	大圆		0	0	0	1	0	0	1	0
不太好	中圆		0	0	1	0	0	0	1	1
非常好	大圆		0	0	1	1	0	0	1	0
不太好	中圆		0	0	1	0	0	0	1	1

当一个列有超过 15 个分类时，如整数值 16 转换成二进制是 00010000，每一列转换后成为 8 个列（8 个二进制位）。由于低于 16 的整数二进制只有 4 位数，为了方便与其他列对齐，将被扩展到 8 个二进制位。如果在这种情况下使用独热编码转换，则需要添加到 16 个列！

类别数量较多时，二进制编码相对高效，因为相比使用独热编码转换，二进制编码添加的列数更少！更少的列数意味着更少的内存消耗和更快的处理速度。如果分类值不多，则建议用独热编码代替二进制编码，因为二进制编码也可能像整数编码那样，在编码时给数据添加额外的关系，这些关系本不存在于原始数据，因此更容易致使模型产生偏差。

4.3.2.3　数据离散化

数据离散化是指将一列连续值转换为类别或分组。例如，我们有一列温度数据，通过给温度划分范围，可以转换为"非常冷""冷""正常""热"和"非常热"这些类别，然后用整数编码将这些类别转换成一系列数字。或者，我们也可以用一个范围内的平均温度的整数值替换这个范围内的温度值。

通过离散化，可以简化数据，提高机器学习性能。

4.3.2.4　数据采样

数据采样的意思是从获取的所有数据中选择要使用的数据。通常我们会使用所有收集到的或存储好的数据。有时我们随机收集数据（例如，不是每个客户都填写问卷，只选择其中一部分人填写——随机抽样），或者只在特定时间段内收集所有数据（即每个客户都填写问卷），或者仅向特定群体收集数据等等。我们会根据具体情况和具体目标来选择抽样方法！

采样遵循统计学理论中的两个重要假设：

·采样是随机的（即我们没有刻意挑选某些特定类型的样本，忽略所有其他类型的样本），且对整个数据集（或称总体）具有代表性。

·假定总体是正态分布的（参见拓展阅读 4.3）。

收集数据前，我们首先要确定所需的数据量，即样本量。我们显然无法不停地采集数据，只能采集全部数据的一个子集，所以它是样本。

样本量取决于多个因素，但最重要的因素是抽样误差。抽样误差是因为我们只采集了数据的一个子集而导致的误差，因此增加样本量可以减少抽样误差。

相反，如果样本量太大，也可能带来一些问题，例如，采集数据时间和成本增加。

适当的样本量可以通过简化后的统计公式来估计（Albright, S.C., Winston, W.L., Zappe, C., 2004）：

$$n = \frac{4\sigma^2}{B^2} \tag{4-1}$$

其中 n 是样本量，σ 是样本的标准差，B 是我们可以接受的样本均值的抽样误差（95% 置信区间的一半）。这是一个估计的值，因为我们事先不知道样本的标准差，需要通过诸如历史数据（过去采集的数据）乃至合理猜测来估计。计算样本量的例子可以参见第 4.3.2.5 节。

拓展阅读 4.3　数据分布

虽然你将要采集的数据多数会呈正态分布，但也不排除一些样本会呈二项分布、泊松分布或指数分布。接下来我们详细讨论这几种类型的分布。

正态分布

正态分布是数据分布的主要类型。正态分布的特点是图 4-11 所示的对称的钟形曲线，以及分布的均值和标准差。在某些情况下，分布可能不完全对称，而是向左或向右偏斜。但大多数偏斜分布都近似于正态分布，并且可以适用正态分布的经验法则。

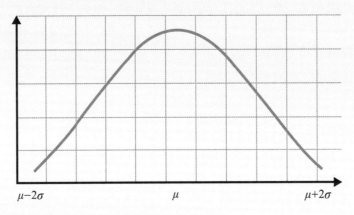

图 4-11 正态分布

对于一个对称或接近对称的钟形分布，如果它近似于正态分布（你会遇到很多近似于正态分布的数据集！），则有一个重要的规则：

将近 95% 的数据落在均值加减两个标准差的范围内，即"$\mu \pm 2\sigma$"的范围，99.7% 的数据落在均值加减三个标准差的范围内，即"$\mu \pm 3\sigma$"。

如果数据集的均值和标准差已知，那么可以使用 Excel 中的一个非常有用的函数来生成正态分布的数据集："=NORMINV (p, μ, σ)"。

其中 p 值在 [0, 1] 之间（将原始概率转化为标准正态分布），μ 是数据均值，σ 是数据标准差。如果根据往期实验可以得知数据集的均值和标准差，但没有可用数据，或者你想替换缺失或错误的数据，就可以使用这个函数来生成数据集。

许多数据分析软件（如 Excel）都内置了测试数据是否符合正态分布的功能。

二项分布

二项分布是一种离散型随机变量的分布，该变量只有两个可能的值，以"是 / 否"的形式出现（例如"0/1""男 / 女""有 / 无"），而且每次获取 / 测量这些值的方式都相同。设每个值为"是"的概率为 P，则每个值为"否"的概率为 $1-P$（显然，因为只有两个可能的值）。

如果我们知道进行了多少次实验（n）及"是"事件发生的概率（P），就可以计算二项分布的均值和标准差。

$$\mu = nP$$
$$\sigma = \sqrt{nP(1-P)}$$

例如，已知在银行的 1000 名用户（$n=1000$）中男性的概率为 70%（$P=0.7$），并且这些数据（性别）呈二项分布，那么我们可以用上述方程式算出数据的均值为 700（1000×0.7），标准差为 14.5（$\sqrt{1000 \times 0.7 \times (1-0.7)}$）。

由于适用于正态分布的经验法则也适用于二项分布，如果 $n \cdot P > 5$ 且 $n \cdot (1-P) > 5$，则表示我们有 95% 的把握，男性客户的数量为 $700 \pm 2 \times (14.5)$，或者说在 671 至 729 之间！请注意，这里适用我们之前看到的规则，即大约 95% 的数据在距离均值两个标准差的范围之内（$\mu \pm 2\sigma$）。

泊松分布

如果数据涉及在特定时间段内发生的事件计数，则数据具有特殊的分布，称为泊松分布（见图 4-12）。数据值为整数值。泊松分布的特征是单一参数 λ，该参数等于分布的均值和方差。因此，λ 的平方根就是标准差。泊松分布的一个常见例子是每小时到达的客户数量（$\lambda=$ 每小时到达的客户数量），或者一周内销售的产品数量（$\lambda=$ 每周销售的产品数量）。

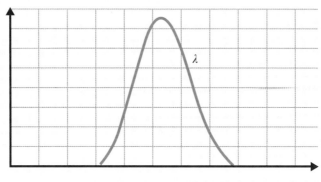

图 4-12　泊松分布

指数分布

如果数据是事件之间的时间间隔，例如客户到达的时间差，则数据呈现出的特殊的分布叫作指数分布，其参数为 λ（见图 4-13）。数据的均值和标准差都等于 λ 的倒数（$\mu=\sigma=1/\lambda$）。

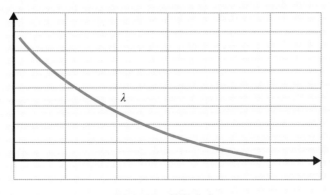

图 4-13　指数分布

指数分布和泊松分布之间有非常紧密的关系，这点也能从它们都含有参数 λ 看出。

4.3.2.5 实例：引入新的银行服务，确定样本大小

某银行向用户提供了一项新的服务。为了评估这项新服务的效果，银行决定从用户中采集该服务的使用数据，然后把数据输入机器学习模型。

经过慎重考虑，银行决定采集两种用户数据：用户到达时间，以及满意度（从 1 到 10，1 表示不满意，10 表示很满意）。银行还希望通过这种方式，得知等待的用户是否已经排起长队，因为通过记录用户到达的时间，自然就能知道特定时间段使用该项服务的用户的数量。

为了采集研究用户到达时间的数据，银行必须确定所需数据点的数量（样本量）。

必要的样本量可以通过公式（4-1）来计算，其中 B 代表可以接受的到达时间均值抽样误差，σ 是到达时间的估计标准差。根据历史数据，σ 为 7.12 分钟，B 为 0.45 分钟。

$$n = \frac{4\sigma^2}{B^2} = \frac{4 \times 7.12^2}{0.45^2} = 1001$$

4.3.2.6 数据重采样消除数据类别不平衡

在监督学习的分类问题中，数据不平衡意味着属于特定类别的数据记录比其他类别的数据记录多（类型 I），或者某个类别的一个子集比另一个子集数据记录多（类型 II）。图 4-14 是这些问题的简单二维示例。

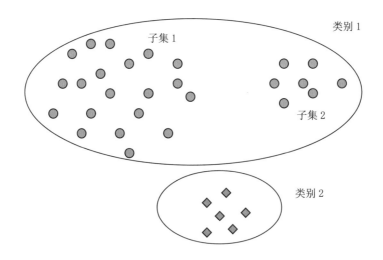

图 4-14 数据类别不平衡（类型 I 和类型 II）

为什么数据不平衡是个问题呢？因为它会降低模型（针对每个类别）的预测性能。如果某些类别样本过多，机器学习模型将更加"关注"这些多数类，对于少数类的准确性会更低——样本数量较少的类别称为少数类，样本数量过多的类别则称为多数类。

在许多实际应用中，数据的不平衡非常明显。例如，在检测异常或问题的应用中，通常正常数据记录远远多于异常数据记录。入侵检测、欺诈检测、预防性维护、根本原因分析等场景中，都存在数据不平衡。

在使用不平衡的数据集时，有两点需要着重考虑：

・机器学习模型的性能评估必须考虑到数据不平衡，并提供对数据不平衡不敏感的适当指标。

・机器学习模型的训练必须考虑到数据不平衡。

关于模型性能指标以及哪些指标对数据不平衡不敏感，可以在第 3 章中找到更详细的信息。

在训练机器学习模型时，我们可以通过两种方式来处理不平衡的输入数据：

・基于类别的比重，对每个类别赋予不同的权重——给少数类更高的权重。

・对输入数据进行预处理来纠正不平衡问题。

相比于使用特殊的不平衡修改模型，对数据进行预处理通常更容易、更有效，并且在许多情况下可以带来更好的机器学习性能。因此，我们将重点放在通过预处理数据来纠正不平衡问题上。

需要注意的是，数据的不平衡不一定都会给机器学习模型的性能造成重大问题！也不是所有机器学习模型都对数据不平衡敏感。重要的是使用正确的性能指标，并在必要时对数据进行预处理。

数据预处理技术有许多种，这也是一个正在进行中的研究课题。我们将在下文介绍两种常用的过采样和欠采样技术，这些技术也可以在 AI-TOOLKIT 中使用。

过采样指的是用少数类的数据创建新的数据记录，欠采样指的是删除多数类中的数据记录。

每种数据预处理技术都有其优点和缺点，应该应用哪种技术取决于具体的问题和数据集。

通常会选择多种采样技术组合使用，以结合它们的优点。参见第 8.5.7 节中的举例说明。

随机欠采样

随机欠采样技术指的是随机删除多数类中的数据记录。这种技术的缺点在于，它有可能删除数据中的重要信息（变异）。因此使用这种技术时要特别小心，注意检测模型整体和每个类别的性能指标。这种技术的优点是速度快且容易使用。

单独使用随机欠采样并不能完全解决数据不平衡问题，通常需要与其他重采样技术结合使用。

随机过采样

随机过采样是从少数类中随机复制一些数据记录来减轻数据不平衡问题。这种技术人为地减少了数据的变异，其缺点之一就是可能会导致过拟合，或模型的泛化性能降低。这种技术的优点是快速且易于应用。

边界合成少数类过采样技术（BSMOTE）

BSMOTE 是当前比较先进的过采样技术。它不仅可以缓解数据不平衡问题，还可以通过增加类别分离的清晰度来提高机器学习模型的性能。BSMOTE 会沿着类别的边界，在少数类样本（少数类的数据记录）之间，以及它们的邻近样本之间生成新的合成样本。我们将用图4-15中一个简单的二维例子进一步解释这个技术。

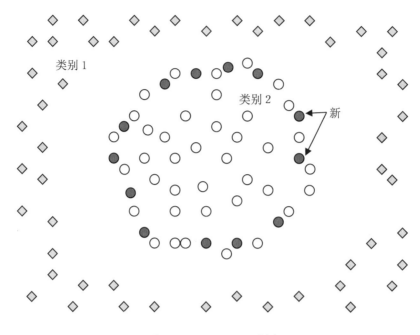

图4-15 BSMOTE 示例

BSMOTE 算法把重点放在类别边界的样本（点）上，是因为边界上的样本更容易被错误分类。此外，BSMOTE 算法还内置了一个检测噪声的机制，以避免引入不必要的噪声点（如果所有邻近点都属于另一个类别）。

即使不能检测到边界（如当其他类别都很远的时候），在某些情况下增加额外的点也可能是有用的，因此 AI-TOOLKIT 会自动检测情况并添加额外的内部点。

通过移除 TOMEK 链接进行欠采样

如果两个数据记录（节点）属于不同的类别，并且彼此邻近，则它们之间会形成一个 TOMEK 链接。这种情况发生的前提是，其中一个记录是噪声，或它们位于两个类别之间的边界（边界线）。从图4-16中的简单例子可以看出，如果选择对类别2进行欠采样，则会删除深蓝色的点。

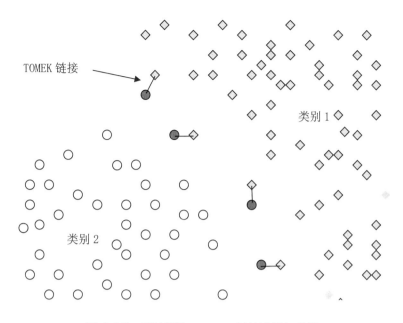

图 4-16　通过移除 TOMEK 链接进行欠采样

这种方法可以应用于所有类别，以去除噪声并清理类别之间的边界，但前提是数据集当中有足够的样本。在一些应用中，这种方法只被应用于多数类。

目前存在很多不同的重采样算法，上述介绍的重采样算法也有很多变种，但它们都遵循相似的原则。将随机欠采样、随机过采样、BSMOTE 和通过移除 TOMEK 链接进行欠采样技术结合起来，是解决数据不平衡问题的非常有效的方法。AI-TOOLKIT 中也提供了这些技术的扩展版本。

4.3.2.7　特征选择

特征选择是指选择哪些特征（列）输入机器学习模型中的过程。这通常是一个迭代的过程，如果机器学习模型的性能不够理想，我们需要添加或删除一些特征（列），再重新训练模型。要选择最佳的特征集，需要掌握一些问题领域的专业知识，而不是仅仅通过试错。例如，如果我们想要训练一个用于癌症检测的机器学习模型，就必须有癌症研究方面的专家来告诉我们哪些特征可能是最好的选择。

有时，我们会通过变异分析来移除信息含量不足的特征和变异数量极低的特征（列）。但需要注意的是，有时未经归一化的特征可能具有非常不同的变异数量，可能在一定程度上有利于问题的学习。关于变异分析参见拓展阅读 4.1。

4.3.2.8　数据归一化：缩放和平移

一个数据集中可能存在许多不同尺度的特征（列），例如，财务数据集中可能包含客户年龄和年薪等特征，年龄的范围是 [18, 100]，年薪的范围是 [0, 1000000]。许多机器学习算法可能会因为这些特征之间的尺度差异而无法得出最优解。另外，如果一个特征的分布不是零中心化的，那么搜索最优解（如梯度下降）的过程会非常低效。更多关于这个问题的信息参见拓展阅读 2.1。

解决上述所有问题的方法就是数据归一化。数据归一化将数据集中每一列的值缩放、平移至预定义的以零为中心的范围，如 [−1, 1]。数据中的变异（信息）被保留下来的同时，所有特征具有相同的比例并以零为中心。

在机器学习模型训练过程中可能需要多次应用归一化，有时是因为神经网络中的激活函数会撤销归一化的效果。更多关于归一化的信息参见拓展阅读 2.3（批量归一化）。

AI-TOOLKIT 在任何情况下都能自动进行归一化处理，无需手动预处理数据。

4.3.2.9 训练/测试数据选择

我们会对模型在训练（学习）数据集上的表现（学习是否成功）与在测试数据集（未在学习阶段出现过）上的表现加以区分。机器学习模型在这两个数据集上的准确率是评估模型好坏的重要指标。更多相关信息可以参见第 1.2.1 节。首先，将输入数据集分为两部分，一部分用于训练（学习），另一部分用于测试。如何划分数据至关重要，因为它决定了模型的有效性和准确率。

· 原始数据集（划分前）必须对它描述的问题具有代表性。数据集必须具有足够的数据点（相关信息参见第 4.3.2.4 节和第 4.3.2.7 节）。

· 训练数据集和测试数据集必须彼此独立！这意味着同一数据记录不得同时出现在两个数据集中。

· 数据集必须具有相同的分布！这是一个重要的统计要求，因为这样就表示两个数据集都对各自所描述的问题具有代表性。

实现后两个规则的一种常见技术，是在数据集分割之前对数据进行随机打乱（如将数据集随机分为 80% 用于训练，20% 用于测试）。

4.3.3 数据采集和存储

不同的机器学习应用和算法需要不同类型和数量的数据，以及不同的数据传输方式。数据采集和存储是指收集、存储和传输必要数据的过程（见图 4−17）。

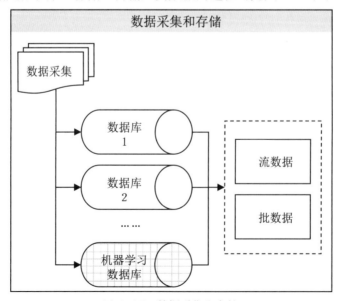

图 4-17 数据采集和存储

我们已经知道，在数据策略中，有五个核心组件（识别、存储、提供、处理和治理），它们作为构成要素共同支持组织内的数据管理（参见第 4.2 节）。

我们必须把这五个核心组件融入数据采集和存储策略中。数据必须被充分地识别和分类，并且必须以易于共享、访问、处理、管理和传输的方式存储和打包。同时，还需要建立有效的数据使用策略和机制，以便有效地管理和传输信息。

机器学习数据通常需要进行多种预处理（参见第 4.3.2 节），因此需要一个专门的数据库来存储预处理后的机器学习数据。数据存储的成本很低，而且会越来越低，因此，如果是为了提高效率和清晰度，进行一些数据的重复存储是有益的。

4.3.3.1　数据采集

机器学习数据可以有许多不同的来源，如商业文档和数据、传感器（物联网设备）、社交媒体、网络商店、视频摄像头、移动设备、内部和外部数据存储、麦克风等。

数据可能具有不同的类型和格式，如数字值、文本、图像、音频等。在数据驱动的商业文化中，各种类型的数据都会被收集和存储起来，以备将来使用。通常，人们也会为某些特定任务有意地收集数据，如用于机器学习。

数据收集本身是一个庞大的课题，包括测量、问卷调查、捕获物联网信号、从业务流程中提取等，收集到的数据必须进行标准化并仔细记录。我们必须确保以正确的方式收集正确的数据。本书的目的不在于详细解释这个主题，读者可以通过其他来源获取大量相关信息。

4.3.3.2　数据传输

如何传输数据对机器学习至关重要。两种主要数据传输机制分别是：

- 针对离散数据的批式数据传输。
- 针对连续流数据的流式数据传输。

批式数据传输相对简单，不需要特殊的处理。

流式数据传输比较复杂，除非我们捕获并储存流数据后再批量传输，否则就需要对流数据进行特殊的预处理，并且需要确保机器学习算法有处理流数据的能力。

大多数机器学习算法会一次性读入适应内存大小的数据。但是，也有一些机器学习算法可以使用流数据，但准确性比批数据模型要低。此外，训练和推断方面也存在差异。经过训练的机器学习模型在推断（预测）时，可以使用流数据，这些数据记录被逐条传输给模型。推断并不需要使用批数据。

那么实际上是否需要大量的流数据来训练机器学习模型呢？在机器学习专家中存在一些分歧。我个人认为，在大多数情况下，使用少量（少是指从几兆字节到几吉字节）的高质量数据最有利于训练机器学习模型。流数据通常存在许多错误且不易清理，可能包含过多不必要的信息，使机器学习模型发生混淆。当然，推断（预测）不同，因为一个能够连续做出预测的流式推断系统可能会十分有用。

第3部分

Part 3

自动语音识别

第5章

自动语音识别

摘 要：自动语音识别（ASR）是机器学习中最复杂的领域之一，本章将以简单易懂的方式，专门介绍这个领域的各个主题，包括信号处理、声学信号属性、声学和语言建模、发音建模和性能分析，还包括 AI-TOOLKIT 中的开源软件包 VoiceBridge 的工作原理。

5.1 概述

由于自动语音识别（ASR）是一种复杂且实用的技术，我们会用一整章来详细讨论。ASR 使用了多种机器学习模型和技术，如上文介绍过的监督学习和无监督学习（聚类）。

自然语言处理（NLP）是机器学习中最复杂的领域之一。ASR 是 NLP 的一个子类别。ASR 的目标是输出一个与输入语音对应的单词序列（通称转录）。输入语音以语音波形（声学信号）的形式被捕获，语音波形是表示一段时间内空气压力变化（即声音的产生和传播）的一组声波波形。

ASR 在生活中已经有广泛的应用。例如语音拨号、电话转接（用于电话中心自动化）、语音数据输入、命令与控制（电脑、汽车、电器）等。语音控制汽车导航或者智能手机就是典型的例子。

ASR 虽然是多个机器学习和统计模型的组合，我们可以将其视为一个监督学习的分类任务。前文（第 1.3 节）介绍过，当机器学习模型的输入数据包含有关任务的额外信息（监督）的标签（标识）时，我们称之为监督学习。例如，在训练垃圾邮件过滤器时，就可以把每封邮件是否为垃圾邮件的标签作为额外信息，向机器学习算法发送一组标有垃圾邮件或非垃圾邮件的电子邮件，通过这种方式对学习算法进行监督。标签（或类别）可以是一个简单的整数，例如，0 表示非垃圾邮件，1 表示垃圾邮件。

ASR 中的类别不是单个标签，而是由符合语法规则的单词序列构成的结构化对象。输入的数据是声学信号，类别是句子对应的文本（转录）。ASR 比标准的单个标签监督分类要复杂得多，因为自然语言中存在无数种单词组合，类别也有许多种可能。

也可以将 ASR 看作这样一种过程：通过检索给定语言中每个可能的句子，选择与输入的声学信号最匹配的一条。由于语音的声学信号有非常大的可变性（可能包含不同的发音、噪声等），所以最佳匹配并不一定是精确的匹配，而是最可能的匹配，也因此需要用到概率模型。由于可能的单词组合不计其数，我们需要一种高效的方法，搜索与输入句子（或单词序列）高概率匹配的句子，这种高效的搜索机制基于"正则表达式"的扩展形式，是 NLP 和 ASR 中最重要的部分之一。

在任何语言中，文本都可能包含一组字母、数字、空格和标点符号等，一段文本称为一个字符串。正则表达式定义了如何选择（搜索）文本中的一个或多个字符串。正则表达式的机制被扩展成为所谓的有限状态自动机（finite state automata），距（加权）有限状态转换器仅一步之遥，隐马尔可夫模型（HMM）就是基于有限状态转换器建立的。HMM 作为声学模型高效搜索机制的一部分，被广泛应用于 ASR（及 NLP）中，它能够将输入信号转换为一串单词或音素。这个课题高深复杂，且对理解 ASR 的工作原理并非必备知识，感兴趣的读者可以在附录中找到更多相关信息。

为了实现 ASR，首先必须训练并组建一个 ASR 模型。还要通过对比输入的语音转录和预测的输出转录来测试模型。ASR 模型在完成训练后，就可以进行输入语音转录工作了。在监督分类的语境下，这种工作称为预测或推断。ASR 模型的训练和推断包括三个阶段，总结如下（见图 5-1）：

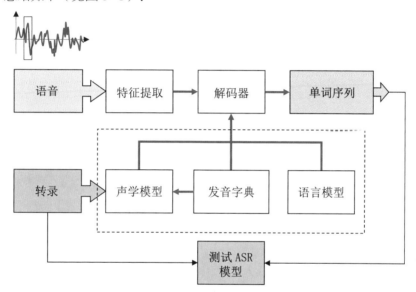

图 5-1　ASR（训练和推断）

（1）第一个阶段是特征提取。在这个阶段，模型将输入的声学信号转换为数值特征来代表输入的语音。不直接使用声学信号的原因我们稍后解释。

（2）训练 ASR 模型的第二个阶段是声学建模（acoustic modeling）。根据第一个阶段提取的数值特征和输入文本转录，计算音素或子音素的"似然性（likelihood）"（发生概率）。句子会被分解成单词、音素或子音素（稍后会详细介绍）。声学模型会学习输入特征可能生成哪些音素或子音素（或反之）。声学模型在推断任务中预测最可能的音素或子音素序列。

（3）第三个阶段是解码。声学模型（即声学似然性）、发音字典及一个语言模型（N-gram，稍后会详细介绍）共同工作，生成最可能的单词序列（转录）。训练时会测试该模型的准确性。

接下来几节主要介绍 ASR 最重要的元素。但为了更好地理解由声波组成的输入声学信号，首先需要解释一下信号处理。接下来我们将对语音识别过程的每个阶段（特征提取、声学建模和解码）进行详细解释。还会介绍发音字典和语言模型。和本书其他部分一样，我们将重点关注对原理的理解，而不是数学算法的细节。

5.2 信号处理：声学信号

了解语音的声学信号的一些物理特性，有助于理解 ASR 的根本原理。声学信号或者说声音是由弹性介质受到扰动而产生的。发生扰动后，声波就会从源头以一定的速率向某个方向传播。通过压缩和伸展弹性介质的分子（压力变化），扰动向相邻的分子传递。这个由压力扰动产生的声波到达人类的耳朵，就产生了听觉。各种各样的音乐、声音、噪声和语音都通过这种方式产生。

图 5-2 展示了声音是如何由振动的音叉（用于乐曲调音）传出的。声波是一个简单的正弦波，具有两个重要的属性：频率和强度。

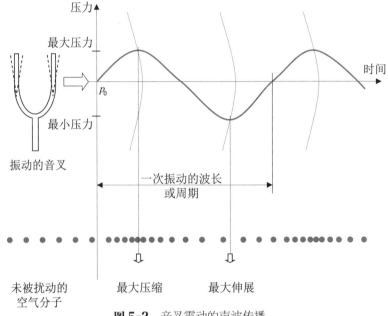

图 5-2 音叉震动的声波传播

声波或声学信号的频率是指每秒钟震动的完整次数（循环），单位是赫兹（Hz），频率的计算公式是声速（m/s）（取决于空气压力和温度的常数）除以波长（m）。波长增加时频率减小（见图 5-2）！

音叉只产生单一频率的声音，而现实生活中的其他声音，如乐器声或人类语音，则更为复杂，包含多个具有不同频率的声波，见图 5-3。

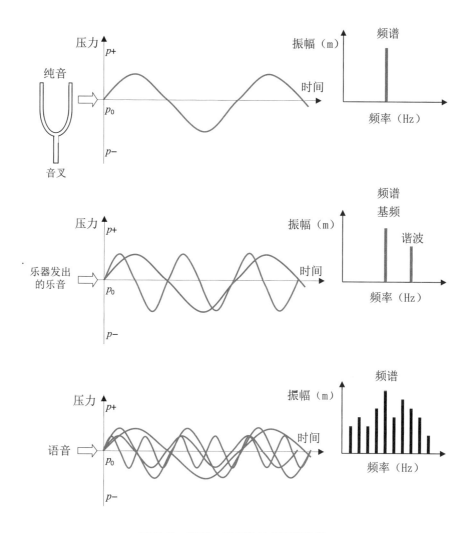

图 5-3　语音、乐音和纯音声波比较

　　语音产生的复杂声波可以分解为不同频率的多个正弦波，反之亦然，多个正弦波可以组合生成复杂的语音声波。多个正弦波的组合只是每个时间步上的频率的叠加（见图5-4）。声波的基频（fundamental frequency）就是频率最低（波长最大）的声波分解正弦波的频率，其他频率被称为谐波（harmonics）。频谱显示了声波的不同频率。

　　女性的声音频率范围约为 260~4000 Hz，男性的声音频率范围为 130~2100 Hz。钢琴上的 C 音频率为 250 Hz。

　　声学信号的第二个重要性质是声音强度（sound intensity）或声功率（acoustic power），指的是声学信号所含声能（acoustic energy）的大小。

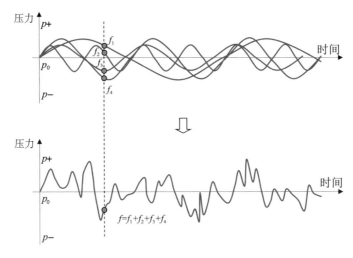

图 5-4 数个正弦波组合成一个复杂声波

注：本图并不精确，只为简单说明。

声波的强度与压力扰动的振幅成比例。振幅是最大压力的大小。人耳以近似对数的方式感知声音强度，因此使用基于对数的测量单位——分贝（dB）来表示声音的强度［见公式（5-1）］。例如，一间安静的客厅噪声水平约为 30 dB（微弱），一间繁忙的商务办公室里交谈的声音大约为 60 dB（响亮），音乐会上为 90 dB（非常响亮），而人的疼痛阈值为 140 dB。

$$L_p = 20\lg\left(\frac{p}{p_{ref}}\right) \qquad (5-1)$$

声功率可以用公式（5-1）计算。声功率的单位分贝（dB）是由声压 p 和参考声压 p_{ref} 计算出来的，在空气中声音的参考声压为（20×10^{-6} Pa = 0.00002 Pa）（Everest, F.A., 2001）。

5.2.1　音高

频率是声波的物理属性，而音高（pitch）是一个主观属性，取决于人类如何感知特定频率的声音。

在声学模型中，我们会将音高和其他特征（如 MFCC，即梅尔频率倒谱系数）结合起来使用（在稍后的特征提取部分讲解），因此必须对它有一个基础的认识。

"对音高的心理描述与声音的物理频率相关，例如，人们会认为高频音听起来音高更'高'，把低频率和'低'音高联系起来"（Gelfand, S.A., 2010）。美国国家标准协会（ANSI）规定："音高主要取决于声音刺激的频率，也受到声压和波形的影响。"

音调可以表达为频率的函数，单位是"梅尔"（mel）（由 Stevens 和 Volkmann 在 1940 年提出），称为"梅尔刻度"，见图 5-5。在这个刻度上，参考点是 1000 mel，定义是 40 dB 时 1000 Hz 音调的音高。一个音调的音高加倍，它的梅尔数也会加倍，音高减半时梅尔数也会减半。因此可以认为，一个听起来比 1000 mel 高一倍的音调，其音高是 2000 mel，而一个听起来比 1000 mel 低一半的音调，其音高是 500 mel（Gelfand, S.A., 2010）。

从图 5-5 中可以清晰地看出频率和音高并非线性相关，例如，频率从 1000 Hz 变化到 3000 Hz，音高只发生了 1000 mel 的变化，而不是和频率同时增加了 2000 个单位（如图 5-5 中箭头所示）。人类就是这样感知不同频率的。

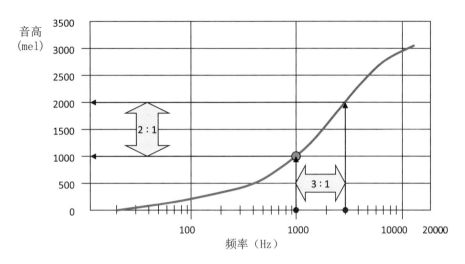

图 5-5　频率（Hz）和音高（mel）之间的关系

注：改编自参考文献 [23]。

5.2.2　频谱图

语音信号中的能量变化多端，取决于时间、频率和声音强度（或声音水平）。我们可以说它是三维的。为了展示时间、频率和声音强度这三个维度，人们创建了"频谱图"（spectrogram）。

图 5-6 显示了句子"BUT NOW NOTHING COULD HOLD ME BACK"的音频波形和频谱图。单词标记在音频波形下方。频谱图的横轴是时间，以秒为单位；纵轴是频率，以千赫兹为单位。声音强度用颜色表示，深红色表示更高的强度或声音水平。

频谱图显示的频率和强度这两项语音特征如何组合，取决于说话人和语言。图 5-6 中的这句话是由一个年轻的女性英语母语者说的。从频谱图中可以看出，一个宽频带（frequency band）中的最高强度出现在单词"NOW""BACK"及"NOTHING"的开头。如果说话人是非英语母语者，不同频带中的能量分布可能完全不同。将女性说话者换成男性也是同理。通过频谱图可以看出，每个人都有自己的频谱特征（spectrographic signature）。

AI-TOOLKIT 中包含一个音频编辑器（见第 9.2.9 节），图 5-6 中的图像就是用它生成的。你可以使用音频编辑器来查看、分析、修改和播放音频记录。

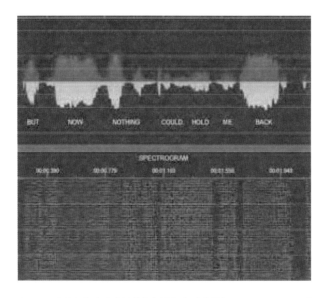

图 5-6　语音的音频波形和频谱图（来源：AI-TOOLKIT）

5.3　特征提取和转换

特征提取是语音识别最重要的环节之一，如果无法提取到正确的特征，就会导致语言识别失败，或者识别准确率不足。

当我们把 ASR 看作一个监督分类问题时，输入的观测值是声学信号，监督标签（类别）是文本形式的句子（转录）。有多少句子就有多少相应的声学信号。但是声学信号具有瞬态（多变）的特性，不能直接作为机器学习模型的输入。由于声学信号的瞬态特性，机器学习模型无法从信号中找到一种模式或趋势，与文本转录（单词、音素、子音素）相对应。因此需要找到一种方法，从这些波形中提取某种具有代表性的信息或"签名"，这些特征能够代表声学信号，可用作机器学习模型的输入。

我们的目标是开发一种从声学信号中提取特征的方法，它面对两个不同的声学信号均可以提取到正确的特征，即对相同的语言单位（单词、音素或子音素）提取类似的特征集，对不同的语言单位提取显著不同的特征集。提取到的不同语言单位的特征之间的差异越大，语音识别结果就越好！

为什么同一单词序列对应的两个声学信号可能不同？主要有以下三种原因：

（1）说话人的差异——如发音方式的不同、性别或年龄造成的声音不同、方言不同。

（2）环境的差异——如噪声、房间声学环境、外部声源的影响。

（3）信号处理的差异——如声音收录方式（麦克风）、传输方式的不同。

为实现特征提取的目标，需要尽可能从提取到的特征中过滤掉负面影响，以避免上述三种因素导致的差异，只对语言单位的差异进行建模。

简单来说，特征提取包括以下步骤：将声学信号分割成长度为 20~40 毫秒的小片段。相关研究表明，这个时长范围的片段 ASR 表现最好（更小的时间窗口无法涵盖足够的信息，更大的时间窗口会包含太多的差异）。在预设的频带中分析每个片段，计算出该片段在各频带具有代表性的特质。这个过程在某些方面与频谱图（参见第 5.2.2 节）有相似之处。分析得到的特质形成该音频片段的特征向量，特征向量可以看作是每个声学信号片段的"签名"。根据声学信号和说话人，相同的音素序列可能具有非常相似的签名。参照图 5-6 的频谱图，注意图中每个片段的高能区域（红色）的形态，就能更好地理解这里所说的"签名"。从声学信号中提取特征后，为了改进语音识别，通常还要进行特征转换（见第 5.3.1 节）。

让我们按步骤更详细地了解一下特征提取（见图 5-7）。

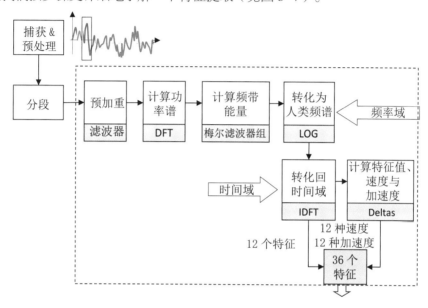

图 5-7　特征提取（AI-TOOLKIT）

（1）首先捕获声学信号并对其进行预处理。包括消除噪声、回声等，或以其他方式改善声学信号。重点考虑 ASR 模型后续的使用方式。如果使用变换后的声学信号训练 ASR 模型，那么训练好的模型的输入数据也应该是变换后的声学信号。当然，也可以一开始就不对声学信号进行预处理（变换）。

（2）将声学信号分割成 20~40 毫秒的音框，音框平移（frame shift）小于或等于音框宽度（frame width）（例如 10 毫秒）。音框平移指的是分割窗口在信号上的时间偏移量。如果音框平移小于音框宽度，分割窗口就能从信号中提取到重叠区域。每个音框都会被输入到下一个步骤。

（3）通常会先在音框上应用一个预加重滤波器（汉明窗），使信号能量谱在所有频率平滑。这样做是因为人类低频语音和高频语音所含能量有很大差别，低频含有更大能量。经过平滑，可以缩小这种差异，从而改善对音素或子音素的识别效果。这里的平滑是指放大信号，尤其是在高频区域。

（4）用离散傅里叶变换（discrete Fourier transform，DFT）计算音框的功率谱（power spectrum）。

（5）通过梅尔滤波器组（Mel Filterbank）计算所选频带的能量。我们在音高这一节

（第5.2.1节）讨论过梅尔刻度。梅尔滤波器组是一组交叠的三角形滤波器（通常为26个），根据梅尔刻度按一定间隔放置在音框的功率谱（第三步）上，用来收集音频的能量含量。参见图5-8（图中只显示了小部分音框）。

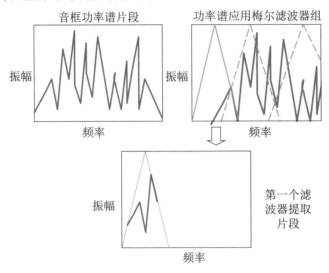

图5-8 梅尔滤波器组的应用（仅显示小部分音框和梅尔滤波器组）

（6）取第（5）步中能量值的对数，转化为人类能感知的频谱——人类的耳朵以接近对数的方式感知声音的强度。

（7）用离散傅里叶逆变换（inverse discrete Fourier transform，IDFT）——实践中有时用离散余弦逆变换（inverse discrete cosine transform，IDCT）代替IDFT——将每个值换回原来的时间域。第（5）步中梅尔滤波器的重叠会导致一些值产生相关性，这些相关性也会在这一步被去除。最终得到的12个特征通常称为MFCC特征。这里的12源于第（5）步中的梅尔滤波器的数量，一般是26个滤波器，但高频区域中不包含语音识别所需的相关信息的那些滤波器值被移除了。根据不同的应用，这个数字可能略有不同。

（8）最后，计算两个时间框之间的MFCC特征值、MFCC速度和MFCC速度变化（加速度），得到 $2 \times 12 = 24$ 个额外的特征。这些通常称为一阶差分（delta）（速度）和二阶差分（delta-delta）（加速度）特征。最终得到每个音框36个特征，形成声学模型的输入特征向量（参见第5.4节）。

完成特征提取后，通常会进行进一步的特征转换以提高语音识别的性能（参见第5.3.1节）。通过添加更多特征（如能量、音高等），上述步骤还可以进一步扩展。例如，音高（参见第5.2.1节）具有代表性，尤其是在亚洲语言中，因此有时会作为额外特征被添加。

上述步骤由已经发展多年且仍在进行中的语音识别研究总结、改进得来。阅读本书末尾列出的参考文献和书籍，可以了解更多相关信息。

5.3.1 特征转换

在提取特征后，为了提高语音识别的准确率，通常会增加一个步骤，我们有时称之为特征（空间）转换。特征转换有许多方法（还有更多正在开发中），下面列举了三种最常用的：

- 线性判别分析（linear discriminant analysis，LDA）转换。
- 最大似然线性转换（maximum likelihood linear transform，MLLT）。
- 说话人自适应训练（speaker adaptive training，SAT）。

5.3.1.1　线性判别分析

"LDA 是统计模式分类中的一种常规技术，在尽量不损失辨识度的前提下降低维度。"（Saon, G., Padmanabhan, M., Gopinath, R., et al, 2000）。简单来说，LDA 通过降维来减少特征数量，同时尽量确保不同类别（不同的语言单位，如音素、子音素）的表现（特征）之间的差异不增加。各语言单位的特征之间的差异减少，会导致语音识别准确性降低，所以我们希望防止这种情况发生。

LDA 算法将特征向量转换成两个矩阵：通过计算每个向量的协方差，得到一个表示类内离散度的矩阵（W）；通过计算所有向量的平均值，得到另一个表示类间离散度的矩阵（B）。接下来，LDA 试图找到一个线性变换（θ），将这个线性变换的矩阵（A）和线性变换矩阵的转置分别与矩阵（B）和矩阵（W）相乘后，使二者之间的比值达到最大（比值 = ABA^T / AWA^T）。比值最大化属于优化问题（使用特征向量和特征值），通过将线性变换（θ）的矩阵应用于特征向量来实现降维。请注意，此处的"类"指的是表示语言单位（音素、子音素）的特征向量。更多关于该算法的信息参见参考文献 [26, 28]。

由于 MLLT 改善了类别间的区分度，LDA 常与 MLLT 变换一起（见下一节），在结合 MFCC、一阶差分、二阶差分的特征的基础上（见第 5.3 节）应用在语音识别中。

5.3.1.2　最大似然线性转换

MLLT 经常应用于 LDA 之后，目的是增加特征向量的类别之间的区分度。换句话说，MLLT 增强不同类别（不同语言单位，如音素、子音素）之间表现（特征）的差异。语言单位的特征之间差异越大，语音识别的准确率越高。这是向 SAT 和特征归一化（排除说话人和环境的影响，参见第 5.3 节）迈出的小小的第一步。

MLLT 算法将一个对角化线性变换（diagonalizing linear transformation）应用于 LDA 的输出结果。关于该算法，更多信息可参考参考文献 [28]。

通过 LDA 和 MLLT 并不一定能获得更好的准确率，还会显著减慢训练的过程。一些作者指出，在使用子音素为语言单位时，识别的准确率有所提高（Haeb-Umbach, R., Ney, H., 1992）。结合使用 MFCC、一阶差分、二阶差分、SAT，往往可以获得更好的性能和准确率（参见下文）。

5.3.1.3　说话人自适应训练

SAT 的目的是全面地训练模型适应说话人，以及特征的归一化（排除说话人和环境的影响，如噪声）。用于 SAT 的训练数据必须按照说话人（和 / 或按照环境影响）分组。SAT 需要在结合 MFCC、一阶差分、二阶差分特征的基础上应用（参见第 5.3 节），它通过排除由说话人和环境因素造成的差异来转换特征向量。

SAT 算法会运用多种统计学技术来识别不同说话人（或环境因素，如噪声）造成的差异。一旦识别出差异，就将它从特征向量中排除，或者说，将特征空间归一化（Povey, D., Kuo, H-K. J., Soltau, H., 2008）。

按照说话人分组训练数据（声学信号）和应用SAT，可以大幅度降低词错误率（word error rate，WER），即准确率得到改善。

5.4 声学建模

声学建模（acoustic modeling）是 ASR 的第二步。简单来说，我们会训练一个机器学习模型来学习哪些特征向量（第二步提取到的）可以生成输入转录中的音素或子音素。声学模型属于概率模型，因此只能根据输入的特征向量提供可能性最高的音素序列。模型没有预先添加任何关于字词和语言结构（语法规则）的知识，这些知识会在后续的解码阶段添加。

转录的句子会被分解成单词。单词再被分解成音素和子音素。单词分解成音素依据的是发音字典（参见第 5.6 节）。音素再通过 HMM（参见附录）建模（见图 5-9）。采用 HMM 不仅因为它是一种概率模型且符合任务需要，还因为训练 HMM 参数的算法既有效又为人们所熟知（如何训练详见下文）。

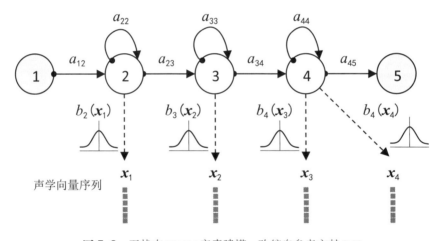

图 5-9 五状态 HMM 音素建模，改编自参考文献 [19]

使用音素而不是词语来训练模型最主要的原因是，在自然语言中，音素的数量比词语的数量少得多，因此训练音素模型比训练词语模型更可行。词语的发音方式与音素和子音素密切相关，决定着声音如何进一步转化为声学信号，因此不能仅仅用字母来训练模型。单纯读出一串字母和读出一个由相同的一串字母组成的单词听上去有天壤之别。

用于音素建模的 HMM 有两种：单音素（mono-phone）和三音素（tri-phone）。单音素 HMM 只用一个音素。三音素 HMM 用到三个音素：当前音素（current phone）、上文音素（previous phone）和下文音素（next phone）。一个音素很大程度上受到前后音素的影响，所以不用单音素而是用三音素建模，这样就能为模型引入当前音素对上下文音素的依赖性，而非单独分析一个单音素。因此三音素模型有更好的准确率。

图 5-9 描述的五状态 HMM 可以是三音素模型。模型有一个输入状态和一个输出状态（状态 1 和 5），以及三个中间状态（状态 2、3 和 4）。每个中间状态对应一个可观察到的符号（observable symbol）（一个音素）。每两个状态之间都有一个转换概率（transition probability），用 $A = (a_{ij})$ 表示。模型会在每个时间步根据转换概率来决定是否进入下一状态。

每次向 j 状态转换都会产生一个可以观察到的符号（音素或子音素）和一个隐藏的（不可观察的）输出概率分布，用 $B = \{b_j(x_t)\}$ 表示（即 HMM "隐藏"的部分）注意，当模型处于 j 状态、以 x_t 作为特征向量时，产生符号 s_t 的概率是 B。

通过输出概率分布可以推导出当前时间步（状态）可能性最大的特征向量 x_t。你可能还注意到状态 4 有一个额外的输出分布，表示为 $b_4(x_4)$。当 HMM 因为转换概率 a_{44} 停留在同一状态时可能出现这种情况。即使状态没有变化，但由于自身转移（self-transition，自跳转，自过渡）产生了一个特征向量。出现这种状况，可能是由于一个音素连续出现了两次。

合并（连接）所有 HMM 音素建模，就可以估计出由输入声学信号生成的句子的声学似然性，这就是下一阶段解码器的工作原理。最常用的声学似然性计算方法是高斯混合模型（Gaussian mixture models，GMM）。高斯是用来近似表示 $B = \{b_j(x_t)\}$（参见上文）的正态分布。我们用正态分布的均值和方差（均值和方差决定了正态分布）作为额外参数训练声学模型。实践中，B 可能不是正态分布（高斯），我们通常用几个带权重的正态分布（可以近似表示任何分布）来为 B 建模，这就是为什么这个模型被称为高斯混合模型。

训练 HMM 包括确定状态数（上面的例子中是 5 个状态）、符号的数量（由转录和发音字典给出）以及概率密度 A 和 B 的估计值。这些参数都是基于训练数据（由语音的声学信号组成）和与其对应的输入转录（输入文字）的估计值。

训练声学模型还包括将声学音素、声学信号与转录进行分段和对齐。这样做的目的，是在有了句子的输入转录和句子的声学信号之后，确保正确的音素对应声学信号上正确的时间步。有些单词的发音（及其音素）比其他词长，所以不能简单地依照时长分割信号。

不能完全理解也不用担心！因为 HMM 建模是一个复杂的课题，应用 ASR 没有必要完全理解 HMM，只需要对它有个大概的了解。HMM 是一种统计学概率模型，它能够帮助我们迅速找到与声学信号正确对应的词语（音素）。更多相关信息，可见附录。

5.5 *N*-gram 语言模型

语言模型（LM）是 NLP 和 ASR 领域最重要的机器学习模型之一。它虽然简单却有着很大的优势。

语言模型是一种用于为自然语言中最可能的单词序列建模的统计学框架。在大多数自然语言处理任务中，包括自动语音识别，语言模型是方法论中至关重要的一部分，其作用是缩小可能的单词组合搜索空间。自然语言中存在大量词汇，理论上可以有无限多种可能的单词组合。但每种语言都有特定的规则和约束，这就限制了这些组合的有效性和合理性。语言模型的目的就是更轻松地学习和发现这些数量有限的组合。

语言模型有个很大的优点，它能够捕捉到自然语言中存在的语法规则，因此无需手动去创建和使用这些形式化且复杂的语法规则。

语言模型背后的统计概率理论基于单词序列的概率。句子"I am reading this book"在英语中存在的概率要远高于句子"book am this I reading"存在的概率（单词顺序被打乱）。单词序列的顺序非常重要，只需要查看几个相邻的单词，一个经过良好训练的语言模型（良好训练意味着该模型使用大量的句子进行了训练）可以仅通过前 $N-1$ 个单词来预测序列中的下一个单词。这就是"N-gram 语言模型"的名称由来！

通过对可能的下一个单词的条件概率进行计算，可以估计出可能的整个句子的联合概率。之所以称之为条件概率，是因为它是在有特定相邻单词的条件下进行计算的（稍后会更详细地解释这一点）。

这一点非常重要，因为在语音识别中，有时候会遇到发音不清晰的词，或者发音相似的不同词。所以需要一种机制来确定说出的是哪个单词。利用语言模型就可以通过前面的几个单词以较高的准确率（取决于语言模型的准确率）确定后面的单词。

基于前面所有的单词来计算每个后续单词的概率，是一种符合逻辑的构建语言模型的方式。然而，由于自然语言中的单词序列组合有无数种可能，这是一个不可能完成的任务。幸运的是，借助统计理论，我们可以用前 $N-1$ 个单词来近似表示这个条件概率。

在语言模型中，我们用 $P(w_i|w_1,w_2,\cdots,w_{i-1})$ 来表示给定前面的单词序列 $w_1,w_2,\cdots,w_{i-1}$ 时，单词 w_i 出现的条件概率。如果根据前面的一个单词来预测下一个单词，那么我们将这个语言模型称为二元模型（2-gram），并用 $P(w_i \mid w_{i-1})$ 来表示单词 w_i 出现的条件概率。如果根据前面的两个单词，这个语言模型被称为三元模型（3-gram），并用 $P(w_i|w_{i-2},w_{i-1})$ 来表示单词 w_i 出现的条件概率。在三元模型中，我们假设一个单词的出现只与它前面的两个单词有关。在实践中，N 的取值范围通常在 2 到 4 之间，但也可以更高。N 值越高，准确率就更高，但处理时间更长、模型更复杂。

训练语言模型是一个简单但耗时的过程，因为需要大量的句子作为训练数据。单个单词的条件概率 $P(w_i|w_1,w_2,\cdots,w_{i-1})$，在给定这个单词前面 N 个（如二元模型或三元模型）单词 $w_{i-N+1},w_{i-N+2},\cdots,w_{i-1}$ 时，可以通过简单地统计单词 w_i 出现的次数来估计（参见语言模型训练示例）。有了这些单词的条件概率，只需简单地把多个单词的条件概率组合，就可以计算出一个单词序列（或句子）的概率。例如，单词序列"I am reading this book"的概率，可以用二元模型基于单词（前一个单词）的条件概率来计算，具体方法如下：

$$P(\text{I am reading this book}) = P(\text{I}|<s>) \cdot P(\text{am}|\text{I}) \cdot P(\text{reading}|\text{am}) \cdot P(\text{this}|\text{reading}) \cdot P(\text{book}|\text{this}) \cdot P(</s>|\text{book})$$

其中 <s> 表示句子的开始，</s> 表示句子的结束。有了这些标记就能够将二元模型应用于整个句子（包括句子的第一个和最后一个单词）。

拓展阅读 5.1　语言模型训练示例

这是一个简单的例子，演示如何计算单词的条件概率和句子的概率。

训练数据如下：

"Peter is reading a book"

"Reading this book is interesting"

"I am reading"

用上述数据训练二元模型，用训练好的模型来计算条件概率 P（I am reading this book）。

因为不需要考虑字母大小写和标点符号，我们假设所有单词都转换成小写字母（通常的做法），所有的标点符号都在预处理的归一化步骤中被删除。根据上述训练数据可以计算出单词的条件概率，具体如下：

$$P(\text{I}|<\text{s}>) = \text{count}(<\text{s}>,\text{I})/\text{count}(<\text{s}>) = 1/3$$

$$P(\text{am}|\text{I}) = \text{count}(\text{I},\text{am})/\text{count}(\text{am}) = 1/1 = 1$$

$$P(\text{reading}|\text{am}) = \text{count}(\text{am},\text{reading})/\text{count}(\text{reading}) = 1/2$$

$$P(\text{this}|\text{reading}) = \text{count}(\text{reading},\text{this})/\text{count}(\text{this}) = 1/1 = 1$$

$$P(\text{book}|\text{this}) = \text{count}(\text{this},\text{book})/\text{count}(\text{book}) = 1/2$$

$$P(</\text{s}>|\text{book}) = \text{count}(\text{book},</\text{s}>)/\text{count}(</\text{s}>) = 1/3$$

在这个例子中，P(I|<s>) 表示在句子开始标记 <s> 后出现"I"的条件概率，也就是在句子开头出现"I"的概率。训练数据中，"I"在句子的开头（"I am reading"）出现过一次，句子结束标记 </s> 出现过三次（即训练数据中有三个句子），因此得到 1/3 这个概率。

最后，句子的条件概率计算如下：

$$P(\text{I am reading this book}) = P(\text{I}|<\text{s}>) \cdot P(\text{am}|\text{I}) \cdot P(\text{reading}|\text{am}) \cdot P(\text{this}|\text{reading}) \cdot P(\text{book}|\text{this}) \cdot P(</\text{s}>|\text{book})$$

$$= \frac{1}{3} \times 1 \times \frac{1}{2} \times 1 \times \frac{1}{2} \times \frac{1}{3} = \frac{1}{36} = 0.0278$$

这个概率值对于一个有效的句子来说太低了，但请不要忘记这个例子中的训练数据只有三个句子！我们需要更多的训练数据来获得一个有效的高概率。良好的语言模型需要用数百万单词来训练。

训练语言模型的方法与训练其他机器学习模型的方法相同。首先创建训练数据集和测试数据集（参见第 1.2 节），在训练数据集上训练语言模型，然后在测试数据集上对其进行测试。最后通过模型对训练数据集和测试数据集中的句子概率的计算结果来评估它的性能。用测试数据集（或训练数据集）的概率除以数据集中的单词数来计算语言模型的准确率。

在实践中，语言模型通常会采用平滑技术，防止单词出现零次或出现过多次的情况。

训练数据数量有限可能导致这两种问题，运用平滑技术则可以规避这些问题、平衡语言模型。最简单的平滑算法可以是将所有单词计数增加1，从而避免零计数的情况。当然，在实践中，会使用更复杂的平滑算法（例如，Kneser-Ney 平滑算法）。

拓展阅读 5.2　经过训练的 *N*-gram 语言模型：ARPA 格式

这个语言模型是由 VoiceBridge 针对 LibriSpeech 示例进行训练的。这里展示的并不是所有的数据，只是每个 *N*-gram 中的一部分。例如，1-gram 有 8140 个，2-gram 有 35595 个，3-gram 有49258个，等等。这个语言模型的格式是 ARPA 格式（如图5-10所示），这是表示语言模型的标准方式。

```
\data\
ngram 1=8140
ngram 2=35595
ngram 3=49258
ngram 4=49483

\1-grams:
-1.350165        </s>
-99              <s>              -0.667025
-1.991043        a                -0.196317
-4.294041        abandoned        -0.077825
-4.424494        abbe             -0.077825
-4.424494        abduction        -0.077825
-4.424494        ability                    -0.077825
-4.424494        abjectly         -0.077825
-3.821641        able             -0.395152
…
-3.054913        again            -0.141922
…
-3.821641        cold             -0.105992
…
\2-grams:
-1.744562        <s> a            -0.050644
-3.406211        <s> above        -0.024093
-2.629062        <s> after        -0.024093
-3.135568        <s> again        -0.024093
-3.703582        <s> against      -0.024093
-3.471051        <s> ah           -0.024093
-4.133381        <s> ain't        -0.024093
-4.113880        <s> alas         -0.024093
…
\3-grams:
-2.813527        <s> a bed        -0.005870
-2.851221        <s> a brisk      -0.005870
-2.831900        <s> a broken     -0.005870
-2.831900        <s> a circle     -0.005870
-1.835743        <s> a cold       -0.005870
-2.695172        <s> a feeling    -0.005870
-2.009304        <s> a few        -0.005870
…
\4-grams:
-1.099819        <s> a bed quilt
-0.657806        <s> a brisk wind
-1.052603        <s> a broken tip
-0.710015        <s> a circle of
-1.428882        <s> a cold bright
-1.431050        <s> a cold lucid
…
```

图 5-10　ARPA 格式

ARPA 格式首先有一个标题部分，包含模型中各个 *N*-gram 项数量的信息。

接下来，如果该语言模型是针对 4-gram 进行训练的，那么在 ARPA 格式中将显示所有四阶及以下的 N-gram（不仅是 4-gram），这是因为使用了回退估计（参见第5.5.1节），能够通过较低阶的 N-gram 估计单词序列。每个 N-gram 中的每一行，除了最后一个 N-gram（在这里是 4-gram）没有回退权重（详见第5.5.2节），都包含了下一个单词序列的 lg 概率 [lg（P）] 和 lg 的 "回退权重" [lg（bw）]。

为了得到更易处理的数字而不是非常小的数字（例如 0.000000235），通常使用以 10 为底的对数值（lg）来表示概率。需要注意的是，位于 0 和 1 之间的数的 lg 是负数，因此，在语言模型中可能出现负概率值。

注： 除了用于单词，相同类型的 N-gram 语言模型也可以应用于音素和子音素（每个词都可以被分解为一系列基本音素——见下一节）。

5.5.1　回退（低阶）N-gram 估计

训练数据也许不包含特定语句，例如 "reading this book"，但分别包含了 "reading this" 和 "book"。这时如果我们想计算 "reading this book" 的条件概率就会遇到麻烦，因为语言模型里没有包含这个语句。为了解决这类问题，模型基于统计学理论引入一种叫 "回退估计" 的方法。回退估计方法通过 $(N-1)$-gram 和回退权重来估计未见过的 N-gram 的条件概率。如果 $(N-1)$-gram 也不存在，就再进一步到 $(N-2)$-gram，直到回到单个词等级（unigram）。

用回退估计方法计算三元模型（3-gram）w_1，w_2，w_3 的概率，可以表示如下：

$$P(w_3|w_1, w_2) = P(w_3|w_2) \cdot b(w_1, w_2)$$

这个 "reading this book" 的例子里，$w_1=$ "reading"，$w_2=$ "this"，$w_3=$ "book"。$P(w_3|w_2)$ 是二元词组 "this book" 的概率，$b(w_1|w_2)$ 是 "reading this" 的回退权重。

例如，如果我们想用上述语言模型计算 "a cold again" 的条件概率（见拓展阅读5.2），可以通过以下步骤实现：

（1）语言模型中不存在三元词组 "a cold again"。查找 "a cold"［上述方程中的 $b(w_1|w_2)$］的以 10 为底对数回退权重，等于 −0.005870。

（2）查找二元词组 "cold again" 获得 $P(w_3|w_2)$。假设这个词组不存在（在这个例子里不可见）。查找 "cold" 的以 10 为底对数回退权重，等于 −0.105992。

（3）接着查找一元词组 "again"。这个单词可以在例子里找到，它的 lg 值等于 −0.141922。

（4）最后计算 $P($ "a cold again" $)= 10^{(-0.005870 -0.105992 -0.141922)} = 0.557$。

注意：由于 10 的对数和反对数（指数），这里以加法代替乘法。

5.5.2 未知词

未知词是指在语言模型的输入中（输入词汇表）不存在，但在训练数据集和／或测试数据集中出现的词汇。通常用"UNK"或"OOV"（词汇表外，out of vocabulary）来表示。为了更好地处理这些未知词，我们在语言模型中将它们替换为特殊符号 \<UNK\> 或 \<OOV\>，并"假装" \<UNK\> 或 \<OOV\> 是已知词，像处理其他常规词汇一样对待它们。通过这种方式，可以估算所有未知词的条件概率。当然，这是一种近似处理，因为许多不同的词汇会被替换为同一个符号，但即使如此，也比不做处理好得多。妥善处理未知词，可以提高语言模型的准确度。

5.6 发音字典

口语中的每个单词都可以被分解为一系列基本音素（base phones）。这一系列的音素即被称为"发音"（pronunciation），发音的具体形式很大程度上取决于语言和说话人（个人）的特点。每种语言中的基本音素数量是有限的。举个例子，在美式英语中，任何单词都可以由数量有限的基本音素组成（见拓展阅读 5.3）。

在语音识别中，每种自然语言都会使用一个发音字典，其中每个单词都会被关联到一系列的音素。此外，我们可以基于基本的发音字典来训练一个发音模型，该模型可以用于推导任何单词（甚至未知词）的发音（音素序列）。发音模型会学习如何在特定语言中将单词分解为基本音素。我们将这个过程称为发音建模（pronunciation modeling）。发音建模类似于之前讨论过的概率语言模型，但在训练发音模型时使用的是音素和子音素，而不是单词。如果输入是一个字母序列，我们寻求的就是最可能的音素或子音素序列。这类算法通常被称为"字素到音素机器学习算法"（grapheme-to-phoneme machine learning algorithms）。

我们常用音标表来定义如何表示文本中的音素，如国际音标表（International Phonetic Alphabet，IPA）或用于美式英语的 ARPAbet（见拓展阅读 5.3）（表 5-1）。

表 5-1 国际音标表和 ARPAbet

元音				辅音			
ARPAbet				ARPAbet			
1 个字母	2 个字母	IPA	例子	1 个字母	2 个字母	IPA	例子
a	AA	ɑ	balm,bot	b	B	b	buy
@	AE	æ	bat	C	CH	tʃ	China
A	AH	ʌ	but	d	D	d	die
c	AO	ɔ	story	D	DH	ð	thy
W	AW	aʊ	bout	F	DX	ɾ	butter
x	AX	ə	comma	L	EL	l̩	bottle
N/A	AXR	ɚ	letter	M	EM	m̩	rhythm
Y	AY	aɪ	bite	N	EN	n̩	button
E	EH	ɛ	bet	f	F	f	fight
R	ER	ɝ	bird	g	G	g	guy
e	EY	eɪ	bait	h	HH 或 H	h	high
I	IH	ɪ	bit	J	JH	dʒ	jive
X	IX	i	roses,rabbit	k	K	k	kite
i	IY	i	beat	l	L	l	lie

（续表）

元音				辅音			
ARPAbet				ARPAbet			
1 个字母	2 个字母	IPA	例子	1 个字母	2 个字母	IPA	例子
o	OW	oʊ	boat	m	M	m	my
O	OY	ɔɪ	boy	n	N	n	nigh
U	UH	ʊ	book	G	NX 或 NG	ŋ	sing
u	UW	u	boot	N/A	NX	̃ɾ	winner
N/A	UX	ʉ	dude	p	P	p	pie
				Q	Q	ʔ	uh-oh
				r	R	ɹ	rye
				s	S	s	sign
				S	SH	ʃ	shy
				t	T	t	tie
				T	TH	θ	thigh
				v	V	v	vie
				w	W	w	wise
				H	WH	ʍ	why
				y	Y	j	yacht
				z	Z	z	zoo
				Z	ZH	ʒ	pleasure

来源：https://en.wikipedia.org/wiki/ARPABET。

　　然而，不同人对同一个单词的发音方式不同，这使得发音建模和语音识别变得更加复杂。因此，需要考虑到所有这些可能的变量。

拓展阅读 5.3　VoiceBridge 使用的发音字典 (AI-TOOLKIT)

　　图 5-11 截取了 VoiceBridge 使用的英语发音字典（所有语言都有这类词典）的一部分。发音字典可用来训练语音模型，该模型可以推导出任意英语单词的发音，这是 VoiceBridge 自带的自动功能。注意 ARPAbet 的音标还有所扩展，进一步划分为不同音标（如 AE 可分为 AE1、AE2 等）。这就使训练更高准确率的模型成为可能。

```
a                AH0
abandoned        AH0 B AE1 N D AH0 N D
abbe             AE1 B IY0
abduction        AE0 B D AH1 K SH AH0 N
ability          AH0 B IH1 L AH0 T IY2
abjectly         AE1 B JH EH0 K T L IY2
able             EY1 B AH0 L
abner            AE1 B N ER0
aboard           AH0 B AO1 R D
abolitionism     AE2 B AH0 L IH1 SH AH0 N IH2 Z AH0 M
abolitionists    AE2 B AH0 L IH1 SH AH0 N AH0 S T S
about            AH0 B AW1 T
above            AH0 B AH1 V
abraham          EY1 B R AH0 HH AE2 M
abroad           AH0 B R AO1 D
abruptly         AH0 B R AH1 P T L IY0
absence          AE1 B S AH0 N S
absent           AE1 B S AH0 N T
absolute         AE1 B S AH0 L UW2 T
absolutely       AE2 B S AH0 L UW1 T L IY0
...
```

图 5-11　英语发音字典（部分）

5.7 解码

ASR 的第三阶段是解码，在这一阶段，先前步骤中的声学模型和语言模型（N-gram，见第 5.5 节）结合起来，生成和声学信号对应的最可能的单词序列（转录），该声学信号由提取到的特征向量表示。这个阶段称为解码，是因为这个阶段的目标是找到一系列变量，这些变量由某种观测生成。在训练 ASR 模型时，用解码的输出（输出转录）检验模型的准确率。在推理时，解码的输出可能会被用作其他应用的输入数据。

首先，训练好的语言模型（经过上百万给定语言的句子训练）可以帮助我们判断，给定语言的一个单词序列在多大程度上构成了一个正确的句子。这一点很重要，因为我们会生成众多句子，需要判断其中哪一句最有可能与声学信号对应。当然，我们假定说话人说出的句子符合给定语言的语法规则。语言模型可以自动捕捉到这些语法规则。

通过基于音素的声学模型，可以根据发音字典与音素级的 HMM 相连，生成一个单词模型。发音字典中包含了每个单词对应的音素序列。同时，我们还可以训练一个发音模型，该模型可以为任何单词提供相应的音素序列，包括（发音字典中不存在的）未知词。

解码阶段的目的是找到一个单词模型，该模型可以更好地描述以提取特征表示的输入声学信号（第 5.3 节）。这是个复杂的搜索问题，为此需要一个专门的搜索算法，用来搜索可能的词组，语言模型判断这些单词组合是否符合给定语言的规则，最终选出具有最高似然性的句子（单词组合）。

搜索算法基于一个大型的 HMM 网络，该网络由所有单词模型连接而成，这些单词模型由给定语言中真实的句子编码而成。那么如何确定一个句子是真实的呢？通过语言模型！我们始终使用同一种基于有限状态模型的概率搜索方法。

5.8 训练好的 ASR 模型的准确率（WER，SER）

评估 ASR 准确度通常用两个指标。第一种叫词错误率（word error rate，WER），第二种叫句错误率（sentence error rate，SER）。

首先是统计解码转录中的错误单词数除以单词总数，这样就能算出一个错误单词数在单词总数中的占比。可惜单以这种方法来评估 ASR 模型的准确率远远不够，因为我们还要在输出转录中寻找三种类型的错误：替换、删除和插入错误。

第一种错误的成因是单词的错误识别。我们称之为替换，是因为正确的单词被替换成了错误的单词。例如，原始句子应该是"I am reading this book"，但 ASR 错误地把输入信号解码成"I am eating this book"。正确的单词"reading"被错误的单词"eating"替换。

第二种错误的成因是无法识别某个单词（漏掉某个词）。我们称之为删除。用前面的例子，输出的句子可能变成"I reading this book"，原始句子中的"am"被漏掉了。

第三种错误是原始句子中不存在的单词出现在了输出转录中。例如，输出转录是"I am also reading this book"，原始句子中没有的单词"also"被插入输出句子中。我们称这种错误为插入错误。

这些错误是怎么出现的？原因可能非常简单，例如，由于环境影响（周围出现很大的响声，或麦克风附近有噪声），声学信号质量不佳，因而被 ASR 错误地解读。

有一种叫作"最小编辑距离"的算法可以首先对齐两个单词序列（ASR 的输入和输出转录），然后计算替换（S）、删除（D）和插入（I）错误的数量。计算 WER 可以使用下列公式：

$$WER = \left(\frac{S+D+I}{N}\right) \times 100\%$$

WER 越小，ASR 性能越好。

为了准确地计算出替换、删除和插入错误，正确地对齐输入和输出句子中对应的词至关重要。对齐意味着我们要将输出转录中每个正确的词置于输入转录的相同词"之下"（见图 5-12）。

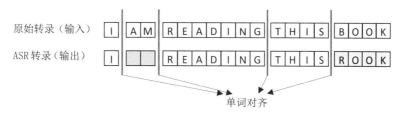

图 5-12　对齐单词以计算 ASR 的 WER

图 5-12 中的 ASR 输出存在两个错误：未识别"am"的删除错误，以及解码时用"rook"替换了"book"的替换错误。句错误率等于有错误（替换、删除或者插入错误）的句子的数量除以句子的总数。

值得注意的是，最小编辑距离方法也可用来比较两个单词并评估二者之间的差异。单词发生删除、插入和替换错误指的是词中字母被删除、插入和替换。

5.9　ASR 模型的实践训练

在前面几节中，我们学习了构建和训练 ASR 模型的步骤。接下来看看在实践中，我们如何在最新的 ASR 软件系统中（例如 VoiceBridge）运用这些步骤。

（1）用 MFCC 特征训练单音素模型（见第 5.4 节）。

（2）将音频与声学模型对齐。

（3）用 MFCC 特征训练三音素模型（见第 5.4 节）。

（4）重新对齐音频和声学模型，添加一阶差分和二阶差分（delta+delta-delta）特征后重新训练三音素模型。

（5）重新将音频和声学模型对齐，通过 LDA-MLLT 或 SAT 重新训练三音素模型。

（6）重新将音频和声学模型对齐并再次训练三音素模型等。模型的任何扩展都将基于这一步。

每一步的系统扩展都是基于现有的系统和重新对齐。重复对齐是训练过程的重要部分。每个特征向量都由特定的 HMM 状态（见第 5.4 节）产生。确定选择哪个状态生成哪个特征向量，就是所谓的对齐。其目的是确保声学信号（由特征向量表示）与音素或子音素正确地对应，以提高语音识别的准确性。用转换后的特征或不同的语言单位（单音素、三音素）来训练语音识别模型，会使 HMM 的参数发生变化，因此在扩展系统之前必须重新对齐。

第 4 部分

Part 4

生物特征识别

第6章

人脸识别

摘 要： 人脸识别是机器学习的重要领域。本章将深入浅出地介绍自动人脸识别的工作原理，在不过于深入讲解数学方程的前提下（除非必要），着重介绍自动人脸识别相关操作的"怎么做"和"为什么"。人脸识别在实践中有多种应用，如辅助执法、安检和门禁、智能办公和智能家居等。

6.1 概述

韦氏词典这样定义生物特征识别："测量和分析个体特有的生理或行为特征（例如指纹或声纹），特别是用于个人身份验证。"

目前，多种生物特征已被用于生物特征识别技术，如 DNA、耳郭、虹膜、视网膜、面部特征、指纹、手型、声音、笔迹等。在诸如执法、安检和门禁等应用场景中，个人身份验证是关键，甚至在智能办公和智能家居的领域里，验证身份也有助于改善以人为本的服务流程和人们的日常生活质量。

在过去的十年中，出现了许多用于人脸识别的算法和方法。本章的目标是介绍最前沿的算法和方法，这些方法都可以在 AI-TOOLKIT 中使用。

大多数生物识别系统有相似的工作方式，主要步骤也大致相同：特征提取和特征（或模式）匹配。所谓特征提取，是指分析所选择的生物特征（这里是人脸），并提取一系列区别不同人的必要特征。这么做时要尽可能减少提取的信息数量，以便优化机器学习的训练和预测过程。过多的信息不仅会使整个过程变慢，还容易让模型产生混淆。模型应该只专注于能够区分不同人的关键特征。所谓特征匹配，是指用提取的特征来确定个人身份的过程。我们通常通过对比输入特征和参考数据库中的提取特征来进行识别。

图 6-1 展示了构建和使用人脸识别机器学习系统的主要步骤，这些步骤可以划分为两个中心任务：

· 训练用于提取特征的机器学习模型。

· 用训练好的机器学习模型进行人脸识别。

专家一般会对人脸识别和人脸验证这两个概念进行区分。人脸识别是基于人的面部特征在参考数据库中找到对应的人，而人脸验证是先假设某些面部特征属于特定的人，然后验证这个假设。在理想情况下，人脸识别和人脸验证是相同的，即可以识别输入的人脸，然后通过比对识别出的人脸身份信息（被识别出的人）来验证假设。专家区分这两种人脸识别的原因之一，是为了优化验证过程。本书不区分人脸识别和人脸验证，统一使用术语"人脸识别"。

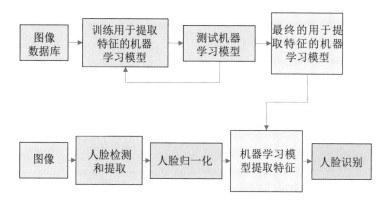

图6-1　人脸识别系统的创建和应用流程

　　上面提到的两个中心任务可以进一步分为几个子任务，如图6-1所示。首先，要基于大量的输入图像（图像数据库）训练一个机器学习模型来进行特征提取。训练模型可能需要数天甚至数周，用到数百万张图像。训练的目的是让机器学习模型［一个大规模的卷积神经网络（CNN）］学习如何区分不同人的面部特征。为了区分不同的人，CNN会学习哪些面部模式很重要。我们将在下一节对此进行详细阐述。

　　为得到一个性能良好的最终机器学习模型，训练和测试同样重要。

　　人脸识别流程（图6-1下半部分）涉及以下步骤：检测输入图像中的人脸，对提取到的人脸图像进行归一化处理（稍后我们会解释如何以及为什么进行归一化处理），使用训练好的机器学习模型进行特征提取，最后基于提取到的特征进行有效的人脸识别。

　　所有步骤都会在接下来几节中进行详细说明。

6.2　训练机器学习模型进行特征提取

　　经过多年的人脸识别研究，最近研究人员成功地找到了一种方法及相应的机器学习模型，将在几个广泛使用的人脸识别参考数据集上的准确率提高了30%（He., K.M., Zhang, X.Y., Ren, S.Q., et al, 2015; Schroff, F., Kalenichenko, D., Philbin, J., 2015）。这种方法被认为是当前人脸识别领域的最新技术。接下来，我们对这种方法进行说明。

　　基于机器学习的自动人脸识别是一项复杂的任务，因为人脸存在众多差异，而且同一张脸的外观也可能存在多种变化（姿势、面部表情、妆容、配饰、发型、衰老等），同时还受到外部条件（如光照）的影响。

　　我们在前面的章节中经常讨论泛化误差，因为良好的泛化性能对机器学习模型至关重要（见第1.2.1节）。在人脸识别领域，泛化意味着机器学习模型应该能够识别出在训练数据集中没有包含的人脸。当然，我们的目标是可以将任何人的照片添加到数据库中，并能够在图像中识别出这个人。

　　目前，人脸识别领域最先进的机器学习模型（在特征提取阶段）是一个大规模的残差卷积神经网络（residual convolutional neural network，RCNN），该模型直接学习人脸图像在紧凑欧几里得空间上的映射，其中的距离直接对应于人脸相似度的指标。简单说，该神经网络的输入是人脸图像，输出是在 n 维空间中的向量，它们的距离可以简单地计算出来。在这个 n 维欧几里得空间中，同一张人脸的图像向量彼此间非常接近，而不同人脸的图像向量相距甚远。由于这是一个欧几里得空间，我们可以使用基于欧几里得距离的简单聚类算法，将同一个人的人脸图像（人脸向量）划分入同一簇，将不同人的人脸分入不同簇。如果已知一个特定图像（参考图像）属于某个特定的人，那么同一簇中的所有其他图像也属于这个人。通过这种方式，我们可以轻松地通过图像（和视频）识别人脸。

图 6-2 是 RCNN 机器学习模型的一种表示。

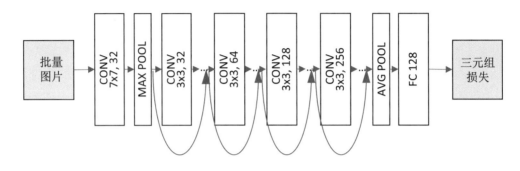

图 6-2　利用 RCNN 提取特征进行人脸识别

根据层数、每层节点数及归一化应用的位置，这个 RCNN 机器学习模型有许多变体。RCNN 的输入是一批包含正负样本的图像（稍后解释其重要性）。正样本是特定人物的图像，而负样本是其他的图像。这个卷积神经网络包含多个卷积层（CONV）和池化层，如我们在第 2.2.3 节中看到的。

图 6-2 没有显示所有的层，其中的点代表同一类型的重复的层。通过在该网络架构中引入不同的层级和参数数量，可以做出不同的配置，例如，18 层的配置可以是 4×[CONV 3×3, 32]、4×[CONV 3×3, 64]、4×[CONV 3×3, 128]、4×[CONV 3×3, 256]，或者 34 层的配置可以是 6×[CONV 3×3, 32]、8×[CONV 3×3, 64]、12×[CONV 3×3, 128]、6×[CONV 3×3, 256] 等。每个卷积层之后、激活函数之前都存在一个批量归一化操作（未在图 6-2 中显示），可以加快学习过程并提高准确性（He,K.,Zhang,X.,Ren,S.,et al, 2015）。神经网络的输出是一个 128 维向量（在图 6-2 上表示为 FC 128），它是将每个人脸图像嵌入到欧几里得空间中的特征向量。神经网络会按照人脸识别任务的要求，学习为每个人脸图像生成这样的一个向量！

与标准的卷积神经网络相比，RCNN 有两个重要的调整／区别：

（1）该网络每组相似的层之间使用了四个恒等快捷（残差）连接（identity shortcut）。这也是"残差"卷积神经网络这个名称的由来。研究人员发现，神经网络中的这种快捷连接能够实现更快的优化（学习），与更深的卷积神经网络（使用更多层）相结合时，能够显著提高准确率，并具有更高的泛化准确率（He,K.,Zhang,X.,Ren,S.,et al, 2015）。在人脸识别中，更高的泛化准确率意味着经过训练的模型能够更好地识别训练期间未使用过的人脸图像。图 6-3 展示了快捷连接如何调整神经网络结构（蓝色弯曲箭头）。

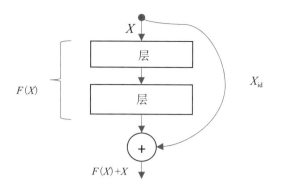

图 6-3 神经网络中的快捷连接

（2）模型训练最后阶段会使用三元组损失计算。三元组损失有时也被称为度量损失。其目的是强迫神经网络直接学习用于人脸识别的欧几里得空间，"与成像条件无关，来自同一身份的所有人脸图像之间的平方距离很小，而来自不同身份的一对人脸图像的平方距离很大"（Schroff, F., Kalenichenko, D., Philbin, J.,et al, 2015）。除了三元组损失，也可以使用正负样本对，通过这样的方式，神经网络可以学习到，相同人（正样本）的图像（提取的特征向量）在特征空间中彼此接近，而不同人（负样本）的图像在特征空间中相互远离。我们只是简单地引导神经网络朝着实现人脸识别所需的方向发展，得到128 维人脸向量（特征向量）后再用简单的聚类算法进行聚类。

图 6-4 展示了神经网络的学习过程，锚点人脸图像接近正样本人脸图像（同一人），远离负样本人脸图像（不同人）。三元组损失这个名称与使用的三个点有关。在标准的机器学习训练中，通常我们要最小化某种类型的错误，但在这里，我们要最小化相似特征向量之间的距离（锚点–正样本），同时最大化不同特征向量之间的距离（锚点–负样本）。

图 6-4 三元组损失学习过程

为了能够计算三元组损失（或二元组损失），我们需要仔细选择难分正样本（hard positive）和难分负样本（hard negative）图像。这里的难分正样本指的是来自同一人的非常相似的图像，难分负样本则是指来自不同的人的图像。

为了提高人脸识别机器学习模型的准确率，需要在训练阶段向模型输入数百万张人脸图像。这样的模型训练可能需要持续几天甚至几周的时间，具体取决于所使用的计算机的性能。训练目标是让机器学习模型（大规模 RCNN）学习如何区分不同人的脸部。在更深层的系统中，RCNN 要学习哪些人脸模式是区分不同人的关键。

6.3 用训练好的模型进行人脸识别

当我们训练好能够为每个人脸图像生成 128 维向量的 RCNN 模型，就为组装一个专业的人脸识别系统做好了准备。接下来，我们将详细介绍人脸识别过程中的几个重要步骤（见图 6-1 下半部分）。

6.3.1 人脸检测和提取

自动找出输入图像中的所有人脸及其准确位置，以便提取人脸图像。由于人脸外观的多样化（包括不同的姿态、角度、尺度）及可能存在遮挡等因素，人脸检测是一项非常复杂的任务。

许多不同类型的人脸检测方法在过去的十年中涌现。例如，基于知识的方法（人脸外观特征的规则集合）、模板匹配方法（创建描述人脸的标准模板）、统计方法（基于人脸关键部位的形状，如眼睛、鼻子、嘴巴、耳朵的形状）以及基于人脸外观的方法。基于人脸外观的方法，指使用机器学习技术从大量输入图像中学习人脸的特征，从而达到人脸检测的目的。截至撰写本书时，基于人脸外观的方法是最先进的人脸检测方法。

目前最准确且速度最快的人脸检测方法之一叫作"方向梯度直方图"（histogram of oriented gradients，HOG）方法。虽然一些基于神经网络的方法在准确率方面略微优于 HOG，但它们需要更多的计算资源，也比 HOG 慢得多。

HOG 算法首先在一个滑动窗口的密集网格上计算局部像素强度梯度。然后计算每个单元格直方图的梯度方向。每个单元格的组合直方图形成滑动窗口（检测窗口）的最终 HOG 表示（特征向量）。图像（包含人脸和不包含人脸的图像）的结果特征向量通过标准分类机器学习模型（如 SVM）进行分类，判断其是否为人脸。机器学习模型学习哪些 HOG 集合表示人脸，哪些不能表示人脸（照例使用难分正样本和难分负样本图像，参见第 6.2 节）。如何利用图像中局部像素的强度梯度来判断潜在的人脸，就是机器学习模型需要学习的内容。值得注意的是，相同的技术可以用于对任何刚体对象的检测。HOG 算法的详细介绍参见拓展阅读 6.1。

拓展阅读 6.1　用 HOG 算法进行图像人脸检测

这部分我们通过实例演示 HOG 算法。首先将图像分割为 8×8 像素的单元格（cell），然后为每个单元格创建一个直方图，直方图的 bin（范围）为 20 度（共 9 个 bin）。计算每个单元格的强度梯度并累计到单元格的直方图中。图 6-5 展示了一个单元格的梯度强度计算过程。

$$gradient\ magnitude = \sqrt{(150-90)^2 + (150-80)^2} = 92$$

$$gradient\ direction = \arctan\left(\frac{150-80}{150-90}\right) = 49$$

接下来将梯度方向分配给直方图中 40 度和 60 度的 bin（因为 49 在 40 到 60 之间），

经过加权的幅值（magnitude）在纵轴上表示：

$$\frac{60-49}{40} \times 92 = 25, \ \frac{49-40}{40} \times 92 = 20$$

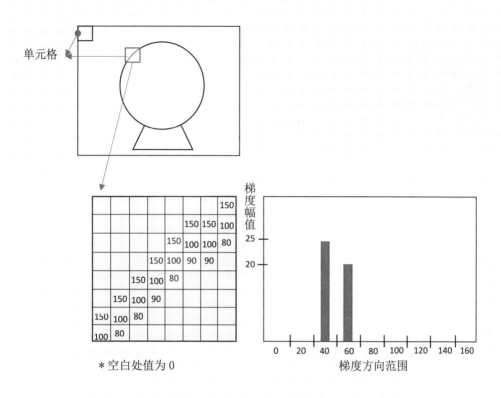

*空白处值为 0

图 6-5　单元格的梯度强度计算

　　对单元格（8×8 像素）里的每个像素重复上述计算，得到这个单元格的直方图。最终得到结果为 9×1 的向量（共 9 个 bin，每个 bin 有一个梯度幅值）。最后以 2×2 个单元格（16×16 像素）为一组（block）对直方图进行归一化。2×2 个单元格含有 4×9×1 个 bin 值，即总共 36×1 个值（将每个 9×1 的直方图拼接起来）。归一化是将 36×1 特征向量中的每个值除以该向量中所有值的平方和的平方根。对直方图进行归一化操作的目的是消除光照的影响。假如输入图像有 100 组（100×16×16），那么最终的 HOG 特征向量就会包含 100×36×1=3600 个特征。这个 HOG 特征向量可以代表特定对象，此处代表人脸。

　　完成特征向量的创建，就可以开始训练机器学习模型自动识别图像中的人脸了。把正样本和负样本特征向量（正样本是包含人脸的图像，负样本是不包含人脸的图像）输入机器学习分类模型（如 SVM），机器学习模型将学习哪个特征向量与人脸对应，哪个不对应。

　　这类 HOG 人脸检测器为了增加识别的准确率，将姿态的改变纳入考虑范围。出于这个原因，正脸和转向的脸（侧脸）通常使用不同的检测器，通过结合使用这些检测器来有效地识别图像中不同角度的人脸。

HOG 检测器训练好后（如上所述），就可以用来识别图像中的人脸。人脸检测器通过执行上述计算得到输入图像区域的 HOG 特征向量，将计算得到的 HOG 特征向量与学习得到的 HOG 特征向量在不同的尺度下进行比较。通过比较判断某个区域包含人脸后，就可以轻松计算出一个边界矩形，以确定人脸在输入图像中的精确位置，然后利用这个边界矩形来提取检测到的人脸图像。

6.3.2　人脸归一化

人脸识别的下一步是对提取的人脸图像进行归一化，之后再进行特征提取。归一化指的是将检测到的人脸图像转化成与训练图像尺寸相当、接近正面的人脸图像，以此提高人脸识别的准确率。图像中人脸千姿百态（侧脸、俯视等）。归一化可能要涉及许多步的人脸对齐（旋转、变形等）和缩放。

人脸对齐通过人脸关键点定位（face landmarking）机器学习模型实现。人脸关键点指的是眼睛、鼻子、嘴巴、耳朵、眉毛等面部结构（见图 6-6）。人脸关键点定位机器学习模型训练好后，可以根据输入图像的像素强度估算出人脸关键点的位置（人脸朝向）。确定了人脸关键点之后，可以比照识别到的人脸关键点形状和正面居中的人脸关键点形状，通过计算轻松实现归一化所需的图像转化，将检测到的人脸转化为接近正面的人脸（见图 6-7）。

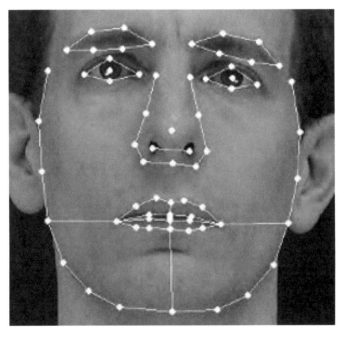

图 6-6　人脸关键点（源自参考文献 [77]）

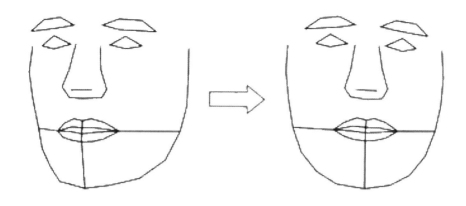

图 6-7　人脸对齐（基于参考文献 [77]）

人脸关键点定位机器学习模型的训练和预测与之前提到的人脸检测器模型有些相似（基于 HOG 方法，其中人脸关键点形状通过回归函数来粗略估计），所以在这里不做详细解释。想要了解更多信息，可阅读参考文献 [75, 76]。仅用少量关键点，就足以训练出能在毫秒内自动对齐人脸的人脸关键点定位机器学习模型。

6.3.3　特征提取和人脸识别

在进行人脸识别之前，需要构建一个数据库，其中包含我们希望识别的人的高质量正面人脸图像。这些人脸图像的尺寸应与用于训练特征提取模型的图像尺寸相似。人脸识别系统通常会从选定的输入图像中自动提取人脸图像并调整尺寸（AI-TOOLKIT 有此功能）。

输入图像中的人脸经过检测和归一化之后，使用训练好的 RCNN，提取其中 128 维（128 个数值的向量）特征向量。接下来需要提取参考数据库中每个图像的 128 维特征向量。最后使用聚类算法（第 1.4 节和第 2.3 节）将所有的特征向量分组（聚类）。当检测到的图像与某个参考图像对应时，两个图像会被分到同一个簇中，因为它们的特征向量在欧几里得空间中彼此接近（参见第 6.2 节），这是机器学习模型经过学习判断图像属于同一个人的条件。如果检测到的人脸（通过其特征向量表示）被分配到一个没有其他人脸的簇中，那么它可能是一个未知的人脸（参考数据集中不存在）。

第7章

说话人识别

摘　要： 与人脸识别一样，说话人识别也是机器学习领域中另一重要应用。将说话人识别与人脸识别结合使用，可以提高许多应用的确定性（和安全性）。人类在许多任务中胜过机器学习模型，但在说话人识别方面，机器学习模型的表现更胜一筹。本章将详细介绍自动说话人识别的工作原理，包括语音特征提取、模型训练和评估等方面的内容。

7.1　概述

说话人识别（speaker recognition），即识别发出语音的人，在实际生活中有许多用途，如用于辅助执法、安检和门禁、智能办公和智慧家居等。

请不要混淆说话人识别和语音识别（第5章的主题）。说话人识别的目的是识别说话人的身份，通常与所说的内容无关。而语音识别可以自动转录（理解）所说的内容。虽然自动说话人识别也具有一定难度，但它相较语音识别简单一些。

多数生物信息识别系统具有相似的工作方式，都包含两个主要步骤：特征提取和特征（或模式）匹配。特征提取，指的是通过分析特定的生物信息（本章特指包含人声的一段音频），提取一系列可以区分不同个体的必要特征。这个步骤要尽量将提取的信息限制在必要的最小数量，以优化机器学习模型的训练和预测。过多的信息不仅会使整个过程变慢，还容易让模型产生混乱。模型应该专注于能够区分不同人的关键特征。

特征匹配指的是用提取到的特征来确定个人身份的过程。我们通常通过对比输入特征和参考数据库中的提取特征来识别人的身份。

说话人识别的理论基础是每个人的语言中都存在独特的声学模式（特征）。这些声学模式的独特性源自每个人天生的独一无二的解剖学结构（如声带的形状和大小），以及后天形成的语言模式和说话方式（见图7-1）。

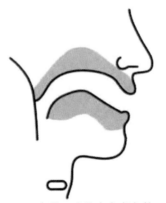

图7-1　声道，改编自参考文献[81]

专家通常会对说话人识别和说话人验证进行区分。

说话人识别指的是，根据一个人的声音在参考数据库中找到这个人；说话人验证则首先假设声音来自某个特定的人，然后验证这个假设。理想情况下，说话人识别和说话人验证相同，都是首先识别输入语音，然后比较识别出的语音 ID（识别出的人）以验证假设。专家对二者进行区分的原因之一是为了优化验证过程。本书中不区分二者，统一用"说话人识别"指代。

图 7-2 展示了说话人识别的主要步骤。

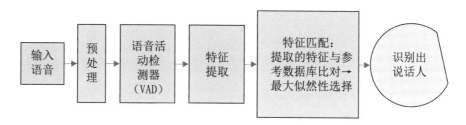

图 7-2 说话人识别流程

第一步是预处理，即清理输入的声学信号（移除噪声、回响等）。比起之后进行建模处理，先排除声学信号中多余的特征相对简单。录音环境也是如此，尽量在没有干扰的情况下录音。

应用语音活动检测器（voice activity detector，VAD）是一个额外的预处理步骤，以检测音频中是否存在人声。其主要目的是去除音频中的无声部分，提高说话人识别的速度和准确性。"根据经验，一般音频中大约有 30% 的无声部分。这意味着通过移除无声部分，不改变速度的前提下，识别过程也可以用时更少。设置能量阈值（energy thresholding）因其简便性和有效性成为最高效的语音活动检测方法。实际的阈值是可变的。不过也有人用为语音识别开发的音素模型来检测语音活动。可以用复杂的算法来沿着时间线估计阈值。但原则上这个过程还是相当简单的。阈值一旦确定，就能计算出信号功率，当信号功率低于一定的阈值，就被认定为无语音活动。信号功率可以用帕塞瓦尔定理（Parseval's theorem）计算，窗口中的总功率是其采样值的平方和。"（Beigi, H., 2011）

在特征提取阶段，我们从录音（声学信号）中提取声纹（voiceprint）。声纹是说话人声音的"指纹"，包含数个只属于说话人的声学信号特征。本书对声纹的定义比较宽泛，从简单的特征向量到复杂的声学模型都包括在内。

在特征匹配阶段，我们将提取的声纹与参考数据库中的声纹进行比对，参考数据库中包含所有我们想识别的人的声纹。声纹的呈现方式应该便于我们将不同的声纹进行比较，以此来区分不同说话人。从数据库中选出具有最大似然性的参考声纹识别出说话人，或者判定说话人未知。

接下来几节将对特征提取和特征匹配进行详细说明。

7.2 特征 / 声纹提取

由于声音具有高度多变的特征，声学信号特征提取以及说话人识别是一项困难的任务。很多潜在的因素可能造成声音声学信号的差异，包括以下几点：

- 声音会随着时间推移变化，可能由衰老、健康状况、压力、情绪变化等引起。
- 背景噪声。
- 录音质量。

语音的声学信号中包含许多无法用于识别说话人的非必要信息。特征提取的目的，是从声学信号中提取少量但足以进行说话人识别的信息。

> **提示：** 关于声学信号处理和特征提取可以参见第 5.2 节、第 5.3 节。

特征提取的方案和算法有许多种类，如线性预测编码（linear prediction coding，LPC）、线性预测倒谱系数（linear prediction cepstral coefficients，LPCC）（Makhoul, J., 1975; Amrutha, R., Lalitha, K., Shivakumar, M., et al, 2016）和梅尔频率倒谱系数（mel-frequency cepstrum coefficients，MFCC）等。这些特征的计算方法非常相似，而 MFCC 特征提取在第 5.3 节中已经详细解释过了。

由于 MFCC 的工作原理是基于人耳对声音频率变化的感知，它在说话人识别中得到有效应用。MFCC 可以生成对应每个语句（utterance）的声学向量或特征向量。与 LPCC 相比，MFCC 对声学信号中的噪声不太敏感。语句指的是一个短的语音片段，如一个单词或句子。一些专家建议将一阶差分和二阶差分特征（参见第 5.3 节）添加到特征向量中。

观察图 7-3 中来自两个不同说话人相同语句的频谱差异，可以更好地理解 MFCC 如何区分两个说话人。对于两个说话人来说，频谱中峰值的相对位置是相似的，因为他们说的是相同的词，但频谱的幅度和细节却因说话人而异。而这种独特性就是基于频谱嵌入到特征向量中的内容。

接下来，我们看一下从两个不同说话人的不同语句中提取出的特征向量的图形。这些特征向量通常是多维向量，但为了便于理解和教学，我们将它们映射到二维空间，如图 7-4 所示。当语句以类似的发音方式被说出来时，特征向量彼此靠近并形成一个组（簇）。当语句以不同的发音方式被说出来时（比如由于压力或情绪变化），特征向量形成另一个组。对应某说话人的特征向量组，被称为该说话人的码书（code book）。同一个说话人的特征向量也可能形成好几个组，这会使说话人识别变得比较困难。稍后会详细讲解这个问题！

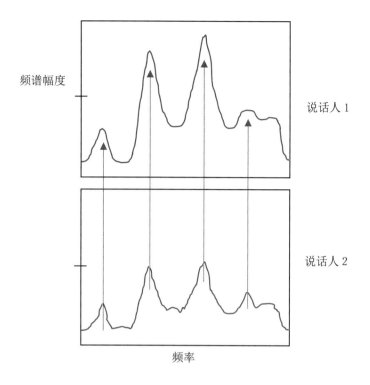

图 7-3　来自两个说话人的相同语句的频谱片段

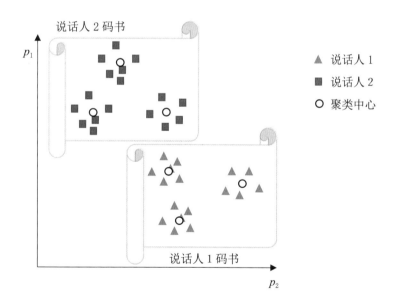

图 7-4　来自两个说话人的不同语句的特征向量在二维空间的投影

7.3　特征匹配和建模

　　从输入的声学信号中提取特征向量后，我们要将它们与参考数据库中说话人的特征向量进行比对，识别出说话人身份。在这个阶段，我们需要选择如何进行特征匹配，以及是否先利用这些特征向量构建更复杂的模型。

在前面的章节和图 7-4 中可以看到，说话人的特征向量在 n 维空间中可能会形成多个组，这些组的集合被称为说话人的码书。

根据每个说话人的特征向量（语句）的数量，以及如何对这些特征向量进行建模，有多种类型的特征匹配和建模技术可供选择（下面只列出了最常见的几种）：

· 特征向量的模板建模（template modeling），如使用向量量化。

· 特征向量的随机建模（stochastic modeling），如使用 GMM。

· 因子分析（factor analysis）+ 特征向量机器学习建模，也经常被称为基于 i-vector 的说话人识别。

· 特征向量嵌入的神经网络建模。

最简单的情况是仅使用说话人的一个特征向量，或者将多个特征向量组合成一个超级特征向量，如通过取均值，或者取群组的质心（图 7-4）。最复杂的情况是使用说话人的多个特征向量，在 n 维空间中形成码书。使用的特征向量越多，可以获得的说话人的信息越多。

接下来几节，我们将对上述几种特征建模技术进行讲解。

7.3.1　特征向量的模板建模

最简单的模板建模技术是根据欧几里得距离来对不同说话人的特征向量做出区分。

如果只有说话人的一个特征向量，我们可以计算这个输入特征向量和所有参考特征向量的欧几里得距离。以距离输入特征向量最近的参考特征向量识别出说话人身份。模板建模技术在所谓的闭集说话人识别中，即已知输入语句的说话人包含在参考数据库中的情况下，可以正常工作。但是对于开集说话人识别，也就是输入说话人未知的情况下，还需要一个额外的步骤来确保不出现错误选择。这个额外的步骤是使用通用说话人模型（universal speaker model，USM）来计算说话人识别的似然性（在更复杂的模型中，有时也称之为通用背景模型，universal background model，UBM）。

在简单情况下，通用说话人模型是数据库中所有参考说话人特征向量的结合（平均值）形成的一个超级特征向量。计算出这个超级特征向量之后，我们可以测量它与输入特征向量之间的距离。如果测出的距离小于之前得出的最小距离（输入特征向量与参考说话人之间的距离），那么该说话人被判定为未知。通用说话人模型可以看作一种"反"说话人模型，因为它结合了数据库中所有（或很多）说话人的特征，这样的说话人并不存在。

在更复杂的情况下，每个说话人有多个参考特征向量，形成多个组（码书），此时可以使用无监督学习来划分不同的组。这种技术通常被称为"向量量化"。在确定了参考组之后，可以轻松计算出组中心与输入特征向量（或它们的组中心）之间的欧几里得距离，确定与输入特征向量最接近的组。这种情况下也可以使用与上述简单情况相似的应用方式，使用说话人模型计算说话人识别的似然性。

这种似然性识别的数值可以用如下等式计算：

$$\frac{P(F \text{ belongs to speaker } k)}{P(F \text{ does not belong to speaker } k)} = \frac{P(F \mid \boldsymbol{\lambda}_k)}{P(F \mid \boldsymbol{\lambda}_U)}$$

其中 F 表示一个特征向量集 $F = \{f_n; n = 1, 2, \cdots, N\}$，$\boldsymbol{\lambda}_k$ 表示说话人 k 的说话人模型（一个或多个特征向量，或更复杂的说话人模型），$\boldsymbol{\lambda}_U$ 表示通用说话人模型。$P(\ )$ 表示括号内参数的概率。统计上证明，特征向量集合 F 不属于说话人 k 的概率可以用它属于通用说话人模型的概率来粗略估计，因此可以在分母中简单地使用 $P(F \mid \boldsymbol{\lambda}_U)$。

请记住通用说话人模型是一种"反"说话人模型，因为它结合了所有（或很多）说话人的特征，并不存在这样的说话人。

在实践中，使用对数似然比（log-likelihood ratio）来计算上述方程的对数：

$$LLR(F, k) = \log\left(P(F \mid \boldsymbol{\lambda}_k)\right) - \log\left(P(F \mid \boldsymbol{\lambda}_U)\right)$$

通常情况下，我们会使用一个决策阈值（一个数值限制）来接受或拒绝 F 属于说话人 k 这一假设。概率可以简单地根据距离来计算，较近的距离意味着更高的概率。

7.3.2　特征向量的随机建模

随机过程或模型具有随机的概率分布或模式，可以通过使用统计技术进行估计，但不能确定其确切值。在随机或统计式的说话人模型中，说话人被视为一个随机源，产生可供观察的特征向量。

"在说话人随机源中，存在与特征性声道配置相对应的隐藏状态。当随机源处于特定状态时，该特定声道配置会生成频谱特征向量，这些状态就被称为隐藏状态，因为我们无法观察到这些状态，只能观察到这些状态下产生的频谱特征向量。由于语音产生的不确定性（同一个声音被重复发出时不可能完全相同）以及协同发音效应的影响，同一声道形状所产生的频谱特征向量可以有很大的变化。每个隐藏状态会根据多维高斯概率密度函数生成频谱特征向量"（Reynolds, D.A., 1995）。

由于特定说话人的特征向量可能存在不同的群组，需要使用多个高斯分布来对它们进行建模。这样的模型称为高斯混合模型（GMM）。更多关于 GMM 和 HMM 的信息参见附录。与 HMM 相比，GMM 是一种简化的模型。在 GMM 中，"我们主要关注的是与文本无关的语音，我们将转移概率定为相同值，以此来简化统计说话人模型，使得所有状态的转换概率都是相等的"（Reynolds, D.A., 1995）。

通常 GMM 的参数是通过使用最大期望（expectation-maximization，EM）算法以无监督的方式进行估计的（详见附录中的"HMM"部分）。EM 算法的输入值是提取的特征向量。我们以这种方式为每个说话人训练一个单独的 GMM。

通过计算输入特征向量与每个 GMM 说话人模型之间的似然性来进行说话人识别。选择具有最大似然性的 GMM 说话人模型识别出说话人的身份（Reynolds, D.A., 1995）：

$$\hat{s} = \text{argmax} \sum_{t=1}^{T} \log(P(\boldsymbol{x}_t | \boldsymbol{\lambda}_s))$$

其中 T 是特征向量的数量，$P(\boldsymbol{x}_t | \boldsymbol{\lambda}_s)$ 是特征向量 $\boldsymbol{x}_t$ 属于说话人 s 的概率，$\boldsymbol{\lambda}_s$ 代表说话人 s 的说话人模型。注意：我们对每个输入特征向量的对数概率进行求和。

以上方法可以有效地应用在闭集说话人识别中。闭集指的是含有输入说话人的参考说话人集合。开集说话人识别（或验证）则是指输入的可能是一个未知的说话人，就需要在说话人识别过程中添加一个额外的步骤，将输入特征向量与通用背景模型（UBM）进行匹配。注意，这里用 UBM 而不是通用说话人模型（参见第 7.3.1 节），尽管二者非常相似。如果 UBM 的似然性高于数据库中参考模型的似然性，那么可以断定，输入的特征向量来自一个未知的说话人。

UBM 是一个 GMM，其训练方式与单独的 GMM 说话人模型相同，但使用参考数据库中所有（或许多）说话人的特征向量进行训练。选择什么样的特征向量（说话人类型、说话人数量等）通常不重要，但应该使用很多不同的说话人数据训练 UBM（因为我们希望创建一种"反"说话人模型，参见第 7.3.1 节）。有研究者建议根据说话人的性别训练 UBM，但实际上收效甚微，因为通常询问说话人的性别是不被允许或不实际的。然而，根据语种分别训练 UBM 有不错的效果。

由于涉及大量的特征向量，需要对前面介绍的对数似然比进行相应的扩展和调整后再使用（Reynolds, D.A., 1995）：

$$\log(P(F | \boldsymbol{\lambda}_k)) = \frac{1}{T} \sum_{t=1}^{T} \log(P(\boldsymbol{x}_t | \boldsymbol{\lambda}_k))$$

$$\log(P(F | \boldsymbol{\lambda}_U)) = \log\left(\frac{1}{B} \sum_{b=1}^{B} P(F | \boldsymbol{\lambda}_b)\right)$$

$P(F | \boldsymbol{\lambda}_b)$ 的计算方式与第一个等式中的 $P(F | \boldsymbol{\lambda}_k)$ 类似。其中，F 是特征向量的集合，T 是特征向量的数量，$P(\ )$ 表示概率，$\boldsymbol{\lambda}_k$ 是说话人 k 的 GMM 说话人模型，$\boldsymbol{\lambda}_U$ 是通用背景 GMM，B 是用于训练 UBM 的特征向量数量。

使用与前面部分相同的方程式计算对数似然比：

$$LLR(F, k) = \log(P(F | \boldsymbol{\lambda}_k)) - \log(P(F | \boldsymbol{\lambda}_U))$$

注： 值得一提的是，有时候 UBM 也被用作个体说话人模型的起点，以减少训练个体说话人模型所需的时间和数据。在这种情况下，为了适应每个说话人，需要调整经过训练的 UBM 参数（GMM），通过这种方式创建所有个体的说话人模型。生成的个体说话人模型被称为"单一说话人适用高斯混合模型"。将 UBM 调整到适应每个个体说话人是一门艺术，有些研究者不认为这样做就可以完成一个良好的个体说话人模型。问题在于选择保留 UBM 的哪些部分，我们最终是会失去太多 UBM 性能，还是由于保留太多，最后得到一个更通用的模型而不是一个针对个体说话人的模型。

7.3.3　因子分析 + 特征向量（*i*-vector）机器学习模型

近年来，因子分析作为一种特征提取的替代和扩展方法，在说话人识别领域得到了广泛研究。据了解，基于因子分析的说话人识别是目前最先进且准确性最佳的方法。但需要注意的是，在针对干净的声学信号（几乎没有噪声和背景声音）时，基于因子分析的说话人识别的准确性并不会很显著地提高，甚至在一些情况下可以忽略不计。有一些研究者甚至发现，基于 MFCC 的 GMM 准确性更高一点。

如果语音录音很干净或者可以清理干净（去除噪声和背景声音），简单的基于 MFCC 的 GMM 或模板模型可能已经足够了。使用干净的声学信号，肯定要比试图将噪声和背景声音与人声一起建模更好！然而，有时候我们无法获得干净的语音录音，这时更复杂的基于 *i*-vector 的说话人识别系统就派上用场了。

对于一些复杂的语言，如亚洲语言，使用 MFCC、一阶差分与二阶差分特征以及音调特征的组合，可能让 GMM 和模板模型获得更好的准确性。对于这些语言，使用基于 *i*-vector 的说话人识别模型也可以增加识别的准确性。

图 7-5 展示了简化的基于 *i*-vector 的说话人识别过程。

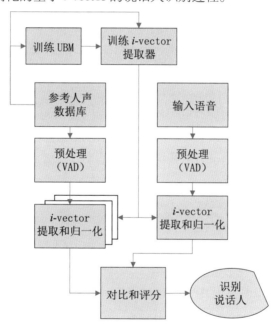

图 7-5　基于 *i*-vector 的说话人识别过程

基于 *i*-vector 的说话人识别过程始于使用大量语音录音训练 UBM 和 *i*-vector 提取器模型。然后，使用相同的语音数据集，在 UBM 的基础上利用鲍姆 - 韦尔奇（Baum-Welch）算法来训练 *i*-vector 提取器模型。*i*-vector 提取器模型使用以下数学等式（Dehak, N., Kenny, P., Dehak, R.,et al 2010）：

$$M = m + Tw$$

其中 M 是与说话人相关的超向量，m 是与说话人和通道无关的超向量（来自 UBM 超向量），T 是矩形矩阵，w 是具有标准正态分布的随机向量（*i*-vector）（w 包含所谓的总因子）。

预处理步骤和前几节中介绍的相同（VAD 的意思是语音活动检测器，其目的是消除声学信号无语音的部分）。

在"i-vector 提取和归一化"步骤中，我们首先使用训练好的 i-vector 提取器模型从输入语音中提取出 i-vector，然后对它们进行归一化处理。对 i-vector 进行归一化通常使用线性判别分析（LDA）和类内协方差归一化（WCCN）。

归一化的重要性体现在，它能够降低模型的误接受率（false acceptance rates）和误拒绝率（false rejection rates）（通过 WCCN），并且最大化类间方差、最小化类内方差（通过 LDA）（Dehak, N., Kenny, P., Dehak, R.,et al 2010），从而提高准确率。

i-vector 说话人识别过程的最后一步是将参考 i-vector 和输入 i-vector 做对比，并对每一对 i-vector 进行评分。评分最高的参考 i-vector 对应于被识别的说话人。在对比和评分步骤中可以使用不同的技术。例如，可以使用 SVM 分类模型，或者使用简单的余弦距离评分，或者使用概率线性判别分析（PLDA）评分等。SVM 分类模型学习一个 i-vector 属于哪个说话人，余弦距离可以直接用来测量 i-vector（为其评分，距离越小分数越高），而 PLDA 提供了一个说话人差异性模型，将表征说话人的信息与其他信息分离开，从而有助于识别说话人（Dehak, N., Kenny, P., Dehak, R.,et al 2010）。

基于 i-vector 的说话人识别过程存在多种不同的变体，可以根据所采用的特征、算法等进行调整和优化。若想了解基于 i-vector 的说话人识别的更多信息，建议阅读参考文献 [88-91]。

值得一提的是，有研究者（Dehak, N., Dehak, R., Kenny, P., et al 2009; Senoussaoui, M., Kenny, P., Dehak, N., et al 2010）指出基于 i-vector 的说话人识别技术建立在联合因子分析（JFA）的基础上，但其他研究者指出它更接近主成分分析（PCA）。联合因子分析是由参考文献 [87] 引入的，但最近的研究发现它过于复杂且对于说话人识别而言不是最佳选项。

7.3.4　特征向量嵌入的神经网络建模

过去几年中，有大量研究致力于找到一种基于神经网络的机器学习模型，可以自动从语音录音中提取特征向量的嵌入，类似于人脸识别的处理方式（参见第 6.2 节）。这些提取的嵌入在说话人识别过程中完全取代了 i-vector（和 MFCC）。

这种系统的优势在于，它对噪声和背景声音的敏感性会大大降低，深度神经网络能够更好地区分人声和其他声音，以及更好地区分不同人的语音。但除了少数研究者取得了小幅进步——准确率提高 0.5%~2%（Snyder, D., Garcia-Romero, D., Povey, D., et al 2017）——该领域并没有出现突破性进展。

原因在于，从语音信号中提取正确的说话人相关嵌入，比从人脸图像中提取嵌入更加困难。研究人员还报告，仅在处理短语音片段时（小于 10 秒）上述准确率有所提高，当语音长度增加时，准确率就会出现下降（甚至低于其他类型模型的准确率）（Snyder, D., Garcia-Romero, D., Povey, D., et al 2017）。这暗示了模型可能存在根本性问题，因为通常使用更多数据应该能够获得更高的准确率。

这种模型的主要缺点包括，与其他模型相比需要更多的计算资源，运行速度更慢，而且训练神经网络模型时也需要更多的语音数据。

第 5 部分

Part 5

机器学习案例

222222

第 8 章
机器学习案例

摘　要： 前面几章介绍了机器学习的工作原理及不同的机器学习技术。本章将阐述如何将这些机器学习技术应用于现实问题，包括未知数据集的自动分类（聚类）、大型数据集的降维、推荐模型、异常检测、根本原因分析、监督学习回归的工程应用、预测性维护、图像识别、不同疾病的检测、业务流程改进等。在阐述具体的应用案例的同时，也会给出提示、诀窍以及与特定行业相关的机器学习建议。本章将帮助读者把之前学到的理论运用于解决实际问题。

8.1　概述

将机器学习应用于实际问题往往颇具挑战性。这不仅是因为可供选择的机器学习模型种类繁多，还由于实际问题的多样性。本章将介绍如何将机器学习应用于常见的实际问题。当然，虽然本书无法详述所有实际问题，但所选的问题都具有代表性，对于机器学习在许多其他问题上的应用也有所帮助。

本书中所有的示例都使用了 AI-TOOLKIT 软件，这个工具可以从本书开头提到的网站上免费下载。当然，也可以使用其他支持相同机器学习模型的软件。

8.2　案例分析 1：如何对数据集进行自动分类（聚类）

第 3.3 节介绍了如何评估聚类（无监督学习）模型的性能，以及如何通过使用基于内部标准的性能评估指标和手肘法来确定最佳簇数。本节将提供几个简单的示例，涵盖不同类型的数据集和不同类型的聚类模型，旨在解释不同模型的优势和缺点。由于不存在一种适用于所有类型数据集的聚类模型，数据聚类任务通常比较困难。往往需要尝试多个聚类模型，然后选择最适合当前任务的模型。本节的示例将突出处理数据集时可能面临的几种困难，并展示哪个聚类模型适合处理哪种问题。

我们将使用"基础聚类问题合集"（fundamental clustering problems suite）（Ultsch, A., 2005），这是一个低维、简单且已知分类类别的数据集集合。其中每个数据集都有其特殊之处，且涉及聚类模型所面临的一些难点。

8.2.1　数据集

这部分将用到 6 个数据集。

Hepta 数据集是一个正常的数据集，包含有 7 个明显可分离的簇、212 个数据点（记录）和 3 个维度（列），如图 8-1 所示。

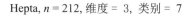

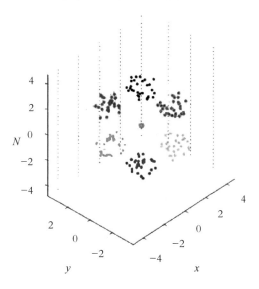

图 8-1　Hepta 数据集（Ultsch, A., 2005）

ChainLink 数据集有 1000 个数据点、3 个维度和 2 个簇。处理该数据集的难点在于簇之间存在重叠（线性不可分），如图 8-2 所示。

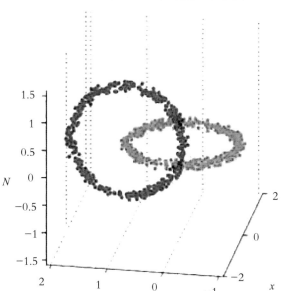

图 8-2　ChainLink 数据集（Ultsch, A., 2005）

Lsun 数据集有 400 个数据点、2 个维度和 3 个簇，它的难点在于具有不同的方差和簇间距离，如图 8-3 所示。

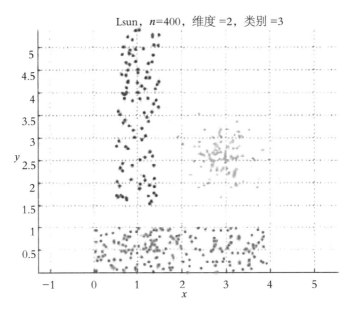

图 8-3 Lsun 数据集（Ultsch, A., 2005）

EngyTime 数据集有 4096 个数据点、2 个维度和 2 个簇，其难点在于具有重叠的高斯混合数据，如图 8-4 所示。

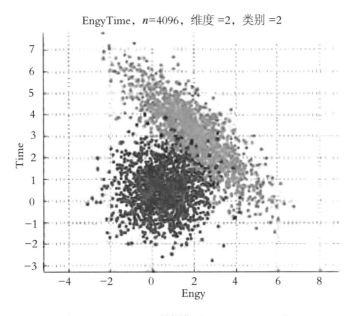

图 8-4 EngyTime 数据集（Ultsch, A., 2005）

TwoDiamonds 数据集有 800 个数据点、2 个维度和 2 个簇，其难点在于簇边界的定义由密度决定，如图 8-5 所示。

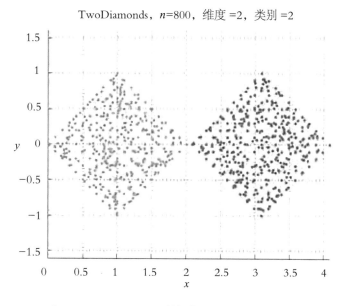

图 8-5　TwoDiamonds 数据集（Ultsch, A., 2005）

Target 数据集有 770 个数据点，2 个维度和 6 个簇，其难点在于存在离群点（噪声），如图 8-6 所示。

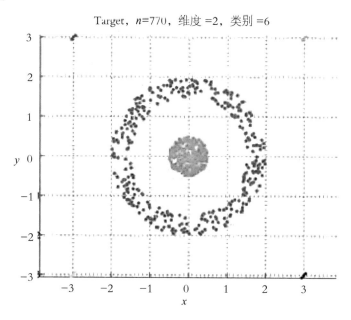

图 8-6　Target 数据集（Ultsch, A., 2005）

8.2.2　聚类

第一步，在左侧任务栏的"Database"（数据库）选项卡上，使用"Create New AI-TOOLKIT Database"（创建新的 AI-TOOLKIT 数据库）命令，创建一个 AI-TOOLKIT 数据库。将数据库保存在选定目录中。第二步，使用"Import Data Into Database"（导入数据到数据库）命令，将所有数据导入到上一步创建的数据库中——数据可以导入到一个数据库的不同表中。随后，别忘了指定标题行和类别列的索引。

接下来为每个聚类模型逐一创建 AI-TOOLKIT 项目文件。使用"Open AI-TOOLKIT Editor"（打开 AI-TOOLKIT 编辑器）命令，然后点击"Insert ML Template"（插入机器学习模板）按钮插入模型模板。每个模型都有不同的参数。作为实例，Hepta 数据集的 k 均值聚类项目文件如图 8-7 所示。

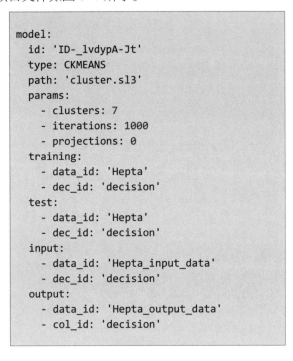

```
model:
  id: 'ID-_lvdypA-Jt'
  type: CKMEANS
  path: 'cluster.sl3'
  params:
    - clusters: 7
    - iterations: 1000
    - projections: 0
  training:
    - data_id: 'Hepta'
    - dec_id: 'decision'
  test:
    - data_id: 'Hepta'
    - dec_id: 'decision'
  input:
    - data_id: 'Hepta_input_data'
    - dec_id: 'decision'
  output:
    - data_id: 'Hepta_output_data'
    - col_id: 'decision'
```

图 8-7　Hepta 数据集 k 均值聚类项目文件

每个聚类模型参数的详细介绍请参阅第 2 章的第 2.3 节。

每个模型的优化参数见表 8-1。这些参数可以用于复现后面所示的结果（第 8.2.3 节）。

表 8-1　经过优化的参数

数据集	k 均值聚类	层次聚类	DBScan 聚类	MeanShift 聚类
Hepta	Clusters（簇数）：7 Iterations（迭代次数）：1000 Projections（投影）：0	Clusters（簇数）：7 ModelType（模型类型）：PairwiseMaximumLinkage	Epsilon（邻域半径）：0.1 MinPoints（最小点数）：20	UseKernel（使用核函数）：true（是） Radius（半径）：0.0 MaxIterations（最大迭代次数）：1000 KernelBandwidth（核带宽）：0.1 KernelType（核类型）：GaussianKernel（高斯核）
ChainLink	无法处理该数据集	Clusters（簇数）：2 ModelType（模型类型）：PairwiseAverageLinkage	Epsilon（邻域半径）：0.1 MinPoints（最小点数）：20	无法处理该数据集

数据集	*k* 均值聚类	层次聚类	DBScan 聚类	MeanShift 聚类
EngyTime	Clusters（簇数）：2 Iterations（迭代次数）：1000 Projections（投影）：0	Clusters（簇数）：2 ModelType（模型类型）： PairwiseMaximum Linkage	无法处理该数据集	UseKernel（使用核函数）：true（是） Radius（半径）：0.0 MaxIterations（最大迭代次数）：1000 KernelBandwidth（核带宽）：0.5 KernelType（核类型）： GaussianKernel（高斯核）
Lsun	Clusters（簇数）：3 Iterations（迭代次数）：1000 Projections（投影）：0	Clusters（簇数）：3 ModelType（模型类型）： PairwiseCentroid Linkage	Epsilon（邻域半径）： 0.102 MinPoints（最小点数）：20	UseKernel（使用核函数）：true（是） Radius（半径）：0.0 MaxIterations（最大迭代次数）：1000 KernelBandwidth（核带宽）：0.36 KernelType（核类型）： GaussianKernel（高斯核）
Target	Clusters（簇数）：3 Iterations（迭代次数）：1000 Projections（投影）：0	Clusters（簇数）：3 ModelType（模型类型）： PairwiseMaximum Linkage	Epsilon（邻域半径）：0.1 MinPoints（最小点数）：20	UseKernel（使用核函数）：true（是） Radius（半径）：0.4 MaxIterations（最大迭代次数）：1000 KernelBandwidth（核带宽）：0.51 KernelType（核类型）： GaussianKernel（高斯核）
TwoDiamonds	Clusters（簇数）：2 Iterations（迭代次数）：1000 Projections（投影）：0	Clusters（簇数）：2 ModelType（模型类型）： PairwiseAverage Linkage	无法处理该数据集	UseKernel（使用核函数）：true（是） Radius（半径）：0.0 MaxIterations（最大迭代次数）：1000 KernelBandwidth（核带宽）：1.0 KernelType（核类型）： GaussianKernel（高斯核）

8.2.3　结果分析

表 8-2 和表 8-3 呈现了所有的结果。正如预期的那样，所有模型都能够很好地处理 Hepta 数据集，并且准确率都达到了 100%。100% 的准确率，意味着所有模型都能在原始标签未知的情况下重新生成数据集的标签（聚类）。关于结果中用到的性能评估指标的解释，请参阅第 3 章的第 3.3 节。

表 8-2　聚类结果（第 1 部分）

数据集	性能	DBScan 聚类	MeanShift 聚类	k 均值聚类	层次聚类
ChainLink 难点：线性不可分	类别计数	2	N/A	N/A	2
	参考类别计数	2	N/A	N/A	2
	预测类别计数	2	N/A	N/A	2
	准确率 [%]	100	N/A	N/A	67.90
	轮廓系数	0.167	N/A	N/A	0.209
	卡林斯基－哈拉巴兹指数	271.459	N/A	N/A	248.892
	Xu 指数	−11.323	N/A	N/A	−11.271
	全局纯度 [%]	100	N/A	N/A	67.90
	全局精确度 [%]	100	N/A	N/A	54.47
	全局兰德指数 [%]	100	N/A	N/A	56.36
	全局召回率 [%]	100	N/A	N/A	76.97
	全局 F1 分数 [%]	100	N/A	N/A	63.80
EngyTime 难点：高斯混合	类别计数	N/A	2	2	2
	参考类别计数	N/A	2	2	2
	预测类别计数	N/A	2	2	2
	准确率 [%]	N/A	95.61	95.04	73.97
	轮廓系数	N/A	0.425	0.424	0.354
	卡林斯基－哈拉巴兹指数	N/A	2713.7	774.106	3026.122
	Xu 指数	N/A	−7.254	−5.845	−7.120
	全局纯度 [%]	N/A	95.61	95.04	73.97
	全局精确度 [%]	N/A	91.48	90.34	59.09
	全局兰德指数 [%]	N/A	91.60	90.58	61.49
	全局召回率 [%]	N/A	91.73	90.86	74.63
	全局 F1 分数 [%]	N/A	91.60	90.60	65.95
Hepta 难点：无（簇边界清晰）	类别计数	7	7	7	7
	参考类别计数	7	7	7	7
	预测类别计数	7	7	7	7
	准确率 [%]	100	100	100	100
	轮廓系数	0.702	0.702	0.702	0.702
	卡林斯基－哈拉巴兹指数	520.724	391.983	16.865	520.724
	Xu 指数	−8.776	−7.995	−3.615	−8.776
	全局纯度 [%]	100	100	100	100

表 8-3　聚类结果（第 2 部分）

数据集	性能	DBScan聚类	MeanShift聚类	*k* 均值	层次聚类
Lsun 难点：不同方差和簇间距离	类别计数	3	4	3	3
	参考类别计数	3	3	3	3
	预测类别计数	3	4	3	3
	准确率 [%]	100	75.00	74.25	73.25
	轮廓系数	0.477	0.565	0.493	0.476
	卡林斯基－哈拉巴兹指数	963.125	3047.509	109.919	1078.789
	Xu 指数	−5.469	−5.894	−3.649	−5.546
	全局纯度 [%]	100	75.00	74.25	73.25
	全局精确度 [%]	100	68.47	63.44	60.69
	全局兰德指数 [%]	100	65.59	72.35	70.80
	全局召回率 [%]	100	62.25	61.30	61.90
	全局 F1 分数 [%]	100	65.21	62.35	61.29
Target 难点：离群点（噪声）	类别计数	2	6	3	3
	参考类别计数	6	6	6	6
	预测类别计数	3	6	3	3
	准确率 [%]	98.83	69.35	71.68	74.41
	轮廓系数	0.276	0.405	0.421	0.397
	卡林斯基－哈拉巴兹指数	0.503	128.051	187.005	349.120
	Xu 指数	−6.213	−5.369	−5.363	−6.136
	全局纯度 [%]	98.83	69.35	71.69	74.42
	全局精确度 [%]	99.96	54.92	56.62	61.38
	全局兰德指数 [%]	99.98	58.39	60.32	62.34
	全局召回率 [%]	N/A	79.12	N/A	N/A
	全局 F1 分数 [%]	99.98	64.83	65.46	65.82
Two Diamonds 难点：密度决定簇边界	类别计数	N/A	2	2	2
	参考类别计数	N/A	2	2	2
	预测类别计数	N/A	2	2	2
	准确率 [%]	N/A	100	100	99.75
	轮廓系数	N/A	0.631	0.631	0.630
	卡林斯基－哈拉巴兹指数	N/A	2377.116	2387.268	2379.856
	Xu 指数	N/A	−7.697	−7.702	−7.700

8.2.3.1　ChainLink 数据集

ChainLink 数据集有 1000 个数据点、3 个维度和 2 个簇，其处理难点在于簇之间存在重叠（线性不可分）。从图 8-2 中数据集的二维图可以看出，对于大多数模型来说，这是一个不容易处理的数据集。但有一个模型擅长处理这类数据集。DBScan 可以实现

100% 的准确率。MeanShift 和 k 均值聚类模型则完全无法处理这类数据集，层次聚类模型可以处理但准确率较低（67.9%）。

8.2.3.2 EngyTime 数据集

EngyTime 数据集有 4096 个数据点、2 个维度和 2 个簇，它的难点在于含有轻微重叠的高斯混合数据。MeanShift 和 k 均值聚类模型可以很好地处理这种类型的数据，准确率分别是 95.6% 和 95.0% 的。DBScan 聚类模型完全无法处理这类数据。层次聚类模型的准确率只有大约 74.0%。

8.2.3.3 Lsun 数据集

Lsun 数据集有 400 个数据点、2 个维度和 3 个簇。处理 Lsun 数据的难点是它具有不同的方差和簇间距。DBScan 是处理这种类型数据的最佳模型，准确率达到 100%。其他所有模型的准确率只有大约 73.2%~75.0%。

8.2.3.4 Target 数据集

Target 数据集有 770 个数据点、2 个维度和 6 个簇，处理它的困难之处在于数据存在离群点（噪声）。离群点的存在让本数据集变得特殊。尽管数据集存在噪声很难处理，但使用专门的 DBScan 聚类模型检测离群点，可以达到约 99% 的准确率。其他模型则只能达到大约 70% 的准确率。

AI-TOOLKIT 中的 DBScan 聚类模型将所有的离群点分组到最后一个簇中，这就是为什么结果表中有 3 个预测类别和 2 个识别出来的类别（参见表 8-3 中 Target 数据集虚线所示）。参考类别有 6 个，因为离群点分别在 3 个簇中（参见数据图）。

8.2.3.5 TwoDiamonds 数据集

TwoDiamonds 数据集有 800 个数据点、2 个维度和 2 个簇，处理这类数据集的难点在于用密度决定簇的边界。除了 DBScan 外，所有模型都可以很好地处理这种类型的数据（准确率约为 100%）。DBScan 在处理密度不同的簇时效果不佳。

8.2.4 一般性结论

这一节验证了前几章解释过的无监督学习（聚类）模型的内容。为了能够处理各种类型的数据，需要基于不同相似性度量指标构建的多种类型的模型。因此 AI-TOOLKIT 提供不同类型的模型。当开始对一个未知的数据集进行聚类时，应该尝试使用各个模型来进行试错。在这个过程中，使用 AI-TOOLKIT 有助于最大程度地减少定义和运行模型的工作量。

8.3 案例分析 2：利用主成分分析进行降维

第 4 章（第 4.3.2.2 节）中介绍过主成分分析（PCA）可以用来降低数据集的维度，从而减少训练时间，还可能提高机器学习模型的准确率。

注： AI-TOOLKIT 收录了本案例。可以通过默认路径（\PCA\Iris.yaml）打开。

本案例将介绍如何在 AI-TOOLKIT 中将 PCA 应用于鸢尾花数据集。

鸢尾花数据集包含了 3 种不同类型的鸢尾花和 4 个测量属性（以厘米为单位）。每种鸢尾花有 50 个测量值（基于收集到的植物数据），因此总共有 150 条数据记录。数据集包含了四列数据（特征；维度为 4）和一列类别标签（鸢尾花的类型）。其中，"山鸢尾"类别的标签为 0，"变色鸢尾"类别的标签为 1，"维吉尼亚鸢尾"类别的标签为 2。四个特征是鸢尾花的四个属性（见表 8-4）。鸢尾花数据集是一个非常简单的小型数据集，虽然不是 PCA 的常规应用对象，但非常适合用来阐述 PCA 的工作原理。该数据集对于 PCA 算法来说有一定难度，因为其中两个类别（维吉尼亚鸢尾和变色鸢尾）在特征空间中是线性不可分的。

表 8-4　鸢尾花数据集（部分）

花萼长度 /cm	花萼宽度 /cm	花瓣长度 /cm	花瓣宽度 /cm	类别
5.1	3.5	1.4	0.2	0
4.9	3	1.4	0.2	0
4.7	3.2	1.3	0.2	0
4.6	3.1	1.5	0.2	0
5	3.6	1.4	0.2	0
5.4	3.9	1.7	0.4	0
4.6	3.4	1.4	0.3	0
5	3.4	1.5	0.2	0
4.4	2.9	1.4	0.2	0
4.9	3.1	1.5	0.1	0
5.4	3.7	1.5	0.2	0
4.8	3.4	1.6	0.2	0
4.8	3	1.4	0.1	0
4.3	3	1.1	0.1	0
…	…	…	…	…

注： 这个例子中，文本类别标签被转换为整数数字，这种转换称为整数编码。更多关于编码的信息参见第 4.3.2.2 节。

我们会将数据集的维度从四维降低到二维（两列或两个特征），还要检查在降维后的数据集中保留了多少方差。保留下的方差表示降维后的数据集包含了多少原始数据集中的信息，是衡量 PCA 性能的指标（参见第 4.3.2.2 节）。在此过程中要尽可能多地保留信息，以便在降维后的数据集中有足够的信息供主要的机器学习模型使用（例如支持向量机、神经网络等）。PCA 只是一个预处理步骤。

在这个例子中，将数据从四维降低到二维取得了不错的效果。在处理其他数据集时，为确定最佳的降维程度可能需要多次运行 PCA，同时要考虑降维后数据集中保留的方差。

8.3.1　如何在 AI-TOOLKIT 中应用 PCA

8.3.1.1　新建项目

点击"Open AI-TOOLKIT Editor"按钮以打开 AI-TOOLKIT 编辑器。插入一个新的 PCA 模板（点击"Insert ML Template"按钮）。在应用部分找到名称为"Dimensionality Reduction（PCA）"（降维）的模板。在插入的模板中，将"D:\mypath\MyDB.sl3"一行改为"Iris.sl3"，因为下一步我们将把数据库放在与项目文件相同的文件夹中（不需要绝对路径）。其他参数使用默认值（见图 8-8）。保存项目文件。

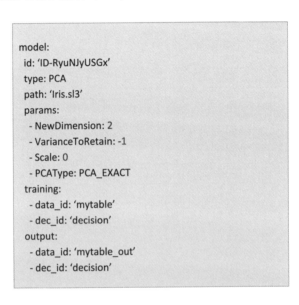

```
model:
 id: 'ID-RyuNJyUSGx'
 type: PCA
 path: 'Iris.sl3'
 params:
  - NewDimension: 2
  - VarianceToRetain: -1
  - Scale: 0
  - PCAType: PCA_EXACT
 training:
  - data_id: 'mytable'
  - dec_id: 'decision'
 output:
  - data_id: 'mytable_out'
  - dec_id: 'decision'
```

图 8-8　鸢尾花 PCA 案例 AI-TOOLKIT 项目文件

为了简洁起见，从项目文件中删除了所有的注释（绿色文本）。模板中的注释用于解释机器学习模型的重要规则。关于模型的更多信息见第 9.2.3.11 节。

8.3.1.2　新建数据集并导入数据

点击数据库选项卡上标有加号的"Create New AI-TOOLKIT Database"按钮，选择在上一步中保存项目的文件夹，并将数据库命名为"Iris.sl3"。

接下来导入鸢尾花数据集（AI-TOOLKIT 中 PCA 实例文件夹，CSV 格式文件："iris.csv"）。点击"Import Data Into Database"按钮，进入导入模组，在"Delimiters"（分隔符）字段中输入逗号（注意，可能存在多种分隔符，如制表符和逗号，但这里只使用逗号）。指定一个标题行，并指定第四列为决策列（类别）。点击"SEL"（选择）按钮，选择先前创建的数据库。最后点击"Import"（导入）按钮导入。

8.3.1.3 模型训练（应用PCA）

接下来点击"Train AI Model"（训练AI模型）按钮训练模型，系统会询问是否要自动创建输出数据表。选择"yes"（是）。当模型训练完成时，输出日志底部会显示保留的方差（97.76%）。你可以查看结果，并从数据库编辑器［在"Database"选项卡中点击"Open Database Editor"（打开数据库编辑器）］导出CSV格式的降维数据集。在编辑器中打开"Iris.sl3"数据库，打开"Browse Data"（浏览数据）选项卡，选择"mytable_out"（导出表格）。工具栏上表格名旁边第三个小按钮是"Export to CSV"（导出为CSV）。

8.3.2 结果分析

从图8-9中可以看到两个主成分（新的列或特征）的图示。降维后的数据集中保留了97.76%的方差（AI-TOOLKIT报告的结果）。三个类别在二维中分组很明显，且只有少数离群值，这就是选择将维度降低为两个的原因。

得到的降维数据集（见表8-5，只显示子集）可以用来代替原始数据集训练机器学习模型。

这个简单示例展示了如何利用PCA来对大型数据集进行降维。当然，PCA能够应用于维度远远多于这个示例的数据集，但原理和应用步骤是相同的。

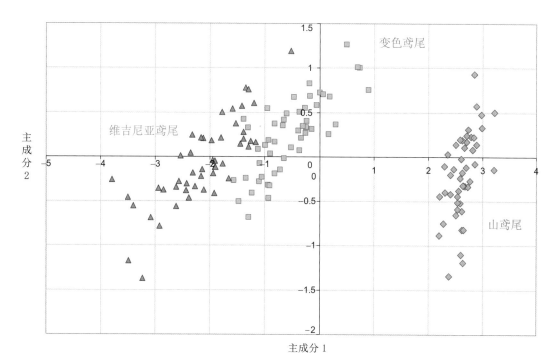

图8-9 包含两个主成分的降维鸢尾花数据集

表 8-5 降维后的鸢尾花数据集（部分）

类别	主成分 2	主成分 1
0	2.68421	−0.32661
0	2.71539	0.169557
0	2.88982	0.137346
0	2.74644	0.311124
0	2.72859	−0.33393
0	2.2799	−0.74778
0	2.82089	0.082105
0	2.62648	−0.17041
0	2.88796	0.570798
0	2.67384	0.106692
0	2.50653	−0.65194
0	2.61314	−0.02152
0	2.78743	0.22774
...	...	...

PCA 并非总能在不损失大量方差（知识）的情况下降低数据集的维度，因此也可以选择不使用 PCA。

> **提示：** 只在真正必要或有效果的情况下应用 PCA，因为通常情况下，数据中的知识越多意味着机器学习模型的性能也会越好。PCA 会减少数据中的知识（方差）。

8.4 案例分析 3：AI 推荐

本案例分析的目的是阐述 AI 推荐机器学习模型的工作原理，并按步骤详细介绍一个推荐系统的示例。

这里的推荐是指向潜在用户推荐一个或多个物品。推荐的物品多种多样，如正在销售的实体产品（汽车、智能手机等）或文章、网页、文件等。目前，推荐系统被用于推荐书籍、电影、服装、度假目的地等，往往可以增加收入，或帮助用户找到最相关、最有意义、最重要的信息或产品。

本书一贯着重于对使用的方法和算法的理解，不会过多深入细节。这一部分同样不会详细解释复杂的数学算法，只是帮助读者了解这些算法的工作原理，以及应用它们的理由。因此，这一部分不仅对于初学者很有价值，对专家也可能有所帮助。

另外，这一部分还会介绍如何通过 AI-TOOLKIT 轻松得到目前最好的 AI 推荐模型。这些模型可能对专业人士或者专业推荐系统的潜在用户大有裨益。

用户在与物品（产品、文件等）进行交互时会产生显式和隐式反馈数据，AI 推荐机器学习模型会利用这些数据来工作。

显式反馈是指用户对其正在互动的物品提供某种评级或喜欢与否的反馈。评级标准有许多类型，例如，五星级评级，其中一星表示低评价，而五星表示高度赞赏产品。所有这些评级都可以用数字刻度表示（例如，1、2、3、4 和 5；或者用 0 和 1 表示不喜欢和喜欢）。

隐式反馈是指用户没有直接提供某种评级，而是我们收集有关用户行为的信息，如购买产品、查看文档或网页等。

AI 推荐机器学习模型背后的基本原理是基于不同用户喜欢相似物品及相似用户喜欢不同物品的相关性，以及二者的联合相关性。用户的喜好通过显式或隐式反馈来表达。

在用户提供的显式和 / 或隐式反馈数据（用户 + 物品 + 反馈）的基础上，机器学习模型可以对这些相关性或行为进行学习。

以下是目前最先进的两类 AI 推荐机器学习模型：

· 协同过滤 （Collaborative filtering，CF）模型

· 基于内容（Content-based，CB）的模型

虽然也有其他类型的 AI 推荐模型和方法，但上述两种是目前最行之有效的方法。还有一些推荐方法不涉及机器学习，而是基于用户的选择来进行推荐，我们称之为基于知识的推荐。

接下来看一下这两种模型各自的优缺点。总体而言，可以说协同过滤模型更强大，因为它使用了来自所有用户的数据，甚至最终可以与一些内容信息结合。基于内容的模型通常不单独使用，而是与其他方法和模型结合使用，原因包括它们倾向于推荐具有已知描述（属性）的物品，从不推荐具有不同描述的新物品（其原因可参阅第 8.4.2 节）。基于内容的模型的另一个缺点，是在为一个用户提供建议时，通常只使用该用户的数据，忽略其他用户的数据。

为了利用不同模型的优点将多种 AI 推荐模型结合起来，这样的模型称为混合模型。不同 AI 推荐模型的结合方式有时很简单，例如，结合多个独立的 AI 推荐模型的推荐，形成最终推荐列表。

8.4.1　协同过滤模型

协同过滤模型利用所有用户的显式和 / 或隐式反馈，来为所有用户预测未评级物品的评级。该模型使用从所有用户身上收集的反馈数据（协同），但通常不涉及内容信息（物品的描述）。一旦得到显式（评级）或隐式（用户行为）反馈的预测结果，就可以向任何用户推荐排名前 k 的物品。

8.4.1.1　用户反馈

协同过滤模型可以使用包含用户 ID、物品 ID 和反馈值的三元组形式的显式和 / 或隐式反馈数据。这些三元组数据形成一个三维空间，可以用矩阵或表格来表示。

表格中的每一行代表一个用户，每一列代表一个物品，表格中的值表示反馈值。图 8-10 展示了两种类型的反馈。显式反馈是用户提供的评分。隐式反馈是用户与物品的互动（如查看产品页面）：值为 1 表示有互动，值为 0 表示没有互动。隐式反馈也可以统计用户互动的次数（如查看、下载、购买等），但这里仅显示存在互动。表格的下方

是收集到的数据（三元组）——第一个数字是用户 ID，第二个数字是物品 ID，最后一个数字是评分。

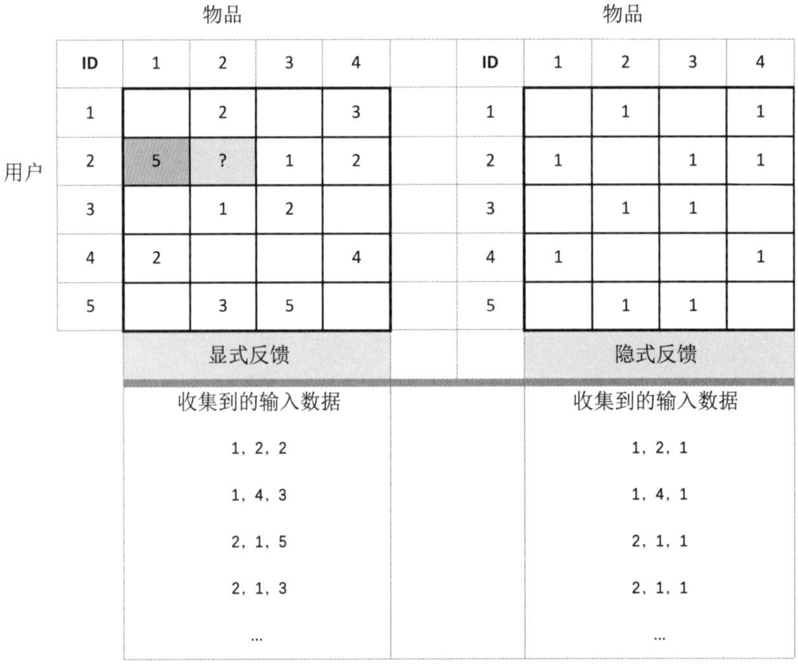

物品（显式反馈）

ID	1	2	3	4
1		2		3
2	5	?	1	2
3		1	2	
4	2			4
5		3	5	

（用户）显式反馈

收集到的输入数据

1, 2, 2
1, 4, 3
2, 1, 5
2, 1, 3
...

物品（隐式反馈）

ID	1	2	3	4
1		1		1
2	1		1	1
3		1	1	
4	1			1
5		1	1	

隐式反馈

收集到的输入数据

1, 2, 1
1, 4, 1
2, 1, 1
2, 1, 1
...

图 8-10 显式和隐式反馈矩阵

图 8-10 的反馈矩阵［又称为效用矩阵（utility matrix）］包含许多空白单元格。我们叫这种矩阵"稀疏矩阵"（sparse matrix）。空白或者未知单元格是我们要预测的评级。例如，已知用户 ID2（用户 2）非常喜欢物品 ID1（物品 1）（评级为 5，蓝色单元格），但我们想知道用户 2 对物品 2（绿色单元格）的评价。如果我们能够预测这一点，就可以向该用户智能推荐一些新的物品。

这两种用户反馈有一个重要区别。显式反馈同时允许负面和正面反馈（如评分 1 代表非常负面的反馈，评分 5 代表非常正面的反馈或者偏好），但隐式反馈只允许正面反馈（只统计用户和物品的正面互动）。空值或未知元素在两种反馈中都不代表负面反馈。

8.4.1.2 协同过滤模型的工作原理

在创建用户 – 物品稀疏矩阵之后，就可以训练一个预测模型用于预测缺失的隐式或显式反馈（矩阵中的空值）。训练这类模型有几项技术可以利用，目前最先进的是潜在因子方法（latent factor method）。

潜在因子方法结合矩阵分解（matrix factorization）、数据降维和目标函数优化（objective function optimization），通过对两个包含潜在因子的小矩阵进行乘法运算，来近似表示反馈矩阵（所有值）。这个方法背后的基本原理是以不同用户和不同物品之间的联合相关性为基础。

用 F 表示输入的稀疏反馈矩阵。F 又被分解为 U（用户）和 P（产品 / 物品）两个非稀疏矩阵，即矩阵是被填满了的。

$$F \approx UP^{\mathrm{T}}$$

U 矩阵包含 k 个潜在向量（列）。U 矩阵的每一行代表用户的潜在因子。U 可以被视为 F 矩阵向右的延伸（如图 8-11）。上述等式中的 T 表示矩阵的转置（P 不经过转置无法和 U 相乘得到 F）。这是个非常基本的矩阵乘法规则（将 5×4 的矩阵和 3×4 的矩阵相乘可以得到 5×4 的矩阵；在本例中用户数量是 5，物品数量是 4，$k=3$）。

矩阵 P^{T} 与 U 十分相似，但它包含了物品的潜在因子（和向量）。

潜在因子方法用估算出的 U 和 P 来计算完整的矩阵 F，见图 8-11（$F_{ui}=7= (1 \times 2) + (1 \times 1) + (2 \times 2)$）。请注意，图 8-11 只展示计算出的值，不展示其他值。

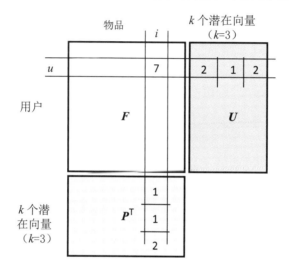

图 8-11　反馈矩阵分解

那么如何估算 U 和 P 呢？这两个矩阵的估算可以通过不同方法实现。其中一个方法是最小化已知 F 值的真实值（已知的用户反馈）和估算值之间的平方误差和。

$$\min O = \frac{1}{2} \sum_{n, m \in G} \left(F_{nm} - U_n P_m^{\mathrm{T}}\right)^2$$

在上述矩阵方程中，n 是 F 和 U 中的用户索引，m 是 F 和 P 中的物品索引。"n, $m \in G$"表示 n 和 m 的取值在原始输入稀疏矩阵 F 中给定(已知)的评分(或反馈)范围内。当然只能用已知值进行计算。已知值表示存在用户-物品交互的记录。U 的大小取决于所选择的 k 值（潜在向量的数量）和用户数量。P 的大小取决于所选择的 k 值和物品数量。较高的 k 值可以提高模型的精度，但同时也会增加计算时间。在 k 增加到一定值之后，进一步增加 k 并不会显著改善结果。选择合适的 k 值取决于具体的应用场景和需求。

方程中的 O 表示目标函数，在这里需要将其最小化。通过如梯度下降一类算法（更多信息见第 2.2.2.3 节），可以实现目标函数的最小化（优化问题）。注意，为简便说明，上述方程省略了一些项（正则化和可选的偏置项），这些项的目的是防止过拟合（提高泛化能力）。

在处理隐式反馈时，我们对目标函数进行了调整，添加了一个置信度级别（C），并将隐式反馈值进行二值化（B）：

$$\min O = \frac{1}{2} \sum_{n,\,m \in G} C_{nm} \left(B_{nm} - U_n P_m^{\mathsf{T}} \right)^2$$

二值化处理是当 $F_{nm} > 0$ 时令 $B_{nm} = 1$，否则令 $B_{nm} = 0$。C_{nm} 表示对 B_{nm} 的置信度，可以对高反馈值赋予更高的置信度（如果隐式反馈是正面事件的计数），即我们更确信用户喜欢该物品。这种情况下较高的反馈值就会具有较高的置信度（C_{nm}）。

请注意，这个目标函数可在 AI-TOOLKIT 的 WALS（加权 ALS）隐式模型中使用（稍后会详细介绍）。ALS 表示交替最小二乘法（alternating least squares）优化，算法在计算用户因子和物品因子（即潜在因子）之间交替进行，每一步都会降低目标函数的值。

矩阵 U 和 P 也可以使用不同的目标函数和方法来进行估计。另一种目前较好的技术是贝叶斯个性化排序（Bayesian personalized ranking，BPR）模型，它是 AI-TOOLKIT 中用于隐式反馈推荐的第二种模型。该模型使用了一种叫"最大后验估计"（maximum posterior estimator）的方法，由对问题进行贝叶斯分析（概率模型，详见拓展阅读 8.1）得出。BPR 模型不考虑隐式反馈的值的大小，只考虑反馈的二进制形式（1 表示反馈或与物品的交互，即用户喜欢该物品，0 表示没有反馈）。如果没有反馈，不代表用户不喜欢该物品。该模型的目标函数是 ROC 曲线下面积（关于 ROC 请参阅第 8.4.1.3 节），通过最大化 ROC 曲线下面积来进行优化（使用梯度下降方法，详见第 2.2.2.3 节）。

拓展阅读 8.1　推荐问题的贝叶斯分析

本部分旨在帮助读者理解像贝叶斯个性化排序这类先进 AI 推荐模型的工作原理。由于贝叶斯分析方法建立在概率论的基础上，在理解和运用贝叶斯分析方法时，需要对概率和条件概率的含义有一定了解（只需要非常基础的知识）。

假设收集到分值分别为 1 和 0 的用户的显式反馈，分值 1 表示用户喜欢该物品，分值 0 表示用户不喜欢该物品。用收集到的数据建立一个反馈矩阵 F，包括 m 行用户和 n 列物品。这就是之前解释过的显式反馈矩阵。用字母 j 作为用户索引，字母 i 作为物品索引。

贝叶斯分析经常被用作分类模型的基础。在这个例子里，反馈矩阵 F 中的用户行可以看作是分类数据集中的记录，而物品列则是特征，与处理监督分类问题完全相同（在本书的前两章中讨论过）。但在推荐数据集中，每个需要进行分类的行中都可能存在多个缺失条目（未评级的物品），而在一般监督分类中，只存在一个需要进行分类的决策变量。

在推荐问题中运用贝叶斯分析的第一步是用概率术语来定义问题。由于主要目标是对缺失的条目进行分类，或者说是对评级进行估计，这也是首先需要定义的内容。首先，我们假设推荐列表将根据评级的排名来生成。

已知用户 j（第 j 行）的评级值 F_j，评级 r_{ji} 等于 1（用户 j 喜欢物品 i）的概率可以表示如下：

$$P(r_{ji} = 1|\text{known ratings } F_j)$$

注意，表达式中竖线左侧是评估对象，竖线右侧是评估条件。

换句话说：通过分析用户 j 的其他已知评级，可以估计用户 j 是否喜欢物品 i 的概率。已知用户 j 的其他评级，用户 j 不喜欢物品 i 的概率也可以用类似的方式表示：

$$P(r_{ji} = 0|\text{known ratings } F_j)$$

根据基本概率规则，可知二者之和为 1。

将上述两个等式中的分类（评级）值 1 和 0 替换为 c_L（$c_1 = 0$，$c_2 = 1$），得到广义方程：

$$P(r_{ji} = c_L|\text{known ratings } F_j)$$

根据贝叶斯条件概率公式，可以将这个方程式简化如下：

$$P(A|B) = \frac{P(A) \cdot P(B|A)}{P(B)}$$

概率等式则可以写成如下形式：

$$P(r_{ji} = c_L \mid \text{known ratings } F_j) = \frac{P(r_{ji} = c_L) \cdot P(\text{known ratings } F_j \mid r_{ji} = c_L)}{P(\text{known ratings } F_j)}$$

由于我们的目标是要找到一个评级 c_L（喜欢或不喜欢），能够使上述概率最大化（确定具有最大概率的 c_L 值），所以可以忽略掉不依赖于 c_L 的分母，然后可以通过以下方式估计用户 j 对物品 i 的评级（$\widehat{r}_{ji}$）：

$$\widehat{r}_{ji} = \text{argmax}_{c_L} P(r_{ji} = c_L|\text{known ratings } F_j)$$
$$= \text{argmax}_{c_L} \big[P(r_{ji} = c_L) \cdot P(\text{known ratings } F_j \mid r_{ji} = c_L) \big]$$

等式中的 $P(r_{ji} = c_L)$ 被称为先验概率（prior-probability），即用户 j 对物品 i 给出评分 c_L 的概率，它表示对物品 i 给出评分 c_L 的用户在所有用户中所占比例：

$$P(r_{ji} = c_L) = \frac{count^i{}_{c_L}}{\sum\limits_{l=1}^{L} count^i{}_{c_L}}$$

上述等式中，$count^i{}_{c_L}$ 表示给物品 i 评分 c_L 的用户数量，分母表示所用给物品 i 评分的用户数量。例如，假设已知九个用户对物品 i 的评分，要计算第十个用户对物品 i 评分为 1 的概率，则需要统计给相同物品 i 评分 1 的用户数量，并将其除以给出任何评分的用户数量。假设（在这九个用户中）有八个用户对相同物品给出了评分，其中三个用户给出了评分 1。那么第十个用户对相同物品 i 给出评分 1 的概率为 $P(r_{10i} = 1)$ = 3/8 = 0.375。这意味着第十个用户有 37.5% 的概率会对物品 i 给出评分 1。

实践中，为了防止过拟合，通常会对上述方程进行修改，添加一个修正项［即拉普拉斯平滑（Laplacian smoothing）］：

$$P(r_{ji} = c_L) = \frac{count^i{}_{c_L} + \alpha}{\sum_{l=1}^{L} count^i{}_{c_l} + L\alpha}$$

其中 α 为常数，通常设置为 1。

现在回到最终概率等式：

$$\widehat{r}_{ji} = \text{argmax}_{c_L}\left[P(r_{ji} = c_L) \cdot P(\text{known ratings } F_j \mid r_{ji} = c_L)\right]$$

argmax_{c_L} 是一个确定 c_L 值的操作（函数），该 c_L 值能使方程式取得最大值——即确定概率最高的物品 i 的评分。现在知道了如何利用收集到的输入评分数据计算出函数的第一个变量。使用输入数据也可以轻松计算出第二个变量，如下所示：

$$P(\text{known ratings } F_j \mid r_{ji} = c_L) = \prod_{k \in F_j} P(r_{jk} \mid r_{ji} = c_L)$$

表达式的右侧表示将多个概率相乘得出一个比例，即给 i 物品评分为 c_L，同时也给 k 物品评分（任何分值）的用户比例。乘法操作依据的是基本概率论，通过下面示例将解释得更加清晰明了。简单来说就是寻找用户的一个评级行为；如果一个用户对一个物品（任何物品）的评分行为与接收推荐的用户的评分行为方式相同，则大概率该用户也会用同样的方式对其他物品进行评分。

使用收集到的输入评分数据，可以计算出最终的概率方程如下所示：

$$\widehat{r}_{ji} = \text{argmax}_{c_L}\left[P(r_{ji} = c_L) \cdot \prod_{k \in F_j} P(r_{jk} \mid r_{ji} = c_L)\right]$$

接下来我们用一个简单的例子来梳理一下计算步骤。为了尽可能清晰地阐述每一步，这里使用一个简化的计算过程。实践中，上述方程（附加一些其他项）的优化是由优化算法完成的，但原理相同。

贝叶斯分析示例

收集到的评分输入数据如表 8-6 所示。共有 7 个用户和 5 个物品。目标是确定是否应该向用户 7（u_7）推荐物品 4（i_4）。评分的含义同上，1 表示用户喜欢该物品，0 表示用户不喜欢该物品。

表 8-6 贝叶斯分析示例（第 1 部分）

物品 / 用户	i_1	i_2	i_3	i_4	i_5	喜欢 i_4？
u_1	1	0	1	0	0	不喜欢
u_2	1	0	0	1	0	喜欢
u_3	0	1	0	0	0	不喜欢
u_4	0	0	0	1	1	喜欢
u_5	0	1	0	1	0	喜欢
u_6	0	0	0	1	1	喜欢
推荐 u_7	0	0	0	?	0	?

首先计算用户 7（u_7）喜欢物品 4（i_4）的概率，如表 8-7 所示。所有数值都以类似方式计算。接下来逐列进行分析。第一列中，统计不喜欢（=0）i_1 但喜欢（=1）i_4 的用户数量为 3；统计不喜欢 i_1 的用户的总数是 4。这里统计不喜欢（=0）i_1 的用户数量，是因为用户 7 不喜欢 i_1，给出的评分为 0。将值 3 除以值 4 得到 0.75。在这里所做的是观察其他用户的评级行为，并将其与用户 7 的评级行为进行比较。

表 8-7　贝叶斯分析示例（第 2 部分）

喜欢	如果 i_1=0，喜欢 i_4？	如果 i_2=0，喜欢 i_4？	如果 i_3=0，喜欢 i_4？	喜欢 i_4？	如果 i_5=0，喜欢 i_4？	
若 i_4=1，计算此评分	3	3	4	4	2	
按此行数据计算所有已知评分	4	4	5	6	4	
P	$P_1(i_1=$ 不喜欢 $\mid$ 喜欢）	$P_2(i_2=$ 不喜欢 $\mid$ 喜欢）	$P_3(i_3=$ 不喜欢 $\mid$ 喜欢）	$P_4(i_4=$ 喜欢）	$P_5(i_5=$ 不喜欢 $\mid$ 喜欢）	$P_1 \times P_2 \times P_3 \times P_4 \times P_5$
	0.7500	0.7500	0.8000	0.6667	0.5000	0.1500
备注	用户不喜欢 i_1 但喜欢 i_4 的概率。u_7 不喜欢 i_1（=0）！	用户不喜欢 i_2 但喜欢 i_4 的概率。u_7 不喜欢 i_2（=0）！	用户不喜欢 i_3 但喜欢 i_4 的概率。u_7 不喜欢 i_3（=0）！	用户喜欢 i_4 的概率。	用户不喜欢 i_5 但喜欢 i_4 的概率。u_7 不喜欢 i_5（=0）！	

i_4（第四列）的评分比较特殊，因为这是要推荐的物品。这是最终概率方程中的先验概率 $P(r_{ji} = c_L)$，通过统计喜欢（=1）的数量，并将此数除以总评分数来计算。总共 6 个评分中有 4 个 1（喜欢），4/6= 0.6667。

对每一列进行相同的计算，将得到的概率相乘，得到用户 7 喜欢物品 4 的概率。用户 7 不喜欢物品 4 的概率也可以按照同样的方法计算，如表 8-8 所示。

表 8-8　贝叶斯分析示例（第 3 部分）

不喜欢	如果 i_1=0，不喜欢 i_4？	如果 i_2=0，不喜欢 i_4？	如果 i_3=0，不喜欢 i_4？	不喜欢 i_4？	如果 i_5=0，不喜欢 i_4？	
若 i_4=0，计算此评分	1	1	1	2	3	
按此行数据计算所有已知评分	4	4	5	6	4	
P	$P_1(i_1=$ 不喜欢 $\mid$ 喜欢）	$P_2(i_2=$ 不喜欢 $\mid$ 喜欢）	$P_3(i_3=$ 不喜欢 $\mid$ 喜欢）	$P_4(i_4=$ 喜欢）	$P_5(i_5=$ 不喜欢 $\mid$ 喜欢）	$P_1 \times P_2 \times P_3 \times P_4 \times P_5$
	0.2500	0.2500	0.2000	03333	0.7500	0.003125
备注	用户不喜欢 i_1 也不喜欢 i_4 的概率。	用户不喜欢 i_2 也不喜欢 i_4 的概率。	用户不喜欢 i_3 也不喜欢 i_4 的概率。	用户不喜欢 i_4 的概率。	用户不喜欢 i_5 也不喜欢 i_4 的概率	不喜欢

为了使这些概率（用户 7 喜欢和不喜欢物品 4 的概率）之和等于 1，对其进行归一化，得到用户 7 喜欢物品 4 的概率为 98%，不喜欢的概率为 2%。计算方法如下所示：

喜欢 i_4=98%=100 × 0.15 ×（1/(0.15+0.003125)），不喜欢 i_4=2%= 100 × 0.003125 ×（1/(0.15+0.003125)）。

这是利用贝叶斯分析处理推荐问题的最简单形式。许多有不同目标函数的算法更复杂。例如 AI-TOOLKIT 中的贝叶斯个性化排序模型，虽然基于相似原理，但它首先针对用户（个性化）创建成对偏好（pair-wise preferences）（通常以表格的形式），记录用户在一对物品中的偏好。成对偏好表中的值代表用户更偏好物品 i 还是物品 j。然后将贝叶斯分析应用于每个用户的偏好表。这个算法的目标函数也不同，它最大化了 ROC 曲线下面积。本书目的不在于详细解释这个算法，请参考介绍贝叶斯个性化排序的文章（见参考文献［30］）。

8.4.1.3　评估 AI 推荐模型的准确率

推荐的主要目标是向用户提供一份推荐物品的列表。这个列表被称为 top-k（排名前 k 个物品）推荐列表，其中 k 的值可以按需确定。通常我们先计算反馈矩阵中缺失的评分，然后根据评分对物品进行排名，得到 top-k 列表。我们还可以对估算的评分和 top-k 列表的准确性进行评价。

top-k 推荐列表还有一些其他逻辑要求，例如，推荐的物品不是用户已知的物品（没有评分或互动记录），而且推荐的物品要不同于用户已知的物品，等等。虽然也要评估模型是否满足这些要求，但接下来我们评估的侧重点是评分和 top-k 推荐列表的准确率。

AI 推荐模型的准确率评估与监督回归模型的准确率评估非常相似。可以使用均方根误差（RMSE）来估计预测评分的准确率，RMSE 可以通过下列公式计算：

$$RMSE = \sqrt{\frac{\sum e^2}{n}}$$

其中 e（误差）是指预测评分与输入数据集中原始已知评分之间的偏差（$\hat{r}_{ji} - r_{ji}$），而 n 是我们计算的偏差数量。当然，只有输入数据集中给定了评分才能进行这两个参数的计算。RMSE 值越低，表示准确率越高。

通过比对预测的 top-k 推荐列表中的物品顺序与原始输入数据集中相同物品的顺序（根据已知评分排序），可以估计 top-k 推荐列表的准确率。比对预测推荐列表与原始推荐列表有多种方法，包括计算二者之间的相关性，或者计算所有用户 top-k 排名的相关性的均值，得到一个全局相关系数。例如，如果元素的顺序在预测和原始数据集中完全相同（根据已知评分排序），则相关系数等于 1。在实践中，通常会使用更复杂的方法，但原理相同。一些方法可能会结合评分和排名，根据评分的高低对结果进行加权（基于效用的方法），因为高评分元素的顺序比低评分元素的顺序更重要。

另一种评估特定用户 top-k 推荐列表准确率的方法，是计算精确度、召回率、FPR 矩阵和 ROC 曲线下面积（更多信息见第 3 章）。

精确度是 top-k 推荐列表中正确识别的物品数量除以推荐的数量（k）。精确度的取值范围在 0 到 1 之间，值越高表示越精确。

召回率是 top-k 推荐列表中正确识别的项目数量除以用户给出的总推荐数量。值越高越好。

FPR（假正类率，又称误报率）是 top-k 推荐列表中错误识别的项目数量除以用户无互动的物品总数（输入数据中未给出评分）。FPR 也可以描述为未评分物品（输入数据集中）被推荐的比例（即根据输入数据集被认定为错误推荐的不相关项目）。推荐的准确率是基于已知的原始评分来计算的。FPR 数值越低越好。

ROC 曲线是以假正类率(k, 横轴)和召回率(k, 纵轴)为变量，k值变化的曲线图（见图 8-12）。ROC 曲线下面积通称 AUC，可以用来评估推荐模型的准确率，也经常被用作目标函数，因为 AUC 值越大表示准确率越好（最大化优化）。AUC 的取值范围在 0 到 1 之间，其中 1 表示准确率最高。ROC 曲线可以以用户为单位创建，也可以为用户整体创建（计算所有用户指标后进行组合）。

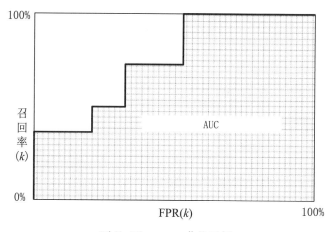

图 8-12 ROC 曲线示例

8.4.1.4 上下文敏感推荐

有时环境对推荐也有很大影响。环境可以指特定的时间范围（年份、季节、一天中的时间），或者是地理位置（国家、城市、GPS 位置）等。我们将这些环境称为推荐的上下文。例如，对于一个服装商家来说，根据季节做出推荐是关键，因为有些服装适合冬季，有些适合夏季。

处理必要的上下文信息有两种主要方法。

（1）根据上下文对输入数据（收集的反馈，如评分）进行预过滤（pre-filter）。例如，上面提到的服装商家，可以只选择适合特定季节的服装。

（2）在数据集规模较小的情况下，可以先综合所有评分进行与上下文无关的推荐，然后再根据指定的上下文进行最终筛选。有些类型的物品在不同上下文中有单独的评分（如冬季和夏季的服装，上下文不同，物品也不同），但在许多情况下，不同上下文中的物品可能是相同的（如某些与位置相关的推荐）。如果某些物品在每个上下文中都是相同的，那么我们必须将它们的评分合并为一个评分。

显式反馈和隐式反馈在合并评分的操作上有所不同。合并显式反馈（评分）的最佳方式，是求同一物品在所有上下文中的评分的平均数，而隐式反馈（如事件计数）应当通过对同一物品在所有上下文中的隐性反馈值求和来进行合并。

8.4.1.5 合并物品属性和用户属性

协同过滤模型通常不使用物品和用户属性（描述），而是使用用户的显式反馈或隐式反馈。然而基于内容的模型（参见第 8.4.2 节）会结合物品描述（物品属性）与用户反馈来为用户做出推荐，但模型使用的反馈只来自一个用户。

如果能够将物品和 / 或用户的属性（例如，物品描述中的关键词）结合到使用所有用户反馈的协同过滤模型中，不但可以提供更多的信息以提高模型准确率，还可以减少冷启动问题（没有足够的评分数据）的出现。

物品属性可以是物品的颜色，或者一本书、一段音乐、一套服装的风格等。用户属性可以是用户的性别、年龄范围、职业等。

通过将所选属性添加到反馈矩阵就可以轻松地实现这一点。物品属性可以作为新行、用户属性可以作为新列添加到反馈矩阵（见图 8-13）。如果向反馈矩阵中添加了用户属性，必须确保这些用户属性不作为物品被推荐！例如，通过增加请求推荐的物品数量，并将出现在推荐物品列表中的用户属性移除。

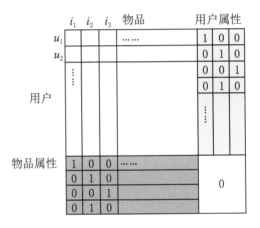

图 8-13 向反馈矩阵中添加物品属性和用户属性

属性也可以以二进制数据的形式添加，如 1 代表属性属于物品，0 代表属性不属于物品。

8.4.1.6 AI-TOOLKIT 协同过滤模型

AI-TOOLKIT 支持多种模型，它们都针对显式或隐式反馈进行了优化。

显式反馈模型是运用了两种优化算法的交替最小二乘法（ALS）模型（见第 8.4.1.2 节），这两种算法分别是：

· 批量奇异值分解（singular value decomposition，SVD）学习；

· 使用随机梯度下降优化器的正则化奇异值分解。

这些算法能预测用户对未知用户 – 物品组合的评分，根据评分提供一份推荐列表，列表不包含用户已经评价过的物品。

隐式反馈模型包括：

· 加权交替最小二乘法（WALS）；

·利用随机梯度下降优化器的贝叶斯个性化排序。

这些算法预测用户对物品的偏好，预测值越高表示用户对该物品的偏好越明显。同时还提供一份推荐列表，列表不包含用户已经评价过的物品。

贝叶斯个性化排序模型专门处理隐式反馈数据，但也可以处理显式反馈数据，因为评分代表用户与物品的互动。在处理评分值时要十分谨慎，因为评分低可能代表用户对物品的负面偏好（不喜欢），但隐式反馈模型可能将其视为用户的正面偏好（喜欢）。为避免这种问题，可以设置一个"截止"参数，让模型对低于一定数值的评分不予考虑。

关于上述算法的更多信息参见第 8.4.1.2 节和拓展阅读 8.1。

8.4.2　基于内容的模型

基于内容的模型利用物品描述（内容），结合显式或者隐式反馈来生成推荐。其基本原则是找出那些受用户欢迎的物品(高评分)，并找到与之相似的物品(基于物品描述)。这个模型仅使用一个用户的数据来进行推荐，不考虑其他用户的反馈信息。

下面总结了基于内容的模型的工作步骤：

· 选定物品描述的关键词。这一步通常被称为特征选择或特征提取。一些物品可能具有相同的关键词（重叠）。例如，如果我们推荐的是文章，一些文章可能包含相同关键词，因此可能有相似之处。

· 通过将关键词转换为数值来创建一个训练数据集（例如，利用关键词出现的频率，后文会进行更详细的介绍）。将物品关键词的数值单独放入每个列来代表每一个物品（这些列就是数据集中的特征），哪个关键词属于哪个列一目了然。这种操作被称为物品描述的向量表示，常用在信息检索任务中。再在向量表示中添加一个额外的列，内容是用户对特定物品的反馈值（如评分）。

· 运用监督分类或回归模型来学习用户行为（模型训练）。评分（或隐式反馈）列被视为决策变量（标签或类别）。

· 模型训练完成即可预测用户对关键词相似的任一物品的评分（决定）。

基于内容的模型的基本原理是，对于同一用户，具有相似关键词组合（属性）的物品之间高度相关，表现为用户的评分相似。

经过训练的基于内容的模型通常被称为"用户画像"（user profile），因为它代表用户对物品不同属性（关键词）的评分行为。

我们可以利用 AI-TOOLKIT 内嵌的监督机器学习模型来训练基于内容的模型。因为本书其他章节详细介绍过这些模型，在此不再赘述。

基于内容的模型与协同过滤模型相比有几项缺点。

· 如果某个新物品的描述中存在未知的关键词，由于模型尚未学习用户行为，即用户对类似关键词的评分，这个物品不会被模型推荐。

· 基于内容的模型一次只能处理一个用户的数据，因此首先要学习该用户的行为模式。面对新用户，这类模型无法立即提供推荐结果，这就是所谓的"冷启动问题"。

为了解决以上问题，基于内容的模型通常与协同过滤模型结合使用，成为混合推荐模型，旨在充分利用多个不同模型的优势。

8.4.2.1　特征提取和数值表示

基于内容的模型中至关重要的步骤是特征提取和特征（关键词）的数值表示，因为如果无法选择正确的特征，或者没有适当地将特征转化为数值，模型将无法提供令人满意的推荐，或者模型的训练会以失败告终。

特征提取要根据具体应用的需求、利用特定领域的知识来完成。物品关键词和物品属性的重要程度也取决于具体的应用。例如，"红色衬衫"这个关键词的重要程度，对于服装行业要远大于其他行业。自然语言处理系统也可以帮助模型来自动学习物品描述中单词的相对重要性。

如何确定关键词的数值表示，同样取决于具体应用。与物品属性相关的关键词可以用二进制编码表示，1 表示具有该属性，0 表示没有该属性。例如，如果属性是特定颜色，如果物品是这个颜色表示为 1，不是则表示为 0。如果物品描述（如文档）更长，就要用到 TF-IDF 方法。

8.4.2.2　用 TF-IDF 表示关键词

TF 是词频（term frequency），指物品描述中某一关键词出现的次数除以物品描述的词汇总数。IDF 是逆文档频率（inverse document frequency），指物品描述的总数除以包含关键词的物品描述数量。上述定义中的"文档"一词可以用来代替"描述"一词。

通过将 TF 和 IDF 值相乘，可以计算出关键词的数值表示。乘以 IDF 的目的是对频繁出现于所有描述中的单词进行降权。例如，假设有 10 个文档，单词"long"出现在所有描述中，那么它的 IDF 值就是 $10/10 = 1$，而如果另一个单词，如"shirt"，只出现在一个文档中，那么它的 IDF 值就是 $10/1 = 10$。这意味着"shirt"的数值表示会比"long"高得多。IDF 根据关键词的重要性对其数值表示进行归一化。

有些关键词的出现次数非常多，为了降低其影响，通常会使用具有阻尼效果的函数对 TF 和 IDF 值进行处理，如平方根或对数函数。阻尼效果意味着高值被降低，例如，两个关键词的出现次数分别为 10 和 100，对它们分别取对数，两个计数之间的差异就会变小，因为 $\lg 10 = 1$，$\lg 100 = 2$。

关键词 w_i 的最终数值表示可称之为归一化文档频率（OFN），其中包括上述所有的转换和归一化。它可以表示为以下形式：

$$OFN(w_i) = \lg(TF_i)\,\lg(IDF_i)$$

在一些文献中用 $[1 + \lg(TF_i)]$ 代替 $\lg(TF_i)$。实践中可以根据应用的需求尝试各种类型的阻尼函数。

8.4.3　示例：电影推荐

本节将介绍 AI-TOOLKIT 中一个完整的电影推荐示例。这个示例使用电影推荐服务 MovieLens 提供的"ml-20m"数据集，该数据集可在 http://movielens.org 上获取。该数据集记录了 MovieLens 中用户的评分行为（显式反馈）。数据集包含了 27278 部电影（包括每部电影的标题及其所属的多个类型）的 20000263 个评分。数据集中的数据是由 138493 个用户在 1995 年 1 月 9 日至 2015 年 3 月 31 日期间生成的。文件包括标题行，数据以逗号分隔。数据集中的用户是随机选择的，其 ID 已被匿名化处理。数据集只包含有评分的电影。

所有评分都包含在文件"ratings.csv"内，其中包括用户 ID、电影 ID、评分值和时间戳。评分采用 5 星制，间隔为 0.5 星，范围从 0.5 星到 5.0 星。本示例只会用到用户 ID、电影 ID 和评分值，因此稍后会将时间戳从数据中删除；但在这里，时间戳起到了第 8.4.1.4 节里谈到的"上下文"的作用。

评分文件前十行的内容如表 8-9 所示。

表 8-9　评分示例

用户 ID	电影 ID	评分值	时间戳
1	2	3.5	1112486027
1	29	3.5	1112484676
1	32	3.5	1112484819
1	47	3.5	1112484727
1	50	3.5	1112484580
1	112	3.5	1094785740
1	151	4	1094785734
1	223	4	1112485573
1	253	4	1112484940
...	...	...	...

阅读过本节，读者就能够为自己或他人做出电影推荐了。只需将几部电影的评分添加到数据库中（使用一个新的用户 ID），就能够利用这个包含超过 27000 部电影的数据库进行推荐。当然，数据库可以进一步扩充。读者也可以使用 AI-TOOLKIT 向客户提供专业的推荐服务。

8.4.3.1　第一步：新建项目文件

本项目文件结构与 AI-TOOLKIT 中其他项目文件类似（见图 8-14）。为简化起见删除了项目文件中的所有注释。尚不熟悉 AI-TOOLKIT 的读者，建议首先阅读第 9.2.2 节。

```
model:
  id: 'ID-LACerqbang'
  type: CFE
  path: 'ml20m.sl3'
  params:
    - Neighborhood: 5
    - MaxIterations: 100
    - MinResidue: 1e-5
    - Rank: 0
    - Recommendations: 10
  training:
    - data_id: 'ratings'
    - dec_id: 'decision'
  test:
    - data_id: 'ratings'
    - dec_id: 'decision'
```

（接上图）

```
input:
  - data_id: 'input_data'
  - dec_id: 'decision'
output:
  - data_id: 'output_data'
  - col_id: 'userid'
  - col_id: 'itemid'
  - col_id: 'rating'
  - col_id: 'recom1'
  - col_id: 'recom2'
  - col_id: 'recom3'
  - col_id: 'recom4'
  - col_id: 'recom5'
  - col_id: 'recom6'
  - col_id: 'recom7'
  - col_id: 'recom8'
  - col_id: 'recom9'
  - col_id: 'recom10'
```

图 8-14 AI-TOOLKIT 电影推荐项目

AI-TOOLKIT 可以自动创建项目文件。复制此项目文件的步骤如下：

（1）新建一个新项目。

（2）使用 AI-TOOLKIT 选项卡上的"Insert ML Template"命令。

（3）在弹出的对话框中进入"Applications"（应用），选择"Recommendation with Explicit Feedback（Collaborative Filtering（CFE））"［根据显式反馈（协同过滤）推荐］模板，选择"Insert"（插入）命令。

（4）这里需要更改几个参数，如保存路径和数据库表格名。详见下面几节。

（5）保存项目文件。

8.4.3.2 第二步：创建 AI-TOOLKIT 数据库并导入数据

作为预处理步骤，用"ratings.csv"（包含 MovieLens 的"ml-20m"数据集）中创建一个新的 CSV 文件，删除时间戳列。这一步需要用到可以处理大量数据记录的软件。否则就需要将所有数据导入数据库，并使用数据库的编辑工具删除时间戳列。

进入"Database"选项卡，选择"Create New AI-TOOLKIT Database"命令。指定数据库文件的路径和名称。在这个示例中，数据库名称使用"ml20m.sl3"。接下来，使用"Import Data Into Database"命令，并按照以下步骤导入训练数据：

· 在弹出的"Import Data"（导入数据）对话框中选择定界数据（delimited data file）文件，点击"SEL"按钮导入。

· 在"Delimiters"字段中的"\t"标记后添加一个逗号，成为"\t,"。因为"ratings.csv"文件是以逗号分隔的。也可以删除制表符分隔符（"\t"），但这一步不是必要的。

· 在"Header Rows"（标题行）指定标题行数量为 1。

· 为决策（评分）列指定零基索引。"ratings.csv"文件中的评分数据在第三列，因此它的零基索引数为 2。

· 使用"SEL"按钮选择新创建的数据库"ml20m.sl3"。

· 把"New Table Name"字段更改为"ratings"。

· 用"Import"命令导入数据。

"Import Data Into Database"模组在第 9 章中也会有所介绍。

作为后处理步骤，我们需要从数据库中删除时间戳列，同时检查一切是否正确。接下来，选择"Database"选项卡中的"Open Database Editor"命令，打开内置的数据库编辑器。有关数据库编辑器的更多信息，请参考第 9 章的内容。

在数据库编辑器中使用"Open Database"（打开数据库）命令，找到并打开之前创建的"ml20m.sl3"数据库。点击"Database Structure"（数据库结构）选项卡上的"ratings"（评分）表展开所有字段，出现四个列：decision、col1、col2 和 col3。点击"Modify Table"（更改表格）命令（只有在选择表名后才可见），选择名为"col3"的字段（包含时间戳数据的列），然后使用"Remove Field"（删除字段）命令将其移除。最后点击"OK"。

在"Browse Data"选项卡中选择"ratings"表（下拉控件上的小箭头），然后查看数据。由于有超过 2000 万条记录，显示数据可能需要几秒钟的时间！编辑器非常迅速。

也可以查看另一个自动创建的表，该表将用于存储训练好的机器学习模型。一定不要修改该表！

重要提示： AI-TOOLKIT 将自动创建"input_data"（输入数据）和"output_data"（输出数据）表，不需要手动创建。训练推荐模型时，确保在被询问是否自动创建这些表时选择"yes"。

8.4.3.3　第三步：完成项目文件

首先，将项目文件中的路径参数更改为"ml20m.sl3"。只要项目文件和数据库位于同一目录中，就没有必要使用绝对路径。

接下来将最大迭代次数（MaxIterations）改为 100，推荐数（Recommendations）改为 10。

在"training:"数据段中，将"data_id"更改为包含训练数据的数据库表的名称，这个例子中即为"ratings"。

在"test:"数据段中，同样将"data_id"更改为包含训练数据的数据库表的名称（"ratings"）。为了简单起见，我们使用相同的数据进行测试。

在"input"数据段中，将"data_id"更改为"input_data"。

最后，在"output"数据段将"data_id"更改为"output_data"。接下来，把第三个"col_id"从"decision"改成"rating"。最后再添加 9 个推荐列，使用以下"col_id"：recom2，recom3······参考图 8-14。所有字段的名称必须是唯一的！请注意输出列的顺序对于这个非常重要。第一个"col_id"必须是用户 ID，然后是物品 ID，然后是评分，最后是所有推荐项在单独的列中（如果请求了推荐项）！模板会指导你完成各项要求。

重要提示： 协同过滤模型对数据（训练、测试、输入和输出）有**一定要求**！要求数据在数据库表（训练、测试和输入）中按特定顺序排列：第一列必须是评分（决策），第二列必须是用户 ID，第三列必须是物品 ID（在这个例子中是电影 ID）！**导入数据时，决策（评分）列将自动成为第一列，因此要确保在导入模组中选择正确的决策列！导入数据后，第二列和第三列必须按照用户 ID 和物品 ID 的顺序排列！** 所以请确保原始 CSV 文件中，用户 ID 始终放在物品 ID 前面，且在两列之间或者之前没有其他列！

训练数据库必须含有测试和输入数据集中有效的用户 ID 和物品 ID（值）。只有原始训练数据集中存在的用户和物品才能被用于测试、预测或推荐！

输出数据表可以与输入数据表相同。但如果请求了推荐项，必须确保在输出数据表中定义了相应的推荐列。推荐列的具体内容并不重要，因为它们将被覆盖。如果选择将输入数据表作为输出，那么输出定义中的用户 ID 和物品 ID 列将不会被使用（因为输入数据表已经包含了这些信息）。尽管如此，在输出部分仍然需要对用户 ID 和物品 ID 列进行定义。

对于这个模型来说，输出列的顺序非常重要。第一个列"col_id"必须是用户 ID，然后是物品 ID，接着是评分（决策），最后是所有推荐项各自的列。唯一的例外是当输入数据表与输出数据表相同时，列的顺序为：决策列（评分）、用户 ID、项目 ID，最后是推荐列（如果请求了推荐项）。

在除了输出数据表的所有表格中，可以省略"col_id"定义（列选择），此时数据表中的所有列都会被使用。

输入数据表中的决策（评分）列的数据必须为空或为 NULL。这标志着程序要评估该记录。推荐列（如果输出需要用到推荐列，就要在输入数据表中定义）可以包含数据，但这些数据将被替换。

8.4.3.4　第四步：训练推荐模型

重要提示： AI-TOOLKIT 会自动创建"input_data"和"output_data"表，所以不需要手动创建。在训练推荐模型时，系统会询问是否要自动创建"input_data"和"output_data"表，此时要选择"yes"。当然，也可以在训练模型之前手动创建这些表，但让软件自动完成会更加方便。

点击"Train AI Model"按钮，软件将检查项目文件和数据库的不一致之处，并验证所有数据库表是否存在。训练数据表是必要的，缺少它则模型训练无法进行。如果输入和输出数据表不存在，软件将提供创建它们的选项。项目文件中必须明确定义数据库列的描述信息。

模型训练过程中的每个步骤都将记录在输出日志中。当推荐模型的训练完成后，模型将与均方根误差（RMSE）一起保存到数据库中。至此，该模型已准备好进行推荐操作了！

在数据库的"trained_models"表中，可以查看保存的模型和模型参数。

考虑到模型的主要目标不是预测实际评分值而是根据评分排序，并且需要计算的数据量十分庞大（整个训练数据集含有超过 2000 万条评分数据），示例中的模型已经具有相当好的准确率（RMSE=0.772）。在配置为 Intel Core i5-6400 、CPU 主频为 2.7 GHz 的 PC 端上，训练大约需要 5~6 分钟，非常快速。

8.4.3.5 第五步：做出推荐

首先向自动创建的"input_data"表中添加至少一条输入记录。在"Database"选项卡上打开数据库编辑器，然后打开数据库"ml20m.sl3"，找到"input_data"表。在该表中添加输入记录后，就可以开始进行推荐了。

使用"New Record"（新建记录）命令添加一条新记录，填写用户 ID 和物品 ID。保留决策值为 NULL。只有当决策列［在显式协作模型（explicit collaborative model）中对应评分列］空白或者是 NULL 时，软件才会评估输入的记录。

决策单元格随时可以被设置为 NULL，只需选择中单元格，使用"Set as NULL"（设置为 NULL）命令（右上角的按钮），点击 "Apply"（应用）（右侧中间按钮）完成设置。"flow_id"列是每个输入记录的标识符，因此不可删除（它会被自动设置为唯一值）！

也可以使用其他类型的软件或脚本自动向"input_data"表添加新记录，并让 ML Flow 模组自动／持续地进行推荐。更多信息请参阅第 9.2.5 节中关于 ML Flow 的内容。

完成上述步骤后，使用"Write Changes"（写入更改）命令保存数据库。

接下来返回 AI-TOOLKIT 选项卡，点击"Open AI-TOOLKIT Editor"命令再次打开项目文件。如果点击"Predict with AI model"（以 AI 模型预测）按钮，则软件将加载训练好的模型并对缺失值（决策值为空或为 NULL）进行推荐。结果可以在数据库中自动创建的"output_data"表中查看。

其他类型的软件或脚本也可以自动从 AI-TOOLKIT 数据库中读取结果（SQLite 数据库）。

8.4.3.6 结果分析

推荐列（recom1、recom2 等）包含针对指定用户 ID 的推荐物品 ID。评分列包含了对物品 ID 的估计评分值。当该用户对物品 ID 的评分高于 5.0，表示用户非常喜欢这个物品。注意，评分高于 5.0（尽管输入中的评分范围为 1~5）是因为模型的结果尚未被归一化到此范围内。也因此估计评分的 RMSE 等于 0.7 是非常好的结果。推荐模型的主要目标是确定用户对哪些物品有更高的喜好度，而不是确定评分是 1~5 之间的具体几分。当然，评分也可以被归一化到这个区间内。

8.4.3.7 示例：针对用户 ID 46470 的推荐

接下来全面分析一下针对用户 ID 46470 进行的推荐。首先我们看一下统计数据，看看哪一类电影被该用户评为 5 星。该用户总共给 4094 部电影评过分，其中有 213 部电影获得了 5 星评级，这些电影具有表 8-10 所示的特征（一些电影可能同时属于多个类型）。

表 8-10 用户 ID 46470 评为 5 星的电影统计数据

类型	计数
喜剧	93
剧情	70
动作	68
爱情	55
惊悚	46
科幻	41
动画	37
犯罪	36
幻想	26
儿童	22
纪录片	15
悬疑	13
音乐剧	10
西部	3

使用 AI-TOOLKIT（如上所述）针对此用户生成的推荐见表 8-11。

表 8-11 针对用户 ID 46470 的推荐

电影名称	类型	其他用户给电影的评分（用户 ID →评分）
《恋之门》（*Otakus in Love*, 2004）	喜剧、剧情、爱情	122868 → 4.5
《40 岁的胖子》（*Kevin Smith: Too Fat for 40*, 2010）	喜剧	74142 → 5.0
《塞拉》（*Sierra, La* , 2005）	纪录片	95614 → 5.0
《幸福何价》（*Summer Wishes, Winter Dream*, 1973）	剧情	30317 → 5.0
《魔鬼和深蓝大海之间》（*Between the Devil and the Deep Blue Sea*, 1995）	剧情	114009 → 5.0
《捣碎南瓜：视悦症》（*Smashing Pumpkins: Vieuphoria*, 1994）	纪录片、音乐剧	31122 → 5.0
《与凯文·史密斯的三夜》（*Kevin Smith: Sold Out—A Threevening with Kevin Smith*, 2008）	喜剧、喜剧	74142 → 5.0
《夜正酣》（*Abendland* , 2011）	纪录片	3127 → 5.0
《那些见证了疯狂的故事》（*Tales That Witness Madness* , 1973）	喜剧、恐怖、悬疑、科幻	46396 → 5.0
《倒带》（*Rewind This* , 2013）	纪录片	74142 → 5.0

　　几乎所有的推荐都属于用户最喜欢的五种类型，而且这些电影都得到了其他用户的高度评价。这似乎是一组非常成功的推荐，而且它仅基于用户的评分数据，还没有使用任何电影类型、描述或用户属性，但似乎已经找到了适合的电影做出正确的推荐。协同过滤的强大之处以及良好数据的价值由此可见一斑！

8.5　案例分析 4：异常检测和根本原因分析

　　几乎在所有行业和领域，检测异常并寻找造成异常的根本原因都是机器学习的重要应用场景。"异常"在不同领域可能有不同含义，例如，在金融领域指信用卡欺诈或者可疑交易，在医疗保健领域指特定疾病或疾病流行爆发，在计算机网络领域指入侵迹象，在制造业中指生产系统或产品的故障，在业务流程中指错误等。

　　机器学习可发现数据中的模式，因此特别适用于发现异常模式，这些异常模式是异常的标志。

　　在机器学习模型中，异常检测可以与根本原因分析（RCA）结合使用；机器学习异常检测也可以辅助传统的根本原因分析技术来找出造成异常的根本原因。通过机器学习实现根本原因分析的自动化有以下几个优点：

　　· 在进行复杂的根本原因分析时，通常需要多个领域的专家共同参与，但这常常很难实现，因为部署困难或者费用昂贵。在这种情况下，机器学习自动化的根本原因分析也可以被视为一种知识管理工具。

　　· 利用机器学习将根本原因分析过程自动化可以节省许多时间，因为传统的根本原因分析通常需要数天时间。

　　适用于异常检测和 / 或根本原因分析的机器学习模型（方法）主要有三种：

　　· 基于监督学习的方法；

　　· 基于无监督学习的方法；

　　· 基于半监督学习的方法。

8.5.1　基于监督学习的异常检测和根本原因分析

　　前面相关章节介绍过，监督学习模型需要有标签（分类）的数据。用于异常检测时，数据必须包含标有 "正常"和"异常"标签的记录。通过定义多个指向特定根本原因的异常标签，异常检测还可以与根本原因分析结合。例如，在针对生产过程产出残次品的根本原因分析中，可以将根本原因分为"材料错误""操作失误""机器故障"等几类，而不只是简单标记"错误产品"。

　　在异常检测数据集中，通常正常数据记录比异常数据记录数量大得多（称为数据不平衡），可以通过以下两个方式来处理数据不平衡：

　　· 使用对数据不平衡不敏感的性能指标。更多信息参见第 3 章。

　　· 通过下列两种方法对异常数据进行过采样操作。

　　（1）随机选择并重复使用异常数据记录。

　　（2）按照机器学习模型的分类边界生成额外的人造异常数据记录。

基于监督学习的异常检测和根本原因分析是项强大的技术，但收集数据和标记数据工作量巨大，而且需要领域内的专家来完成。另一种选择是使用半监督学习方法（见下文），旨在减轻标记数据工作量。

关于监督学习的更多信息和在 AI-TOOLKIT 中可用的监督学习模型参见第 1 章、第 2 章和第 9 章。

图 8-15 是异常检测和根本原因分析的二维示例。这个二维示例展示了异常检测和根本原因分析的基本工作原理，但通常情况下机器学习模型会在更高维度运行。

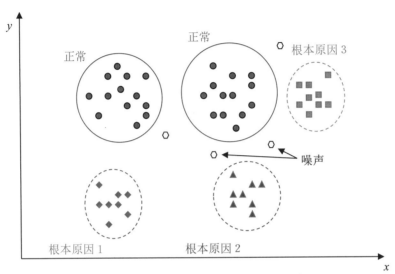

图 8-15 异常检测和根本原因分析（二维）

8.5.2　基于半监督学习的异常检测

如果有标签的数据数量有限，不足以训练一个监督学习模型，这时我们还有其他选择。

· 当存在许多被标记为正常的数据记录却没有数据被标记为异常时，可以利用正常数据训练一个监督回归模型，用于检测异常情况（异常数据记录的预测回归值与正常数据记录不同）。这里不能使用分类模型，因为只有一个分类无法解决数据不平衡问题，除非使用专门的一类分类模型（one-class classification model），这种模型与回归模型相似。也可以使用无监督学习模型，将在下一部分介绍。

· 如果同时存在被标记为正常和异常的数据，就可以先尝试利用无监督学习模型来对还没有标签的数据进行分类（分配标签）（假设所有正常项都彼此相似，异常项同样彼此相似，其相似性由无监督学习模型来定义），然后再将整个带有标签的数据集应用于监督学习模型。

8.5.3　基于无监督学习的异常检测

在完全无法获得带有标签的数据的情况下，可以使用无监督学习模型来对数据记录进行聚类（分组）。假设数据中的正常数据记录多于异常数据记录，且数据分离度良好，我们就可以识别含有异常数据的簇。

每个含有异常数据的簇都可能具有对应的根本原因。直接推导出根本原因或许有些困难，但模型的运行结果可以帮助我们更容易地识别它们。

不同类型的无监督学习模型可能使用不同的相似性度量指标作为数据分组依据。建议尝试多个无监督学习模型，选择最适合特定问题和数据的模型。

> **提示：多数情况下，利用PCA进行降维有助于识别异常数据记录。在更低的维度上，通过移除特征之间的相关性（PCA的目标），正常和异常的簇之间的差异可能会变得更明显。**

关于无监督学习和AI-TOOLKIT中可用的无监督学习模型的更多信息，参见第1章、第2章和第9章。

8.5.4　异常检测的特殊注意事项

异常也可能与上下文和序列相关。上下文在这里的含义与在第8.4.1.4节中的定义相同（如时间、地点等），上下文相关的异常也可以用类似的方法处理（如通过预先过滤数据）。

序列相关性（sequence dependency）［又被称为集体异常（collective anomaly）］指并非单条数据记录而是整个数据序列的异常。之前介绍过的模型都无法应对这类数据，处理这类数据要用到其他的模型，或者通过预处理步骤将异常的数据序列转化为单条的异常数据记录。例如，当检测到一系列行为（存在对应的数据记录）a1、a2和a3出现异常时，可以利用数据长度为3的窗口，通过在数据集上移动窗口，将一串数据记录转化为一个数据记录。有些特征可能被平均或者被相加（在窗口内），得到的行为数据可以命名为a123。同样的技术也可用于时间序列数据，例如，指定时间段内出现特定值意味着可能存在异常（如心率异常），但若该特定值只出现一次则不被视为异常。

数据中的噪声可能对异常检测造成麻烦，如在数据记录不足以涵盖所有类型异常的情况下。噪声属于正常数据记录，但在一些参数上有较高差异，因此可能被识别为异常数据。一些对噪声不敏感的机器学习模型更适合噪声较多的数据（如无监督学习）。另一种方案是对数据进行预处理，在数据被应用于异常检测之前，移除数据中的噪声。

8.5.5　数据收集和特征选择

异常检测和根本原因分析最关键的阶段是数据收集和特征选择。选择能够正确区分正常和异常现象的特征至关重要。多数情况下（特别是在结合了根本原因分析时），某一领域的数据收集和特征提取流程的设计，以及为提供给监督学习模型的数据分配标签的工作，必须由该领域的专家来完成。

通常我们会采用传统的结构化和系统性方法，来调查异常和造成异常的根本原因（在恰当时），以及确定作为机器学习模型输入数据的最佳特征集。

提示： 通常可以模拟真实场景或环境，引入各种潜在的异常，之后记录系统的属性（反应）。用这种方式研究异常的特征，比检测真实系统更简单、更迅速。你可以尝试建立一个自己的现实情境的模型，并在其中模拟潜在的异常。

图 8-16 展示了结构化的特征选择过程，包含以下步骤：

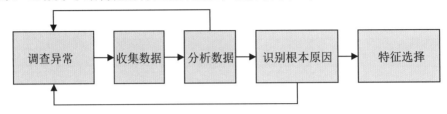

图 8-16 结构化的特征选择过程

第一步，调查异常。通常会为此专门组织包括领域专家在内的项目组。

第二步，基于第一步的调查，收集所有可用数据（问题、事件、故障等）。看似无关的数据可以被排除，但要记录该数据的存在，以备之后在需要时添加回数据集。

第三步，分析数据。整理信息和数据，识别相关特征，这些特征含有关于异常情况的有用信息（通常称为因果性因素）。传统的分析技术如因果树（cause and effect trees）、时间线（timelines）和因果性因素表等，都可以用来识别包含有用信息的特征和其根本原因。这些技术的细节不在本书的说明范围内。

注意，并非所有数据都含有对识别异常有用的信息，而且过多的数据容易造成机器学习模型的混淆（恶化）。分类值需要被转换成数值（见第 4.3.2.2 节）；如果特征数量过多则有必要进行降维处理（见第 2 章）。如果数据不足，需要返回上面的调查异常和收集数据等步骤，继续收集更多的数据。

第四步，如果决定将根本原因分析结合到最终解决方案中，可以使用传统的根本原因识别技术，来确定异常情况的最终根本原因（根据之前的分析步骤）。

第五步，特征选择。选择出与最多的根本原因或者因果性因素相关的特征。可以搁置看似不相关的特征，但要保证有需要时它们可以被添加回来。

如果机器学习模型尚不能达到令人满意的性能，可能需要重复上述结构化过程。过程中需要添加或者移除更多的数据。

8.5.6 确定未知的根本原因

许多人在初次接触 AI 辅助的根本原因分析时最先想到的问题是：它能否识别未知的根本原因？如果我们不知道某个问题的根本原因，就无法教给机器模型。所以答案是，多数情况不能，因为能够推断出问题的未知根本原因的通用 AI 技术尚未出现。但我们可以利用机器学习发现异常，并通过分析无监督学习模型对数据点的分组和数据集中特征之间的相关性，推断出近似的根本原因。通常一个或多个特征和分离的异常数据记录之间存在相关性，异常的数据记录可能指向未知的根本原因。多数情况下，我们仍然需要使用传统的根本原因分析技术，但如果已经知道可能的根本原因，就可以利用前述技术将这个过程自动化。

这很复杂，但我们也可以通过建立一系列的机器学习模型来模拟人类的推理过程，用以寻找未知的根本原因。这是一个热门的研究领域，部分目的是填补通用 AI 和现有技术之间的空缺。AI-TOOLKIT 支持这类具有 ML Flow 功能的系列机器学习模型，允许多个机器学习模型的连接。当然你也可以利用本书提供的知识，发明一个更佳的方法来寻找问题未知根本原因。

提示：第 8.7 节利用机器学习进行预测性维护的案例，提供了另一个根本原因分析的例子。监督学习模型可以识别机器故障的根本原因并对预测性维护的合适时机提出建议。

8.5.7　案例：军事环境中的入侵检测（美国空军局域网）

在这个案例中，我们将训练一个监督学习模型，用于识别对 ICT 网络的攻击（异常），以及指出攻击的根本原因（来源）。

美国国防高级研究计划局（Defense Advanced Research Projects Agency，DARPA）的入侵检测评估计划（intrusion detection evaluation program）提供了七周网络流量、数十亿字节的 tcp-dump 数据，这些数据被加工成 500 万条连接记录（Stolfo, S. J., Fan, W., Lee, W., et al, 2000）。数据包含正常网络流量和四类主要攻击：

· 拒绝服务攻击（DOS），如 "smurf"。

· 来自远程机器的未授权访问（remote-to-local，R2L，远程到本地的攻击），如猜测密码。

· 未授权访问高级用户（根）权限（user-to-root，U2R，用户到根权限的攻击），如缓冲区溢出攻击（buffer overflow attack）。

· 监视与试探（PROBE），如端口扫描（port-scan）。

攻击的根本原因列表见表 8-12。

不太了解 ICT 的读者可能对这些根本原因有些陌生。这里遵循的原则是尽可能准确地识别出攻击的来源，表 8-12 分类列举了已知的攻击来源。

表 8-12　攻击的根本原因列表

攻击种类	攻击的根本原因	数据记录的数量
正常（无攻击）	–	812814
DOS	back	967
	land	18
	neptune	242148
	smurf	3006
	tear drop	917
	pod	205

（续表）

攻击种类	攻击的根本原因	数据记录的数量
R2L	ftp write	7
	imap	11
	multi hop	7
	phf	7
	spy	7
	warez client	893
	guess password	52
	warez master	19
U2R	load module	8
	perl	7
	root kit	9
	buffer overflow	29
PROBE	nmap	1553
	port sweep	3563
	satan	5018
	ip sweep	3723

解决这个问题最大的困难在于从 tcp-dump 原始数据中（每个时间步都记录了大量连接和通信信息）提取正确的特征，即上一部分介绍过的信息收集和特征提取步骤。

为了提取到正确的特征，必须比较（分析）包含正常连接和攻击连接的原始数据，找到在攻击连接中频繁发生，但未出现在正常连接中的事件的模式。这些事件的模式决定了哪些必要特征必须从原始数据中提取，哪些特征需要用相关领域专家建议的内容特征（指向可疑行为的逻辑属性）进行补充。这种结构化的思维和分析问题的方式同样适用于其他各类问题。

通过对正常连接和攻击连接的原始数据进行检查和比较可以发现，基于时间的流量特征可以从间隔两秒的连接记录中提取。在两秒的时间窗口内提取相同主机或者服务器之间连接的统计学属性（协议行为、服务等）。另外发现，试探性攻击（第四类攻击）速度较慢，需要的时间大于 2 秒。因此，针对试探性攻击，可以通过 100 秒的连接窗口以同样方法单独提取一组特征。研究还发现其他类型的攻击（例如R2L）只涉及单一连接。

运用专业知识，可以补充更多可疑行为的特征，例如，尝试登录失败的次数、新建文件的数量等，这些特征被称为内容特征。

表 8-13、表 8-14 和表 8-15 总结了选中的最终特征，以及监督学习模型的输入数据文件内容（会在后面的部分进行说明）。

表 8-13 独立 TCP 连接的基本特征（Stolfo, S. J., Fan, W., Lee, W., et al, 2000）

特征名	描述	类型
Duration length	连接的秒数。	数字
Protocol type	协议类型，如 tcp、udp 等。	分类

（续表）

特征名	描述	类型
Service	目的端网络服务，如 http、telnet 等。	分类
Source bytes	从源到目的数据字节数。	数字
Destination bytes	从目的到源数据字节数。	数字
Flag	连接的正常或错误状态。	分类
Land	连接来自 / 到相同主机 / 端口为 1，否则为 0。	数字
Wrong fragment	"错误""碎片"数量。	数字
Urgent	紧急报文数。	数字

表 8-14　连接的内容特征（领域知识）（Stolfo, S. J., Fan, W., Lee, W., et al, 2000）

特征名	描述	类型
Hot	"hot"指示数量。	数字
Number of failed logins	登录失败次数。	数字
Logged in	登陆成功为 1，否则为 0。	分类
Number of compromised	"compromised"状况数量。	数字
Root shell	获得 root shell 为 1，否则为 0。	分类
Su attempted	尝试"su root"命令为 1，否则为 0。这是个 UNIX 命令，可切换根用户（或为超级用户）、访问根权限。	分类
Number of root	"root"访问次数。	数字
Number of file creations	创建文件操作次数。	数字
Number of shells	Shell 提示数。	数字
Number of access files	访问控制文件数。	数字
Number of out- bound commands	FTP 会话中发出命令数。	数字
Is hot login	登录属于"hot"列表为 1，否则为 0。	分类
Is guest login	"guest"登录为 1，否则为 0。	分类

表 8-15　2 秒时间窗口内计算流量特征

特征名	描述	类型
Count	过去 2 秒内连接的主机与当前连接相同的连接数。	数字
下列特征均为相同主机连接（见上文描述）：		
syn error rate	出现"SYN"错误的连接百分比。"SYN"是客户端发送给服务器的第一个数据包，用来请求与服务器进行连接。	数字
rej error rate	出现"REJ"错误的连接百分比。连接尝试被拒绝。	数字
Same service rate	连接到同一服务的百分比。	数字
Different service rate	连接到不同服务的百分比。	数字

（续表）

特征名	描述	类型
Service count	过去两秒内连接的服务与当前连接相同的连接数。	数字
下列特征均为相同服务连接（见上文描述）：		
Service syn error rate	出现"SYN"错误的连接百分比。	数字
Service rej error rate	出现"REJ"错误的连接百分比。连接尝试被拒绝。	数字
Service different host rate	连接到不同主机的百分比。	数字

来自输入数据文件的三条记录见图 8-17。第一条是正常传输记录。第二条和第三条分别是"neptune"和"smurf"攻击（DOS 攻击）记录。所有记录都被标注了各自的根本原因［如果是异常（攻击）记录］，或者标注为"正常"（最后一列）。机器学习模型将学习数据中的模式并识别哪些传输是正常的、哪些是攻击记录，以及出现这些攻击的原因（根本原因）是什么。这就是监督机器学习辅助的根本原因分析的原理。

```
记录 1
0,tcp,http,SF,236,1721,0,0,0,0,0,1,0,0,0,0,0,0,0,0,0,0,0,0,13,13,0.00,0.00,0.00,0.0
0,1.00,0.00,0.00,255,255,1.00,0.00,0.00,0.00,0.00,0.00,0.00,0.00,normal.

记录 2
0,tcp,private,REJ,0,0,0,0,0,0,0,0,0,0,0,0,0,0,0,0,0,0,265,11,0.00,0.00,1.00,1.0
0,0.04,0.06,0.00,255,11,0.04,0.07,0.00,0.00,0.00,0.00,1.00,1.00,neptune.

记录 3
0,icmp,ecr_i,SF,1032,0,0,0,0,0,0,0,0,0,0,0,0,0,0,0,0,0,0,511,511,0.00,0.00,0.00,0.00
.00,1.00,0.00,0.00,255,255,1.00,0.00,1.00,0.00,0.00,0.00,0.00,0.00,smurf.
```

图 8-17 LAN 入侵数据记录示例

在数据收集和特征提取阶段完成后得到最终输入数据，之后就可以选择一个监督学习模型并开始训练了。

请注意，文字分类值需要被转化为数字，AI-TOOLKIT 可以自动进行这一操作（后文会做说明）。

8.5.7.1 训练机器学习模型检测 LAN 入侵及其根本原因

第一步：选择一个机器学习模型

AI-TOOLKIT 提供多种监督机器学习模型，使用模板创建新的模型十分简便。如何选择模型取决于多种因素，如输入数据的结构、输入数据的数量、数据是否含有噪声等。做出最好的选择需要一定的创建机器学习模型的经验，即便如此仍然需要不断试错。通常最好的选择是从 SVM 和神经网络模型开始尝试。

在这里我们以 SVM 模型为例。与设计神经网络相比，设计一个 SVM 模型相对简单，因为 AI-TOOLKIT 自带 SVM 参数优化模组。设计或者优化神经网络的架构不可能自动完成。这个领域的研究还在进行，但尚未找到一个可靠的解决方案。这些算法基本上只是通过巧妙地尝试不同架构来找到性能最佳的一个。

第二步：创建项目文件

AI-TOOLKIT 可以将创建项目文件（见图 8-18）的过程几乎完全自动化。创建项目文件的步骤如下（删除了绿色的注解部分）：

```
model:
  id: 'ID-TXLdUgyRzJ'
  type: SVM
  path: 'idlan.sl3'
  params:
    - svm_type: C_SVC
    - kernel_type: RBF
    - gamma: 0.05
    - C: 80.0
    - cache_size: 1000
    - max_iterations: 100
  training:
    - data_id: 'idlan'
    - dec_id: 'decision'
  test:
    - data_id: 'idlan'
    - dec_id: 'decision'
  input:
    - data_id: 'input_data'
    - dec_id: 'decision'
  output:
    - data_id: 'output_data'
    - col_1d: 'decision'
```

图 8-18　"idlan" 项目文件

（1）开始新项目。

（2）使用 AI-TOOLKIT 选项卡上的 "Insert ML Template" 命令。

（3）进入对话框中的 "Supervised Learning"（监督学习），选择 "Support Vector Machine (SVM) Classification/Regression"［支持向量机（SVM）分类/回归］模板，然后选择 "Insert" 命令。

（4）这里需要更改一些参数，如路径和数据库表名称，后文会有解释。

（5）保存项目文件。

关于 AI-TOOLKIT 项目文件的更多信息参见第 9 章。

第三步：创建 AI-TOOLKIT 数据库并导入数据

首先需要将输入数据文件中的大约 500 万条数据导入这个项目的 AI-TOOLKIT 数据库。为了更好地构建各个项目的工作，每个项目使用独立的数据库。

进入 "Database" 选项卡，使用 "Create New AI-TOOLKIT Database" 命令。选择数据库文件的路径和名称。接下来使用 "Import Data Into Database" 命令，按照下列步骤导入训练数据：

（1）在出现的 "Import Data" 对话框中选择定界数据文件（delimited data file），点击 "SEL" 按钮导入（如 "idlan.csv"）。

（2）在 "Delimiters" 字段 "\t" 的后面添加一个逗号成为 "\t,"。"idlan.csv" 文

件用逗号分隔。也可以删除分隔符"\t"，但并非必须。

(3) 注明决策（评分）列的零基索引数。在"idlan.csv"文件中，评分列是第 42 列，因此它的零基索引数为 41。

(4) 点击"SEL"按钮选择新建的数据库"idlan.sl3"。

(5) 更改新建表格名称为"idlan"。

(6) 选择"Automatically Convert Categorical or Text Values"（自动转换分类值或文字值）选项。因为输入数据文件中存在分类值数据（如协议类型、根本原因等），所以这是必要步骤。所有的分类值都将自动转换成数字。更多信息参见第 4.3.2.2 节。

(7) 使用"Import"命令导入数据。

(8) 在出现的对话框中设置需要转换的分类值。保留默认设置（整数编码），点击"OK"。

> **注：** "Import Data Into Database"模组在第 9 章中也有解释。

至此，机器学习模型的数据就准备好了。

接下来查看数据是否导入成功。在"Database"选项卡上使用"Open Database Editor"命令打开软件内置的数据库编辑器。

更多关于数据库编辑器的内容请参阅第 9 章。使用编辑器中的"Open Database"命令找到"idlan.sl3"数据库并打开。点击"Database Structure"选项卡上的"idlan"表格展开所有字段，可以看到许多列：decision、col1、col2、col3……也可以通过"Browse Data"选项卡查看数据。

第四步：完成项目文件

这类模型有五个关键参数：

- kernel_type: RBF（核函数类型：径向基函数）
- gamma: 0.05（样本点对于决策边界的影响程度）
- C: 80.0（正则化参数／惩罚参数）
- cache_size: 1000（缓存的大小）
- max_iterations: 100（最大迭代次数）

通常"kernel_type"的最佳选择是径向基函数（RBF）。

这个核函数必须设定 gamma 参数和 C 参数。设定这两个参数的值并不简单，但软件内置的 SVM 参数优化模组可以对选择最佳值有所帮助。一般需要利用数据的一个子集来进行优化，否则优化过程会相当漫长，但同时软件也会将优化的数据量限制在 1×10^6 条记录之内。通过优化模组，确定 gamma 参数和 C 参数的值分别为 0.05 和 80.0。

因为数据量庞大，cache_size 参数被设定为 1 GB (1000 MB)。训练模型至少需要 8 GB 内存，推荐使用 16 GB 内存。

max_iterations 参数设置为 100。可以将该值设置为 −1，不限制迭代次数，或者高于 100，但这样一来训练时间会更长。

第五步：训练模型

> **重要提示**：AI-TOOLKIT 会自动创建"input_data"和"output_data"表，所以不需要手动创建。在训练推荐模型时，系统会询问是否要自动创建"input_data"和"output_data"表，此时要选择"yes"。当然，也可以在训练模型之前手动创建这些表，但让软件自动完成会更加方便。

点击"Train AI Model"按钮，软件开始检查项目文件和数据库是否存在不一致，以及数据库表是否缺失。训练模型需要训练数据表，否则训练将无法进行。如果输入或输出数据表缺失，软件会提示创建这些表。在项目文件中，数据库列必须得到清楚的描述。

模型训练过程的每一步都会被记录在输出日志中。训练结束后，模型会和一份性能报告（也可以在屏幕底部的输出日志中看到）一同被存入数据库。此时，模型准备就绪，可以开始检测攻击和分析根本原因了。

在数据库"trained_models"表中查看保存的模型和模型参数。

在配置为 Intel Core i5-6400 的计算机上训练模型用时约为 140 分钟。

第六步：评估训练好的机器学习模型性能

如果机器学习模型的性能不能达到预期满意度，则需要更改参数、选择其他类型的模型（如神经网络）或者更改输入（如数据）。因此模型的性能评估格外重要。更多关于模型性能评估的内容请参照第 3 章。

在使用 SVM 模型的情况下，如本案例，影响模型性能的参数之一是"max_iterations"。如果训练中这个参数过低，软件会发出提示"【WARNING】Reaching max number of iterations = 100"（【警告】接近最大迭代数 =100）。如果将"max_iterations"参数设置为 –1，软件会自动优化迭代方案，直到模型无法继续显著改善，但这样做耗时会更久。

表 8–16 和表 8–17 显示经历 100 次迭代后模型性能的评估结果（因为表格过大，分两部分展示）。混淆矩阵中对角线上标记成蓝色的单元格显示预测正确的值。表 8–18 显示模型的全局性能较好，但对比分类性能指标可以看出，全局性能指标值在某些根本原因上可能有一定误导性。两张表上标记成绿色的值是得到较好识别的根本原因，标记成淡红色的值为未被成功识别的根本原因。例如，从混淆矩阵的第一行和 0% 的精确度及召回率可以看出，训练数据集中有 30 次"bufferoverflow"攻击，但都被模型识别为"正常"的缓冲区溢出传输。出现这些错误的原因是，相应的根本原因没能很好地呈现在训练数据集里，换句话说，输入的训练数据集中这类根本原因出现次数过少。在存在数个根本原因的本案例中，迭代次数有限（100）及分类数据不平衡共同造成了模型分类性能的低下。

表 8-16 经过 100 次迭代后的模型性能（第一部分）

混淆矩阵（预测 × 原始）（种类数：23）

原始 · 迭代次数 · 第一部分

预测 \ 原始	normal	bufferoverflow	loadmodule	perl	neptune	smurf	guesspasswd	pod	teardrop	portsweep	ipsweep
normal	969646	30	9	3	1	1346	53	5	0	80	6430
bufferoverflow	0	0	0	0	0	0	0	0	0	0	0
loadmodule	0	0	0	0	0	0	0	0	0	0	0
perl	0	0	0	0	0	0	0	0	0	0	0
neptune	2082	0	0	0	1072011	0	0	0	0	0	0
smurf	0	0	0	0	0	2806539	0	0	0	0	0
guesspasswd	0	0	0	0	0	0	0	0	0	0	0
pod	1	0	0	0	0	0	0	259	0	0	0
teardrop	0	0	0	0	0	0	0	0	979	0	0
portsweep	3	0	0	0	5	0	0	0	0	10331	0
ipsweep	958	0	0	0	0	1	0	0	0	2	6051
land	0	0	0	0	0	0	0	0	0	0	0
ftpwrite	0	0	0	0	0	0	0	0	0	0	0
back	0	0	0	0	0	0	0	0	0	0	0
imap	0	0	0	0	0	0	0	0	0	0	0
satan	91	0	0	0	0	0	0	0	0	0	0
phf	0	0	0	0	0	0	0	0	0	0	0
nmap	0	0	0	0	0	0	0	0	0	0	0
multihop	0	0	0	0	0	0	0	0	0	0	0
warezmaster	0	0	0	0	0	0	0	0	0	0	0
warezclient	0	0	0	0	0	0	0	0	0	0	0
spy	0	0	0	0	0	0	0	0	0	0	0
rootkit	0	0	0	0	0	0	0	0	0	0	0
精确度	98%	0%	0%	0%	100%	100%	0%	100%	100%	98%	79%
召回率	100%	0%	0%	0%	100%	100%	0%	98%	100%	99%	48%
FNR:	0%	100%	100%	100%	0%	0%	100%	2%	0%	1%	52%
F1:	99%	0%	0%	0%	100%	100%	0%	99%	100%	99%	60%
TNR:	100%	100%	100%	100%	100%	100%	100%	100%	100%	100%	100%
FPR:	0%	0%	0%	0%	0%	0%	0%	0%	0%	0%	0%

表 8-17　经过 100 次迭代后的模型性能（第二部分）

混淆矩阵（预测 × 原始）（种类数：23）　　迭代次数：100　　第二部分

预测 ＼ 原始	land	ftpwrite	back	imap	satan	phf	nmap	multihop	warezmaster	warezclient	spy	rootkit
normal	21	8	2203	8	1920	4	1682	7	20	1020	2	9
bufferoverflow	0	0	0	0	0	0	0	0	0	0	0	0
loadmodule	0	0	0	0	0	0	0	0	0	0	0	0
perl	0	0	0	0	0	0	0	0	0	0	0	0
neptune	0	0	0	4	0	0	0	0	0	0	0	0
smurf	0	0	0	0	10	0	0	0	0	0	0	0
guesspasswd	0	0	0	0	0	0	0	0	0	0	0	0
pod	0	0	0	0	0	0	0	0	0	0	0	0
teardrop	0	0	0	0	0	0	0	0	0	0	0	0
portsweep	0	0	0	0	148	0	11	0	0	0	0	0
ipsweep	0	0	0	0	6	0	623	0	0	0	0	0
land	0	0	0	0	0	0	0	0	0	0	0	0
ftpwrite	0	0	0	0	0	0	0	0	0	0	0	0
back	0	0	0	0	0	0	0	0	0	0	0	0
imap	0	0	0	0	0	0	0	0	0	0	0	0
satan	0	0	0	0	13808	0	0	0	0	0	0	0
phf	0	0	0	0	0	0	0	0	0	0	0	0
nmap	0	0	0	0	0	0	0	0	0	0	0	0
multihop	0	0	0	0	0	0	0	0	0	0	0	0
warezmaster	0	0	0	0	0	0	0	0	0	0	0	0
warezclient	0	0	0	0	0	0	0	0	0	0	0	0
spy	0	0	0	0	0	0	0	0	0	0	0	0
rootkit	0	0	0	0	0	0	0	0	0	0	0	1
精确度	0%	0%	0%	0%	99%	0%	0%	0%	0%	0%	0%	100%
召回率	0%	0%	0%	0%	87%	0%	0%	0%	0%	0%	0%	10%
FNR:	100%	100%	100%	100%	13%	100%	100%	100%	100%	100%	100%	90%
F1:	0%	0%	0%	0%	93%	0%	0%	0%	0%	0%	0%	18%
TNR:	100%	100%	100%	100%	100%	100%	100%	100%	100%	100%	100%	100%
FPR:	0%	0%	0%	0%	0%	0%	0%	0%	0%	0%	0%	0%

表 8-18　全局性能指标

准确率	99.62%
错误率	0.38%
科恩卡帕系数	99.34%

这个问题有多个解决方案。首先，显然是增加迭代次数。其次，也可以对数据集中数量过少的样本进行过采样，或者对数量过多的样本进行欠采样（如正常样本）。重采样（过采样、欠采样等）是 AI-TOOLKIT 的内嵌功能（见导入数据模组）。另一个解决问题的方法是选择使用其他类型的机器学习模型，如神经网络。

把迭代次数从 100 提高到 1000 就能显著提高分类性能，一般性能指标也会有所改善（见表 8-19）。

表 8-19　一般性能指标

准确率	99.91%
错误率	0.09%
科恩卡帕系数	99.85%

得到显著提高后的分类性能指标见表 8-20。

表 8-20　分类性能指标

	portsweep	ipsweep	nmap
精确度	100%	99%	97%
召回率	100%	99%	92%
FNR	0%	1%	8%
F1	100%	99%	95%
TNR	100%	100%	100%
FPR	0%	0%	0%

仅仅将迭代次数提高至 1000 就能近乎完美地识别出另外三种攻击类型。迭代次数还可以继续增加，甚至可以不设迭代次数限制（–1），模型只会在无法显著优化时停止迭代。在迭代次数限制为 1000 的训练过程中会出现不少警告信息，"【WARNING】Reaching max number of iterations =1000"（【警告】接近最大迭代次数 =1000），这就意味着模型性能还可能通过继续迭代得到改善。

第七步：检测攻击及其根本原因

经过训练，模型在获取与训练数据相似的数据记录后，就可以开始检测攻击及其根本原因了。预测的过程十分简单，总结如下：

·导入输入数据到数据库。确定模型的目标是"预测"而不是"训练"。这一步可以通过"Import"模组进行——也可以通过数据库编辑器或者其他能够更新 SQLite 数据库的兼容的外部软件手动进行。用来进行预测的输入表格格式与在项目文件里定义的表格格式不同（参见第二步图 8-18 中的"input"），因为它们必须包含一个带有唯一整数值的"flow_id"列，而且它们的决策列必须为空或者为 NULL（这会提示软件这些记录有待评估）。如果在训练开始时选择让软件自动创建输入数据表，数据库就已经具有了正确的格式。确保在使用导入模组时选择正确的决策列（与训练数据相同）。

·点击工具栏上的"Predict with AI Model"按钮开始预测。模型会预测所有空缺的记录（决策列为空或者 NULL）。

·结果将呈现在输入数据表的决策列中。

重要提示：如果输入数据中含有文字分类值并且手动添加了输入数据，确保将这些分类值转化为数字，转化方法与训练数据分类值的转化方法相同。转换映射（conversion map）（可以保存）将在软件的输出日志中显示，也可以在数据库中的"cat_map"表中找到，记录名称与训练数据表相同，即"data_id"。谨慎使用独热编码和二进制编码，因为这两种编码会向表格中添加额外的列。

对数据进行重采样以提高性能（消除分类不平衡）

分类准确率低的原因之一是数据分类不平衡（一个分类中的数据记录远多于其他分类）。由于数据不平衡，机器学习模型会更"关注"多数类样本，这就造成了少数类样本的性能低下。这种不平衡可以通过数据重采样来纠正。数据重采样指的是向少数类样本添加新的数据记录，以及／或者从多数类样本中移除数据记录。更多关于重采样的信息参见第 4.3.2.6 节。

AI-TOOLKIT 内置有多种支持半自动数据重采样的技术。

·通过 TOMEK links removal 进行欠采样。这是一种数据清洗技术。

·通过 borderline SMOTE（SMOTEB）进行过采样。这是一种先进的过采样技术，可以增强不同类的分离度，因此也能够提升机器学习性能。

·随机过采样或欠采样。

通过在不同步骤向 LAN 入侵数据集应用这几项技术，可以得到最佳的重采样效果。第一个合理的步骤是应用 TOMEK links removal，移除位于分类边界之间的噪声和容易混淆的数据点。第二步是对少数类样本进行随机欠采样。AI-TOOLKIT 中可以设定保留多数类数据量的上限。在这个例子里，我们从每个多数类样本中选择 100000 条随机数据记录。接下来符合逻辑的做法是利用 SMOTEB 对少数类样本进行过采样。在AI-TOOLKIT 中，我们可以设定保留少数类样本数据量的下限。这里我们从每个多数类样本中选择 100000 条少数类数据记录来平衡多数类样本的数据。最后一步是通过随机过采样来补足 SMOTEB 未能创建的数据记录，保证从每个分类得到 100000 条数据记录。这个重采样方案有些复杂。

接下来让我们看一下用重采样的数据集再次训练后的SVM模型（1000次迭代）性能。表 8-21 和 8-22 展示了详细的结果。

从表 8-21 和 8-22 可以看出，SVM 模型能够学习除了"multihop"和"warezmaster"之外的大部分攻击的特性，因为二者是最有可能重叠的区域／记录。这一点可以从混淆矩阵中看出，大量"multihop"攻击被分类为"warezmaster"（55103）。只要移除其中一种攻击类型，另一类攻击就能被更好地预测出来。另一种解决方案（最符合逻辑的一种）是增加分类中数据记录的数量，"multihop"和"warezmaster"的数量分别为7和19（机器学习模型没有足够的信息来学习这些攻击的特性，而且过采样也无效）。

模型全局性能指标见表8-23。

训练神经网络模型执行相同任务

在这一部分，我们会设计并训练一个检测入侵的神经网络分类模型，以演示如何使用神经网络模型来代替SVM模型。我们将使用上一个例子里经过重采样（平衡）的数据集来训练模型。

设计有效的神经网络模型往往比创建SVM模型更困难，因为设计神经网络模型面临更多的架构和优化参数选择。

尚未阅读第2章的读者请先阅读第2.2.2.4节关于如何设计神经网络的内容，因为接下来对神经网络的架构进行解释时将参考相关内容。不同神经网络层的放置也很重要，相关内容可以参阅第2.2.2.2节。

经过多次尝试，我们选定图8-19中显示的神经网络进行训练。每层下方的数字表示节点数。关于如何应用不同类型的神经网络层请参阅相关章节。

相应的**AI-TOOLKIT**项目文件见图8-20。

选用Adam优化器，迭代次数2300000（与数据记录的数量相等），批大小64。这可能不是解决这类问题的最优神经网络架构，但对于这个例子足够了。

训练好的神经网络模型的全局性能指标见表8-24。

表8-21　经过1000次迭代后的模型性能（第一部分）

混淆矩阵（预测 × 原始）（种类数：23）

原始　　重采样　　迭代次数 100　第一部分

预测	normal	bufferoverflow	loadmodule	perl	neptune	smurf	guesspasswd	pod	teardrop	portsweep	ipsweep
normal	98942	0	0	0	0	2	0	0	0	4	2
bufferoverflow	31	100000	0	0	0	0	0	0	0	0	0
loadmodule	15	0	100000	0	0	0	0	0	0	0	0
perl	0	0	0	100000	0	0	0	0	0	0	0
neptune	0	0	0	0	100000	0	0	0	0	1	0
smurf	106	0	0	0	0	99997	0	0	0	0	0
guesspasswd	0	0	0	0	0	0	100000	0	0	0	0
pod	2	0	0	0	0	0	0	100000	0	0	0
teardrop	0	0	0	0	0	0	0	0	100000	0	0
portsweep	1	0	0	0	0	0	0	0	0	99992	0
ipsweep	8	0	0	0	0	0	0	0	0	0	99926
land	0	0	0	0	0	0	0	0	0	0	0
ftpwrite	3	0	0	0	0	0	0	0	0	0	0
back	14	0	0	0	0	0	0	0	0	0	0
imap	0	0	0	0	0	0	0	0	0	0	0
satan	686	0	0	0	0	1	0	0	0	3	31
phf	0	0	0	0	0	0	0	0	0	0	0
nmap	61	0	0	0	0	0	0	0	0	0	41
multihop	0	0	0	0	0	0	0	0	0	0	0
warezmaster	4	0	0	0	0	0	0	0	0	0	0
warezclient	87	0	0	0	0	0	0	0	0	0	0
spy	1	0	0	0	0	0	0	0	0	0	0
rootkit	39	0	0	0	0	0	0	0	0	0	0
	normal	bufferoverflow	loadmodule	perl	neptune	smurf	guesspasswd	pod	teardrop	portsweep	ipsweep
精确度	100%	98%	98%	100%	100%	100%	100%	100%	100%	100%	100%
召回率	99%	100%	100%	100%	100%	100%	100%	100%	100%	100%	100%
FNR:	1%	0%	0%	0%	0%	0%	0%	0%	0%	0%	0%
F1:	99%	99%	99%	100%	100%	100%	100%	100%	100%	100%	100%
TNR:	100%	100%	100%	100%	100%	100%	100%	100%	100%	100%	100%
FPR:	0%	0%	0%	0%	0%	0%	0%	0%	0%	0%	0%

表 8-22　经过 1000 次迭代后的模型性能（第二部分）

混淆矩阵（预测 × 原始）　（种类数：23）

迭代次数 100　重采样　原始　第二部分

预测

	land	ftpwrite	back	imap	satan	phf	nmap	multihop	warezmaster	warezclient	spy	rootkit
normal	0	0	6	0	145	0	8	0	0	48	0	0
bufferoverflow	0	0	2	0	0	0	0	2368	0	29	0	0
loadmodule	0	0	0	0	1	0	0	1585	0	0	0	0
perl	0	0	0	0	0	0	0	0	0	0	0	0
neptune	0	0	0	0	1	0	0	0	0	0	0	0
smurf	0	0	0	0	1	0	0	0	0	0	0	0
guesspasswd	0	0	0	0	0	0	0	0	0	0	0	0
pod	0	0	0	0	0	0	0	0	0	0	0	0
teardrop	0	0	0	0	0	0	0	0	0	0	0	0
portsweep	0	0	0	0	1	0	0	0	0	0	0	0
ipsweep	0	0	0	0	0	0	19	0	0	0	0	0
land	100000	0	0	0	0	0	0	0	0	0	0	0
ftpwrite	0	100000	0	0	0	0	0	0	0	0	0	0
back	0	0	99992	0	0	0	0	0	0	0	0	0
imap	0	0	0	100000	0	0	0	0	0	0	0	0
satan	0	0	0	0	99825	0	37	0	0	0	0	0
phf	0	0	0	0	0	100000	0	0	0	0	0	0
nmap	0	0	0	0	0	0	99929	0	0	0	0	0
multihop	0	0	0	0	2	0	0	40944	0	0	0	0
warezmaster	0	0	0	0	0	0	0	55103	100000	0	0	0
warezclient	0	0	0	0	1	0	0	0	0	99923	0	0
spy	0	0	0	0	0	0	0	0	0	0	100000	0
rootkit	0	0	0	0	24	0	7	0	0	0	0	100000
	land	ftpwrite	back	imap	satan	phf	nmap	multihop	warezmaster	warezclient	spy	rootkit
精确度	100%	100%	100%	100%	99%	100%	100%	100%	64%	100%	100%	100%
召回率	100%	100%	100%	100%	100%	100%	100%	41%	100%	100%	100%	100%
FNR:	0%	0%	0%	0%	0%	0%	0%	59%	0%	0%	0%	0%
F1:	100%	100%	100%	100%	100%	100%	100%	58%	78%	100%	100%	100%
TNR:	100%	100%	100%	100%	100%	100%	100%	100%	98%	100%	100%	100%
FPR:	0%	0%	0%	0%	0%	0%	0%	0%	3%	0%	0%	0%

表 8-23　全局性能指标

准确率	97.37%
错误率	2.63%
科恩卡帕系数	97.25%

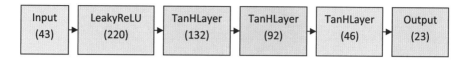

图 8-19　入侵检测神经网络模型架构

```
model:
  id: 'ID-nKrMQsjesG'
  type: FFNN1_C # feedforward neural network for classification
  path: 'idlan_final.sl3'
  params:
    - layers:
      - Linear: # input connection  => 43 + 1 (bias)
      - LeakyReLU:
          nodes: 220  # chosen as 44 x 5
          alpha: 0.03
      - Linear:
      - TanHLayer:
          nodes: 132  # chosen as 44 x 3
      - Linear:
      - TanHLayer:
          nodes: 92  # chosen as 23 x 4
      - Linear:
      - TanHLayer:
          nodes: 46  # chosen as 23 x 2
      - Linear: #output connection   => 23
    - iterations_per_cycle: 2300000
    - num_cycles: 200
    - step_size: 5e-5
    - batch_size: 64
    - optimizer: SGD_ADAM
    - stop_tolerance: 1e-5
    - sarah_gamma: 0.125
  training: # training data
    - data_id: 'idlan' # training data table name
    - dec_id: 'decision' # the decision column ID.
  test: # test data
    - data_id: 'idlan' # test data table name
    - dec_id: 'decision'
  input: # ML Flow input data
    - data_id: 'input_data' # input data table name
    - dec_id: 'decision'
  output:
    - data_id: 'output_data' # output data table name (for the prediction)
    - col_id: 'decision' # the column where the output will be written
```

图 8-20　"idlan_final" 项目文件

表8-24　全局性能指标

准确率	98.14%
错误率	1.86%
科恩卡帕系数	98.05%

表8-25、表8-26、表8-27和表8-28是模型的分类性能指标。

表8-25　分类性能指标（1）

	normal	bufferoverflow	loadmodule	perl	neptune
精确度	92%	100%	99%	100%	100%
召回率	85%	100%	98%	100%	100%
FNR	15%	0%	2%	0%	0%
F1	88%	100%	99%	100%	100%
TNR	100%	100%	100%	100%	100%
FPR	0%	0%	0%	0%	0%

表8-26　分类性能指标（2）

	land	ftpwrite	back	imap	satan	phf
精确度	100%	100%	89%	100%	100%	100%
召回率	100%	100%	100%	100%	92%	100%
FNR	0%	0%	0%	0%	8%	0%
F1	100%	100%	94%	100%	96%	100%
TNR	100%	100%	99%	100%	100%	100%
FPR	0%	0%	1%	0%	0%	0%

表8-27　分类性能指标（3）

	smurf	guesspasswd	pod	teardrop	portsweep	ipsweep
精确度	99%	100%	100%	100%	100%	100%
召回率	100%	100%	100%	100%	100%	100%
FNR	0%	0%	0%	0%	0%	0%
F1	100%	100%	100%	100%	100%	100%
TNR	100%	100%	100%	100%	100%	100%
FPR	0%	0%	0%	0%	0%	0%

表8-28　分类性能指标（4）

	nmap	multihop	warezmaster	warezclient	spy	rootkit
精确度	100%	100%	86%	99%	100%	98%
召回率	100%	83%	100%	100%	100%	100%
FNR	0%	17%	0%	0%	0%	0%
F1	100%	91%	93%	100%	100%	99%
TNR	100%	100%	99%	100%	100%	100%
FPR	0%	0%	1%	0%	0%	0%

　　预测结果与SVM模型有一些差异。神经网络模型对"multihop"和"warezmaster"的预测结果明显更好，但对正常（无入侵）和"back"记录的预测稍差，全局准确率也略有提高。出现这些差异的原因之一，可能是神经网络模型训练过久，而且优化器只侧重于提高准确率。在这种情况下，最好提前结束迭代——又称为早停法（early stopping）——虽然全局准确率会降低，但"正常"和"back"分类上的性能会更好。

8.6　案例分析 5：监督学习回归的工程应用

永磁电动机（永磁同步电动机）被广泛应用于电动交通工具、钱币兑换机、工业机器人、泵、压缩机、伺服驱动器、HVAC 系统、干洗机、游乐设施、冰箱、微波炉、吸尘器等。当其以高扭矩、高速度运行时，会伴随着磁体的大幅升温，导致磁通量密度下降，继而导致扭矩下降，造成安全隐患。因此在运行中需要关注磁体表面温度，以防安全隐患，并达到对扭矩的最佳控制。对运行中的设备测量温度困难且昂贵（比如，需要测量狭窄封闭环境中的转动部件），但我们可以用便宜又轻松的方式获取一些参数，用其训练机器学习模型，再用于估计磁体的表面温度。

在这个案例中，我们要训练一个监督学习回归模型，用来估算运行中的永磁同步电动机的转子温度（等于磁体表面温度）。

这个机器学习模型的输入数据（约 100 万条记录）是实验室测量数据，见表 8-29（Kirchässner, W., Wallscheid, O., Böcker, J.,2019）：

表 8-29　测量参数

测定参数	范围 / 说明
定子处温度传感器测定的环境温度	[−8.57, 2.97]
冷却液温度（电机采用水冷却；在流出处进行测量）	[−1.43, 2.65]
电压 d 轴	[−1.66, 2.27]
电压 q 轴	[−1.86, 1.79]
电机速度	[−1.37, 2.02]
电流产生的扭矩	[−3.35, 3.02]
电流 d 轴	[−3.25, 1.06]
电流 q 轴	[−3.34, 2.91]
代表转子温度的磁体表面温度（用红外测温仪测量）	[−2.63, 2.92] 决策变量；回归！
温度传感器测定的定子磁轭温度	[−1.83, 2.45]
温度传感器测定的定子齿温度	[−2.07, 2.33]
温度传感器测定的定子绕组温度	[−2.02, 2.65]

在使用之前，任何数据集都要经过检查和清理。更多输入数据相关内容见第 4 章。

照例,第一步是使用"Database"选项卡上的"Create New AI-TOOLKIT Database"命令，新建一个 AI-TOOLKIT 数据库。选择路径保存数据库。第二步，用 "Import Data into Database"命令,将所有数据导入到上一步创建的数据库中。不要忘记设置标题行(如果有)并更正决策列的零基索引（本例中为 8）。接下来需要创建一个 AI-TOOLKIT 项目文件。使用"Open AI-TOOLKIT Editor"命令，点击 "Insert ML Template" 按钮插入所选模型的模板。本例选择使用监督 SVM 模型。

8.6.1　参数优化

每个机器学习模型都有相应的参数。AI-TOOLKIT 中的 SVM 模型自带一个参数优化模组。回归 SVM 模型（转子温度是决策变量）的 svm_type 是 "EPSILON_SVR"。

这个模型有的参数有 kernel_type, gamma, C, p, cache_size 和 max_iterations。因为模型的 kernel_type 是 RBF，所以用不到 degree 和 coef0 参数。关于模型类型的更多信息参见第 2.2.1 节，该节详细介绍了所有算法和参数选项。

本例中机器学习模型及其最佳参数见图 8-21。

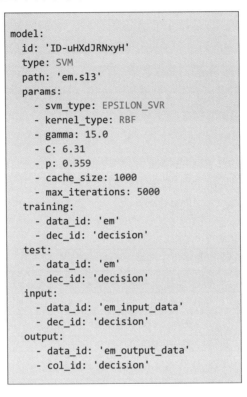

```
model:
  id: 'ID-uHXdJRNxyH'
  type: SVM
  path: 'em.sl3'
  params:
    - svm_type: EPSILON_SVR
    - kernel_type: RBF
    - gamma: 15.0
    - C: 6.31
    - p: 0.359
    - cache_size: 1000
    - max_iterations: 5000
  training:
    - data_id: 'em'
    - dec_id: 'decision'
  test:
    - data_id: 'em'
    - dec_id: 'decision'
  input:
    - data_id: 'em_input_data'
    - dec_id: 'decision'
  output:
    - data_id: 'em_output_data'
    - col_id: 'decision'
```

图 8-21 SVM 模型

优化开始前，将 max_iterations 参数设置为一个较低的数值（例如 100 或 1000），因为模型会经过多次训练，设置较低的最大迭代次数能够缩短优化时间。将 max_iterations 设置为 −1 即不限制迭代次数。当数据集较大时，cache_size 参数（单位是 MB）很关键，设置得当的值可以大幅提高计算速度。

使用左侧工具栏上 "Svm Parameter Optimizer"（SVM 参数优化器）开始参数优化。模组会搜索最优参数，然后用最优参数训练模型，并且不限制迭代次数。项目文件需要手动调整为这些最优参数（见日志文件）。重要提示：用优化的参数重新训练模型后进行全面性能评估。

> **提示：** 如果数据文件巨大，以优化参数来训练模型可能会过于耗时（自动设置为不限制迭代次数）。这时需要用 "Stop Operation"（停止运行）按钮暂停过程，或者直接退出后重启软件。

当然,也可以训练神经网络模型来达成相同目的,看看是否神经网络模型准确率更好。

8.6.2 结果分析

整个训练数据集(近100万条记录)经过1000次迭代后,最终总的均方误差为0.222;经过2000次迭代后,最终总的均方误差为0.18。由此可见,将最大迭代次数从1000增加到2000后,均方误差和预测结果都得到显著优化。模型的迭代次数可以进一步增加,进而获得更好的预测结果。神经网络模型也可以用来实现相同目标。

通常我们会将数据分成训练数据集和测试数据集,用训练模型时未使用过的数据来测试模型。这是一个需要读者自己去实践的任务。

> **提示:** 使用内置的数据库编辑器打开项目数据库,找到"Browse Data"选项卡,选择输出数据表(本例中名为"em_output_data")。点击表格名旁边的保存按钮"save the table as currently displayed"(按当前显示保存表格),将表格保存为CSV格式。之后可以用Excel打开并分析这个文件。

8.7 案例分析6:机器学习辅助预测性维护

很多行业十分重视仪器设备的可靠性。航空、交通、制造、公用事业等领域使用的仪器设备复杂且部件繁多,需要定期检修(预测性维护)。预测性维护中的一个关键问题是确定维护和更换零部件的最佳时机,以保证仪器设备的可靠运行,同时避免过早更换仍然可用的零部件。简单来说,可靠性、高资产利用率和降低运营成本是这些行业的共同目标。

我们可以利用机器学习和历史数据训练一个模型,来预测下一次故障何时出现,以及仪器设备何时需要进行预测性维护。这类机器学习模型被称为预测性维护机器学习模型(PMML),包括两个主要类型:

· 用于预测仪器设备或者零部件剩余使用寿命(remaining useful lifetime,RUL)的回归模型。

· 用于预测特定时间段(时间窗口)内发生故障的分类模型。

建立一个PMML模型所需步骤总结如下:

· 数据收集;

· 特征工程;

· 数据标注;

· 定义训练和测试数据集;

· 处理不平衡数据。

接下来将对这些步骤进行详细讲解。

8.7.1　数据收集

数据来自不同来源，通常包含故障历史记录、维护历史记录、设备运行条件及使用情况、设备属性和操作人员属性。

8.7.1.1　故障历史记录：时间序列数据

故障历史记录数据中包含设备整体的故障和／或零部件的故障。这类数据可以通过维护（如部件更换）记录收集。在没有其他可用数据的情况下，数据中的异常也被会当作故障历史记录使用。异常指的是数据中的特殊事件，如数据突变等（见第8.5节）。

数据中包含足够的正常记录和故障记录至关重要，否则机器学习模型将不能学习如何识别正常和故障情况。

通常，故障历史记录数据分为两类（表8-30），一类包含时间戳和设备ID，可以显示特定设备在特定时间发生的故障；另一类包含时间戳、设备ID以及故障原因，以分类变量或ID格式呈现。

表8-30　故障历史记录数据格式

数据类型格式1		数据类型格式2		
时间	设备 ID	时间	设备 ID	故障原因

8.7.1.2　维护历史记录：时间序列数据

维护历史记录数据包括更换零部件、维修、错误代码等信息。通常时间戳和设备ID会被同时记录，另外，维修的零部件或者维护行为也会以分类变量的形式记录下来（表8-31）。

表8-31　维护历史记录数据

数据格式		
时间	设备 ID	维护行为、错误代码等

8.7.1.3　设备运行条件及使用情况：时间序列数据

这类数据通常称为遥测数据（telemetry data），通过连接到不同设备零部件和设备运行环境的传感器收集。一般包括时间戳、设备ID和多列设备运行条件的数值数据或分类数据（表8-32）。分类数据需要先被转化为数值数据。

表8-32　设备运行条件及使用情况数据

数据格式				
时间	设备 ID	条件1	条件2	……

8.7.1.4　设备属性：静态数据

设备属性数据（表8-33）包含各类关于设备的有用信息。特别是当数据集包含来自不同设备的数据时尤其有用。这些数据可能是数值型或者分类型。

表 8-33　设备属性数据

数据格式			
设备 ID	属性 1	属性 2	… …

8.7.1.5　操作人员属性：静态数据

操作人员属性数据（表 8-34）包含各类关于操作人员的有用信息，如工作经验、教育背景等。如果造成故障的原因是由于操作人员知识不足或者缺少培训，这类信息将十分有用。数据可能是数值型也可能是分类型。操作人员通常与遥测数据（设备运行条件）相关联。

表 8-34　操作人员属性数据

数据格式			
操作人员 ID	属性 1	属性 2	… …

8.7.2　特征工程

收集到必要数据之后，必须将这些数据整合进同步数据集，提供给机器学习模型。利用收集的数据创造出特征，再用这些特征建立一个数据集，这一过程称为特征工程。这个过程通常十分复杂，特别是用在预测性维护模型中时，而且模型性能的优劣完全取决于这个过程。

将收集到的数据结合起来形成最终数据集的方法大多相似，当然根据任务目的和数据的差异也不完全相同。记住，模型的目标是利用历史数据来预测下一次设备故障会在何时出现。

涉及的数据有两类，时间序列数据和静态数据。静态数据可以简单地按照设备 ID 分组结合。例如，如果维护历史记录数据用 "time | machine ID | component"（时间 | 设备 ID | 零部件）定义，设备属性数据用 "machine ID | property 1 | property 2..."（设备 ID | 属性 1 | 属性 2……）定义，就可以简单地把设备属性数据按照设备 ID 添加到维护历史记录数据中，得到 "time | machine ID | component | property 1 | property 2..."（时间 | 设备 ID | 零部件 | 属性 1 | 属性 2……）。

时间序列数据需要按照某些设定好的规则进行数据聚合。数据聚合技术将在下一节进行详细介绍，并在接下来的部分通过案例来演示。

8.7.2.1　时间窗口内的数据聚合值

模型通常会基于历史数据来预测未来某一时间段（时间窗口）可能出现的设备故障。收集数据的频率可能以秒、分或者小时为单位，这些数据需要被聚合到基于任务目的的预设的时间段内。聚合值（aggregated values）捕获时间窗口内特征的演变。机器学习模型学习哪个聚合值导致故障出现在下一个时间窗口。例如，预测未来 24 小时内是否会出现故障，可以使用 24 小时时间窗口，在历史数据中取故障出现之前 24 小时时间窗口内的数据标注为故障，其他数据标注为正常。时间窗口的长度取决于任务目的。有时候 24 小时是个合适的长度，有时候则需要更长的时间窗口，例如，为了给供应零部件留出更长的时间，如果零部件要两周才能交付，就需要更早地预测故障的出现。

聚合数据意味着在时间窗口内计算各种统计量，如数据的均值、总和、标准差、方差等，或者使用这些值的组合。聚合值（均值、标准差等）作为一列（特征）被添加到数据记录中。每次聚合数据，都会捕捉到时间窗口内信号演变的特定属性。进行何种聚合计算取决于任务目的，通常通过试错来决定。

定义时间窗口是为了告诉机器学习模型做出决定需要回溯多长时间之前的数据。回溯的这段时间称为滞后期（lag period）。对滞后期内的时间序列进行聚合，可以得到滞后特征（lag features）。预测性维护数据分为数值型数据和分类型数据。滞后特征以数值型数据的形式创建。分类型数据通常被编码为整数，如取时间窗口内出现次数最多的值为特征。

聚合值的计算非常简单，步骤总结如下：

· 选择时间窗口大小（W）。

· 选择步长（S）。

· 选择聚合类型（均值、计数、累积和、标准差、偏差、最大值、最小值等）。可以选择并添加多个聚合值作为特征（记录中的额外列）。

· 为第一个时间窗口计算数据聚合。

· 按照步长移动时间窗口，重复上一步直到数据结尾（最终时间窗口）（图8-22）。

也可以通过将一个时间窗口增加到 k 个时间窗口，捕捉更早时间段上的趋势变化。通常时间窗口不会重叠，否则相同的信息就会被重复使用多次，但将来可能会出现时间窗口的重叠。图8-23展示了一种可能的配置（$W=2$、$S=1$、$k=3$）。其中 t_1 和 t_2 是最终聚合数据文件中的两个时间步，A_{t1}^1、A_{t1}^2 和 A_{t1}^3 是数据文件中 t_1 时间步的额外特征（列）。这种方法能捕捉信号水平的突变，而不仅是用一个聚合来平滑数据。

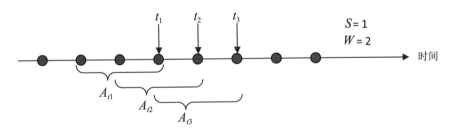

图8-22　聚合时间窗口

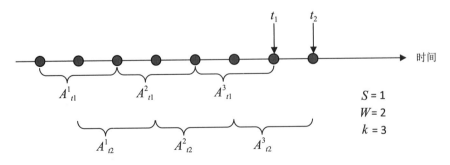

图8-23　过去时间段上的多个聚合时间窗口

8.7.3 数据标注

预测性维护机器学习模型分为两类，分类模型和回归模型。在分类模型中，通常选择一个时间窗口（大小为 W），将故障出现前时间窗口内所有的聚合数据记录标注为"FAILURE"（故障），其他数据记录标注为"NORMAL"（正常）（分别编码为 1 和 0）。这个时间窗口通常也作为故障检测窗口。例如图 8-24 中 $W = 3$、$S = 1$ 的数据标注。在 t_2、t_3、t_4 以及 t_5 时间步上的数据被标记为"FAILURE"，当类似数据出现时，训练好的模型就会报告在下一个时间窗口中可能出现故障。

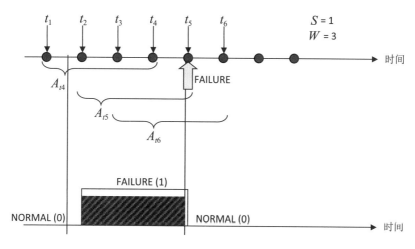

图 8-24 数据标注：分类

当然也可以将故障的根本原因编码到故障标签里，给这个标签一个除 1（FAILURE）以外的值。这样就能获得多个故障分类，机器学习模型也不仅会预测故障的出现，还会给出故障的根本原因。

关于机器学习辅助的根本原因分析的更多信息，请参阅第 8.5 节的案例分析。

回归模型（见图 8-25）通常计算设备的剩余使用寿命，并将其添加到过去时间段的数据中。例如，如果时间步是 1 个月（S），过去的每个时间步就会被标注为 +1 个月。每个标签都是设备的剩余使用寿命。记住，在回归模型中，标签是小数。

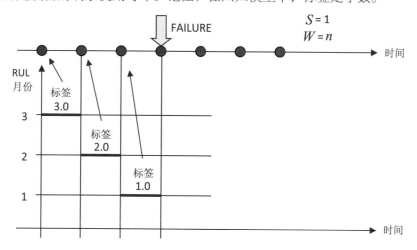

图 8-25 数据标注：回归

8.7.4 定义训练和测试数据集

将数据聚合得到最终数据集之后，数据记录顺序的重要性与之前相比降低了，但因为保留了时间顺序，仍可能对机器学习模型造成影响。因此最好基于时间将数据划分为训练数据集和测试数据集。通常选择聚合数据集的第一个较大部分作为训练数据集，第二个较小的部分作为测试数据集，并保证两个数据集的边界上（W 距离之内）不存在故障标签。如果需要一个数据集来进行优化或者验证，可以取训练数据集的一部分。

如果数据集中包含多个设备，则可以根据设备 ID 划分数据集。

如果基于时间或者设备 ID 都无法划分数据集，则表示原来的时间序列数据已经经过适当的聚合和标注，即使不划分也不会出什么大问题。

8.7.5 处理不平衡数据

因为包含了大量的正常记录却只有少量的故障记录，预测性维护的数据集中通常存在极大的不平衡。处理数据不平衡的方式有两种，一种是使用对数据不平衡不敏感的评估指标，如召回率（见第 3 章），另一种是用重采样技术进行纠正（见第 4.3.2.6 节）。

8.7.6 案例：水力涡轮机的预测性维护

水力涡轮机在能源行业用于发电。它首先将水流的动能和势能转化为机械功（通过转动叶片），然后再通过发电机转化为电能。水力涡轮机是装有许多运动部件的复杂设备，也因此需要定期维护。停止设备运转进行检修耗资巨大（没有电力产出且需维护支出），因此正确地计划维护时间至关重要。

这个案例利用收集自 100 台水力涡轮机的数据[1]，通过 AI-TOOLKIT 来训练一个机器学习模型。训练好的模型将用于预测下一次可能出现故障的时间。这个模型可以进一步应用于真实环境中，持续对未来潜在故障进行预测。这个案例虽然针对水力涡轮机，但其原理可以通用于不同行业的其他任务，因此，理解本案例有助于解决其他场景下 / 行业中的问题。

8.7.6.1 输入数据：特征工程与数据标注

错误列表、故障列表、遥测数据及设备属性表格摘录了本例中四个来源的数据（见表 8-35）。关于各类数据来源的更多信息参阅前面章节。

表 8-35 四个来源的数据

错误列表		
时间	设备 ID	错误 ID
7/9/2015 9:00:00 PM	3	4
7/18/2015 7:00:00 PM	3	1
7/20/2015 6:00:00 AM	3	2
7/20/2015 6:00:00 AM	3	3
...	...	...

1　AML workshop proceedings and data, Microsoft Corporation（MIT license）.（2017）

（续表）

故障列表	
时间	设备 ID
12/14/2015 6:00:00 AM	4
1/19/2015 6:00:00 AM	1
4/4/2015 6:00:00 AM	2
5/19/2015 6:00:00 AM	3
...	...

遥测数据：设备运行条件					
时间	设备 ID	工作电压 /V	转速 /r/min	压力 /kPa	振动 /μm
6/14/2015 9:00:00 AM	24	188.503	436.688	104.203	33.474
6/14/2015 10:00:00 AM	24	183.643	438.019	109.105	38.487
6/14/2015 11:00:00 AM	24	201.739	440.172	95.493	39.854
6/14/2015 12:00:00 PM	24	155.041	442.763	97.887	32.126
...	...	...	...	...	...

设备属性		
设备 ID	模型 ID	年龄
43	3	14
44	4	7
45	3	14
46	4	10
...	...	...

数据于 2015 年收集自 100 台设备。遥测数据是每小时的实时数据的均值[1]。错误列表来自错误日志，包括各种不打断运行的错误（非故障）。发生错误的时间取最近的小时以便和遥测数据同步。故障列表包含设备出现故障（停止运行）的时间，设备属性表格记录设备型号和年龄。

图 8-26 是设备 1 的遥测数据预览（只显示前 1000 个数据点）。

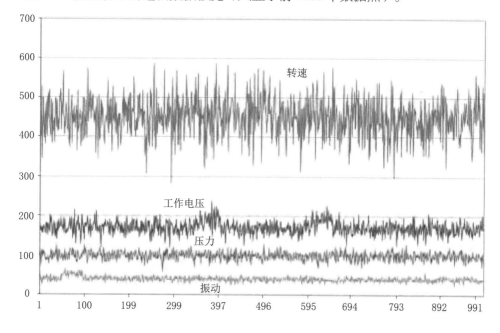

图 8-26　设备 1 遥测数据

1　AML workshop proceedings and data, Microsoft Corporation（MIT license）.（2017）

预测性维护的目的是让机器学习模型学习设备什么时候（出现什么状况后）可能发生故障。每台设备和零部件都会随时间老化，而机器学习模型可以通过数据中的趋势发现这种老化。涡轮机叶片的遥测数据是每小时数据，可以与其他数据结合形成一个最终的每小时数据集。但每小时数据是否合适？这就需要根据任务目的来决定了。

在这个水力涡轮机任务里，我们需要比 1 小时更长的时间段，因为 1 小时所含的信息量不足且噪声过多。因此取 24 小时时间窗口（W=24），3 小时步长（S=3）。这个设置意味着每 3 小时聚合一次 24 小时内的历史数据。用这个聚合数据集训练的机器学习模型可以预测设备在未来的 24 小时内会不会出现故障。

确定时间窗口和步长之后，下一步是选择要添加的聚合类型（均值、标准差、计数……）。类型的选择取决于任务目的，通常是一个试错的过程。如果机器学习模型表现不佳，我们就可能需要调整之前选取的聚合特征。在这个水力涡轮机任务里，我们对遥测数据计算均值和标准差，对时间窗口内的错误进行计数。

表 8-36 是最终特征集。

统计给定时间窗口内的每一个错误并把计数添加到记录里。聚合数据集中已经添加了故障（决策）列，但仍需要确定如何为每条 3 小时（步长）的记录设定值。因为目的是预测接下来 24 小时内设备是否会出现故障，我们将出现故障之前 24 小时窗口内的故障（决策值）设置为 1（TRUE），其他值设置为 0（FALSE）。由于设置了 3 小时的步长，给定时间窗口内的故障列中就会出现数条被标记为 1 的记录。

上述聚合、合并步骤可以通过脚本或数据挖掘工具自动化，这些内容不在本书说明范围内，因此不再赘述。

8.7.6.2　机器学习模型与性能评估

在完成数据准备和特征工程这两个步骤之后，下一步是选择机器学习模型并开始训练。照例需要将数据集划分为训练数据集和测试数据集，并测试模型在这两个数据集上的表现。本案例为了简化说明，用整个数据集对模型进行训练和测试。

接下来使用 AI-TOOLKIT 创建、训练并测试一个随机森林分类模型和一个 SVM 分类模型，并比较两个模型的预测结果。

第一步，使用"Database"选项卡左侧工具栏的"Create New AI-TOOLKIT Database"命令创建一个 AI-TOOLKIT 数据库。将数据库保存到选定的路径下。第二步，使用"Import Data Into Database"命令将数据导入这个数据库。不要忘记指定标题行（如果有）的数量，以及为决策列（本例中为 0）建立零基索引。接下来创建 AI-TOOLKIT 项目文件。用"Open AI-TOOLKIT Editor"命令打开编辑器再点击"Insert ML Template"按钮插入模型模板。

（1）随机森林模型。

随机森林模型中有三个可调参数：最小叶子数量、决策树的数量以及分多少折进行交叉验证。更多关于该模型的信息参见第 2.2.4 节。图 8-27 是已经设置好最佳参数的随机森林模型。寻找最佳参数通常是一个试错的过程。

表 8-36 最终特征集

故障	设备 ID	平均电压	平均转数	平均压力	平均振动	标准电压	标注转数	标准压力	标准振动	错误 1	错误 2	错误 3	错误 4	错误 5	模型	年龄
……	……	……	……	……	……	……	……	……	……	……	……	……	……	……	……	……

```
RF model - hydropower turbine

model:
  id: 'ID--eXGOKIIAs'
  type: RF
  path: 'pm.sl3'
  params:
    - min_leaf_size: 5
    - num_trees: 5
    - k_fold: 3
  training:
    - data_id: 'pm'
    - dec_id: 'decision'
  test:
    - data_id: 'pm'
    - dec_id: 'decision'
  input:
    - data_id: 'pm_input_data'
    - dec_id: 'decision'
  output:
    - data_id: 'pm_output_data'
    - col_id: 'decision'
```

图 8-27　随机森林模型

　　对训练好的随机森林模型性能进行扩展评估，结果如图 8-28 所示。注意，这里的评估结果展现的是模型在整个数据集上的表现，实践中需要将数据集分为训练数据集和测试数据集，评估模型在两个数据集上的表现。模型的全局准确率即使经过三折交叉验证仍然相当高。交叉验证将数据集随机分成三个部分，分别用这三部分数据训练并测试模型，得到三个准确率，最后取三个准确率的平均值。另外，注意由于数据的不平衡，全局准确率在本任务中并不重要，我们需要关注的是那些对数据不平衡不敏感的性能指标，即召回率、科恩卡帕系数（AI-TOOLKIT 中缩写为 C.Kappa）、FNR、TNR 及FPR。

```
RF model performance evaluation results - hydropower turbine

Training Accuracy: 99.97 %
KFoldCV Accuracy:  99.92 %

Extended Performance Evaluation Results:
Confusion Matrix [predicted x original] (number of classes: 2):

                        (0)              (1)
         (0)          285649              37
         (1)              56            5558

Accuracy: 99.97%
   Error: 0.03%
 C.Kappa: 99.15%
                        (0)              (1)
  Precision:          99.99%           99.00%
     Recall:          99.98%           99.34%
        FNR:           0.02%            0.66%
         F1:          99.98%           99.17%
        TNR:          99.34%           99.98%
        FPR:           0.66%            0.02%
```

图 8-28　随机森林模型性能扩展评估结果

　　科恩卡帕系数计算准确率时纠正了偶然一致的可能性，因此，由于数据高度不平衡，它的准确率是 99.15% 而不是 99.97%。召回率同样显示了不错的结果。模型错误地预测设备会出现故障的比例是 0.02%（称为假警报，出现比例不能过高），没有预测到设备故障的比例是 0.66%（这个比例越低越好，因为没有预测到故障意味着额外的支出）。

　　下一部分，我们将比较随机森林模型和 SVM 模型的预测结果。

　　（2）SVM 模型及随机森林模型与 SVM 模型预测结果的比较。

　　SVM 模型中有几个参数必须调整。可以用 AI-TOOLKIT 内置的 SVM 参数优化模组来确定这些参数的最佳值（见第 9.2.3.1 节）。更多关于这个模型的信息参见第 2.2.1 节。图 8-29 展示的是已经设置好最佳参数的 SVM 模型。

```
SVM model - hydropower turbine
model:
  id: 'ID-wkxvQdAjuo'
  type: SVM
  path: 'pm.sl3'
  params:
    - svm_type: C_SVC
    - kernel_type: RBF
    - gamma: 0.60822
    - C: 79.45974
    - degree: 3
    - coef0: 0
    - p: 0.1
    - cache_size: 1000
    - max_iterations: -1
  training:
    - data_id: 'pm'
    - dec_id: 'decision'
  test:
    - data_id: 'pm'
    - dec_id: 'decision'
  input:
    - data_id: 'pm_input_data'
    - dec_id: 'decision'
  output:
    - data_id: 'pm_output_data'
    - col_id: 'decision'
```

图 8-29　SVM 模型

　　训练好的 SVM 模型性能扩展评估结果见图 8-30。注意，这里的评估结果展现的是模型在整个数据集上的表现，实践中需要将数据集分为训练数据集和测试数据集，评估模型在两个数据集上的表现。模型的全局准确率高达 99.97%。另外，注意由于数据的不平衡，全局准确率在本任务中并不重要，我们需要关注的是那些对数据不平衡不敏感的性能指标，即召回率、科恩卡帕系数、FNR、TNR 以及 FPR。

```
SVM model performance evaluation results - hydropower turbine

Training Accuracy = 99.97%

Extended Performance Evaluation Results:
Confusion Matrix [predicted x original] (number of classes: 2):

                                    (0)                 (1)
                  (0)             285622                  18
                  (1)                 83                5577

        Accuracy: 99.97%
           Error: 0.03%
         C.Kappa: 99.08%

                                    (0)                 (1)
       Precision:                 99.99%              98.53%
          Recall:                 99.97%              99.68%
             FNR:                  0.03%               0.32%
              F1:                 99.98%              99.10%
             TNR:                 99.68%              99.97%
             FPR:                  0.32%               0.03%
```

图 8-30 SVM 模型性能扩展评估结果

前面说过，科恩卡帕系数计算准确率时纠正了偶然一致的可能性，因此，由于数据高度不平衡，它的准确率是 99.08% 而不是 99.97%。召回率同样显示了不错的结果。模型错误地预测设备会出现故障的比例是 0.03%（称为假警报，出现比例不能过高），没有预测到设备故障的比例是 0.32%（这个比例越低越好，因为没有预测到故障意味着额外的支出）。

随机森林模型和 SVM 模型都取得了相似的结果。SVM 模型未能预测出的故障更少，但同时也给出更多假警报。如何选择模型以及选择何种性能指标，都是由应用的目的决定的。在制造业中，决策往往由支出和安全因素驱动，在其他行业如医疗保健中，则一般取决于对患者来说更重要的问题。

8.8 案例分析 7：机器学习辅助图像识别

很多行业需要对特定形状、数字、字母等自动识别。例如，有些工业生产线上可能产出和正常产品形状不同的异常形状。这一节将介绍如何利用机器学习及 AI-TOOLKIT 进行图像学习。因其在图像识别领域的优异表现，前馈卷积神经网络常被用于图像学习。更多相关信息请参阅第 2.2.3 节。

我们将用一个例子讲解如何一步步训练机器学习模型识别 0 至 9 的数字。该模型不仅要学习识别清晰的数字，还要学会如何识别在现实中常见的形态各异的数字和噪声。这样做是为了让这个例子更接近实践中的真实问题。

8.8.1 输入数据

第一步是使用 "Database" 选项卡左侧工具栏的 "Create New AI-TOOLKIT

Database"命令，创建一个新的 AI-TOOLKIT 数据库。保存数据库到选择的路径。第二步是使用"Import Images into Database"命令将数据——这里是图像——导入数据库。AI-TOOLKIT 能够导入多种格式的单幅图像和拼接图像。拼接图像是指多个相等尺寸的图像拼接成的图像。运用拼接图像可以将相同分类——这里指相同数字——归入一组。下方两幅拼接图像分别用于图像 0 的分类和图像 5 的分类（见图 8-31）。

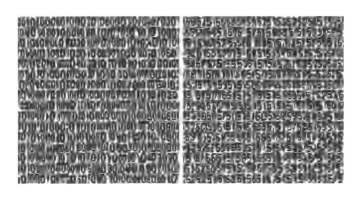

图 8-31　用于数字识别的数字拼接图像[1]

其他分类（数字）的拼接图像与这两幅相似。

拼接图像含有各种形态（倾斜、扭曲等）的数字，以及相当于噪声的不完整的数字。之所以这么做，是为了训练机器学习模型在困难条件下进行识别。

通过 AI-TOOLKIT 导入图像模组，可以输入单幅图像和 / 或拼接图像。输入拼接图像时，请确保选中"Collage"（拼接）复选框，并设定子图像（sub-images）的宽度和长度（本例中是 16×16 像素），然后点击"Select"（选择）按钮选择文件。选中"Extract First Number"（提取第一个数字）或者"Extract Last Number"（提取最后一个数字）选项（只支持数字），软件就可以自动从文件名的开头或结尾提取数字形式的分类标签。

其他导入选项与前面多次见过的导入定界数据文件选项相同（数据库名称、训练与预测的选择）。

导入模组不仅可以将图像导入数据库，还会将图像转换为适合机器学习模型的格式。

8.8.2　机器学习模型

接下来必须创建 AI-TOOLKIT 项目文件。使用"Open AI-TOOLKIT Editor"命令打开编辑器，点击"Insert ML Template"按钮插入选中的模型模板。从监督学习组中选择卷积神经网络分类模板并插入，保存项目文件到数据库所在文件夹。

图 8-32 是设置好最优参数的最终项目文件（稍后解释）。

1　The Simd Library. http://ermig1979.github.io/Simd, Ihar Yermalayeu.

```
model:
  id: 'ID-6'
  type: FFNN2_C
  path: 'image-recognition.sl3'
  params:
    - layers:
      - Convolution:
          inSize: 1            # in depth
          outSize: 12          # out depth
          kW: 4                # filter/kernel width
          kH: 4                # filter/kernel height
          dW: 1                # stride w
          dH: 1                # stride h
          padW: 0              # padding w
          padH: 0              # padding h
          inputWidth: 16       # input width
          inputHeight: 16      # input height
      - MaxPooling:
          kW: 3                # pooling width
          kH: 3                # pooling height
          dW: 2                # stride w
          dH: 2                # stride h
          floor: true          # floor (true) or ceil (false)
                               # rounding operator

      - Convolution:
          inSize: 12
          outSize: 18
          kW: 2
          kH: 2
          dW: 1
          dH: 1
          padW: 0
          padH: 0
          inputWidth: 6
          inputHeight: 6
      - Convolution:
          inSize: 18
          outSize: 24
          kW: 2
          kH: 2
          dW: 1
          dH: 1
          padW: 0
          padH: 0
          inputWidth: 5
          inputHeight: 5
      - Linear:
      - Dropout:
          ratio: 0.9
          nodes: 96
      - Linear:
    - num_cycles: 200
    - batch_size: 32
    - learning_rate: 0.01
  training:
    - data_id: 'training_data'
    - dec_id: 'label'
  test:
    - data_id: 'training_data'
    - dec_id: 'label'
  input:
    - data_id: 'input_data'
    - dec_id: 'label'
  output:
    - data_id: 'input_data'
    - col_id: 'label'
```

图 8-32 图像识别项目文件

卷积神经网络比其他模型稍微复杂一些，也涉及更多参数。更多关于模型参数和层类型的信息可以参阅第2.2.3节。

AI-TOOLKIT 内置的卷积神经网络计算器可以使参数值的计算更加简便。

第一个卷积层上输入的图像宽度和高度为16（拼接图像的子图像尺寸）。在每个卷积层和池化层上（绿色输入单元格）都必须确定滤波器尺寸、步幅和填充。初次选择这些数值并非易事，但随着经验的增加，它会逐渐变得简单，而且计算模组也会在数值选择错误时发出警告。如何选择这些数值请参阅第2.2.3节。

计算器会计算出后续层上的输入宽度、输入高度及输入深度（inSize），将这些值添加到项目文件（第2章解释了计算过程）。注意，因为使用了灰度图，第一个卷积层的输入深度为1。彩色图像会占用太多内存资源，导致模型训练时间过长，而且通常没有必要。

添加最后一个随机失活层是为了改善泛化性能（参见第2.2.2.2节）。在这个例子里，输出层节点数为10（因为分类数为10），前一个卷积层的节点数为 $4 \times 4 \times 24 = 384$，取二者之间的数值为本层节点数（96）。选择节点数96既是基于经验，也是试错得出的结果。这类选择并没有一个科学的规则可遵循。确定迭代（循环）次数、批大小及最佳学习速率也是如此。

8.8.3 训练和评估

AI-TOOLKIT 可通过并行处理、特殊处理指令等方式进行加速，因此这个例子的模型训练只用了23秒。由于输入节点和网络内部节点数量巨大，模型进行图像学习通常需要花费更长的时间，并且需要调用各种加速手段。当前最快的学习算法之一使用 GPU 加速，但要求配置特殊显卡（图形加速卡）。高端视频算法一般使用 GPU 加速来训练，用 GPU 或者 CPU 加速来推理（预测）。AI-TOOLKIT 在模型训练和预测时，使用特殊 CPU 指令集加速并行处理方式。

表8-37 显示了模型在整个训练集的性能扩展评估结果。

表8-37 性能扩展评估结果

迭代次数200：训练错误（MSE=0.025859; 预测标签 =0.00%）									
混淆矩阵［预测 × 原始］（种类数：10）									
混淆矩阵	0	1	2	3	4	5	6	7	8	9
0	256	0	0	0	0	0	0	0	0	0
1	0	256	0	0	0	0	0	0	0	0
2	0	0	256	0	0	0	0	0	0	0
3	0	0	0	256	0	0	0	0	0	0
4	0	0	0	0	256	0	0	0	0	0
5	0	0	0	0	0	256	0	0	0	0
6	0	0	0	0	0	0	256	0	0	0
7	0	0	0	0	0	0	0	256	0	0
8	0	0	0	0	0	0	0	0	256	0
9	0	0	0	0	0	0	0	0	0	256
准确率	100.00%									
错误率	0.00%									

（续表）

迭代次数 200：训练错误（MSE=0.025859；预测标签 =0.00%）									
混淆矩阵［预测 × 原始］（种类数：10）									
科恩卡帕系数	100.00%								
	0	1	2	3	4	5	6	7	8	9
精确度	100%	100%	100%	100%	100%	100%	100%	100%	100%	100%
召回率	100%	100%	100%	100%	100%	100%	100%	100%	100%	100%
FNR	0%	0%	0%	0%	0%	0%	0%	0%	0%	0%
F1	100%	100%	100%	100%	100%	100%	100%	100%	100%	100%
TNR	100%	100%	100%	100%	100%	100%	100%	100%	100%	100%
FPR	0%	0%	0%	0%	0%	0%	0%	0%	0%	0%

使用训练数据集测试模式性能，得到上述结果。为了使测试更真实（泛化误差），让我们创建一些修改过的数字图像，这些图像在训练过程中不曾出现过，见图 8-33、图 8-34 和图 8-35。

图 8-33　"8"的修改图像 　　　图 8-34　"0"的修改图像 　　　图 8-35　"5"的修改图像

在导入单幅图像（非拼接图像）时不应选择拼接图像选项。确保选择预测而不是训练作为目的数据类型。将图像导入数据库后，将项目文件中的"input"和"output"部分中的"data_id"更改为导入图像的数据库表格名称。使用左侧工具栏的"Predict with AI Model"命令，模型自动处理输入的图像。

模型可以完美地识别三个数字。通过内置的数据库编辑器打开数据库，查看存储输入图像的数据库表，可以看到预测结果。标签列已经被模型填充。注意输入和输出使用同一个表格。

现在尝试将图像顺时针旋转 25 度，如图 8-36、图 8-37 和图 8-38。

图 8-36　"8"的旋转图像 　　　图 8-37　"0"的旋转图像 　　　图 8-38　"5"的旋转图像

我们将图像交给模型时，模型识别到数字 8、7 和 3。只有数字 8 被正确地识别。为了使经过旋转的数字图像被正常识别，就需要将旋转过的数字图像添加到训练数据集。

8.9　案例分析 8：机器学习辅助潜在心血管疾病检测

心血管疾病（CVD）是心脏和血管的一系列病症。世界卫生组织（WHO）报告称，"全球范围内，CVD 是第一大致死原因：每年死于 CVD 的人多于死于任何其他原因的人。2016 年，估计约 1790 万人死于 CVD，占全球死亡人数的 31%。CVD 造成的死亡中，85% 是由于突发心脏病和脑卒中。超过四分之三的 CVD 死亡发生在中低收入国家。2015 年，非传播性疾病造成 1700 万人口早亡（70 岁以下死亡），其中 82% 来自中低收入国家，37% 死于 CVD。多数 CVD 可以通过控制行为风险因素的全民措施来预防，导致 CVD 的行为风险因素包括吸烟、不健康的饮食、肥胖、缺乏运动、酗酒等。CVD 患者或高风险人群（有高血压、糖尿病、高脂血症风险或者已经患病）需要尽早发现并通过恰当的咨询和药物进行干预。"[1]

"导致心脏病和脑卒中的最大行为风险因素，是不健康的饮食、缺乏运动、吸烟和酗酒。行为风险因素可能造成血压、血糖和血脂的升高，以及超重和肥胖。这些初级医疗机构就可以检测出来的'间接风险因素'可能增加患者发展成心脏病、心衰和其他并发症的风险。戒烟、减盐、多吃水果蔬菜、规律运动和避免酗酒已被证明可以降低CVD风险。另外，糖尿病、高血压和高血脂的药物治疗对降低CVD风险、预防心脏病和脑卒中很有必要。医疗政策应致力于创造一个有利的环境，使健康生活更可负担、可获得，并促进人们选择可持续的健康生活方式。"[2]

8.9.1　数据集

弗雷明汉心脏研究（Framingham Heart Study）是一项针对美国马萨诸塞州弗雷明汉市居民的长期心血管队列研究（cohort study）。

表8-38为弗雷明汉数据集的说明。

表8-38　弗雷明汉数据集说明

变量	说明	值 / 范围 / 单位
SEX	参与者性别	1= 男性 0= 女性
AGE	检查时年龄（年）	连续
EDUCATION	受教育程度	1，2，3 或 4 级
CURSMOKE	目前是否吸烟	0= 目前非吸烟者 1= 目前吸烟者
CIGPDAY	每天吸烟数量	0= 目前非吸烟者 1 ～ 90 支烟每天
BPMEDS	检查时是否使用降压药	0= 目前未用药 1= 正在用药
PREVHYP	高血压。正在接受治疗或第二次检查平均收缩压≥ 140 mmHg 或平均舒张压≥ 90 mmHg	0= 没有患病 1= 疾病高发
PREVSTRK	脑卒中史	0= 没有患病 1= 疾病高发
DIABETES	糖尿病，正在接受治疗或随机血糖高于200 mg/dL	0= 无糖尿病 1= 糖尿病
TOTCHOL	血清总胆固醇（mg/dL）	107.0 ～ 696.0
SYSBP	收缩压（三次测量中最近两次的均值）（mmHg）	82.0 ～ 300.0
DIABP	舒张压（三次测量中最近两次的均值）（mmHg）	30.0 ～ 160.0
BMI	体重指数（体重 / 身高的平方，单位是 kg/m² ）	14.0 ～ 57.0
HEARTRTE	心率（心室率，单位是次 / 分钟）	37 ～ 220
GLUCOSE	随机血糖（mg/dL）	39.0 ～ 478.0
TENYEARCVD	10 年内 CVD 风险	1= 患病风险高 0= 无患病风险 决策变量 分类

1　Cardiovascular diseases (CVDs), World Health Organisation Report. (2017)
2　Cardiovascular diseases (CVDs), World Health Organisation Report. (2017)

这项研究开始于 1948 年，研究对象是 5000 名以上弗雷明汉的成年人，目前这项研究已经进行到第三代参与者，且仍在继续。研究产生了大量相关数据，可以被用于训练机器学习模型。经过训练的模型将能够预测受试者未来 10 年内是否有较高的患 CVD 风险。这将在改善生活方式、预防重大疾病方面给予受试者巨大的帮助。

使用数据集之前需要先进行检查，有需要的话还要进行数据清洗。更多关于如何对输入数据进行处理的信息参阅第 4 章。这个数据集中的多个空白数据记录已经被移除，不需要做更多处理。决策变量（TENYEARCVD）的两个分类虽然数据不平衡，但不会造成影响。

第一步，使用"Database"选项卡左侧工具栏的"Create New AI-TOOLKIT Database"命令创建一个 AI-TOOLKIT 数据库。保存数据库到选定的路径。第二步是使用"Import Data into Database"命令将数据导入数据库。不要忘记指定标题行（如果有）数量及为决策列建立零基索引。接下来创建 AI-TOOLKIT 项目文件。用"Open AI-TOOLKIT Editor"命令打开编辑器，再点击"Insert ML Template"按钮插入模型模板。这个案例中使用监督学习 SVM 模型。

8.9.2　建模与参数优化

每个机器学习模型都有其独有的参数。AI-TOOLKIT 内置 SVM 模型参数优化模组。分类 SVM 模型（10 年内患上 CVD 的风险为决策变量）的 svm_type 参数为"C_SVC"。模型涉及 kernel_type、gamma、C、p、cache_size 和 max_iterations 参数。因为模型的 kernel_type 参数为"RBF"，所以用不到 degree 和 coef0 参数。

更多关于这个模型的信息参阅第 2.2.1 节。

这个例子使用的机器学习模型及其最优参数见图 8-39。

```
model:
  id: ID-xER-OjnxqS'
  type: SVM
  path: 'chd.sl3'
  params:
    - svm_type: C_SVC
    - kernel_type: RBF
    - gamma: 15.0
    - C: 1000
    - cache_size: 100
    - max_iterations: -1
  training:
    - data_id: 'chd'
    - dec_id: 'decision'
  test:
    - data_id: 'chd'
    - dec_id: 'decision'
  input:
    - data_id: 'chd_input_data'
    - dec_id: 'decision'
  output:
    - data_id: 'chd_output_data'
    - col_id: 'decision'
```

图 8-39　CVD SVM 模型

开始优化之前首先给 max_iterations 参数设置一个较小的数值（如 100 或 1000），模型将会进行多次训练，这样设置有利于缩短优化时间。不限制迭代次数可以将 max_iterations 参数设置为 1。cache_size（单位是 MB）参数值对大型数据集至关重要，因为它的大小关乎计算速度。该数据及只有 3656 格数据记录，因此 cache_size 使用默认值 100 就足够了。

使用左侧菜单栏的 "Svm Parameter Optimizer" 开始参数优化。模组将搜索最优参数，并以最优参数训练模型，不限制迭代次数。项目文件里的参数需要经过手动调整以达到最优（见输出日志）。

当然，我们也可以为同样的目的训练一个神经网络模型，并检查该模型是否准确率更高。下一部分将对结果进行解释。

8.9.3　结果分析

模型的性能评估结果见表 8-39。SVM 模型全局准确率达到 99.92%，在 3656 个样本中只有三个误报为没有 CVD 潜在风险（召回率 99.92%），不存在误报为有 CVD 潜在风险的情况（召回率 100%）。

表 8-39　CVD SVM 模型性能评估结果

混淆矩阵		原始	
		类别 0	类别 1
预测	类别 0	2034	3
	类别 1	0	1619
准确率	99.92%		
错误率	0.08%		
科恩卡帕系数	99.83%		
精确度		99.85%	100.00%
召回率		100.00%	99.82%
FNR		0.00%	0.18%
F1		99.93%	99.91%
TNR		99.82%	100.00%
FPR		0.18%	0.00%

根据患者的需求来看待每个分类的性能指标，以此对模型进行性能评估，在医疗任务中极其重要。在这个案例中，相比误报存在 CVD 风险，减少（如果可能）这三例对不存在 CVD 风险的误报更加重要。接到 CVD 误报的患者只需去医院接受检查，本身存在风险却没能接到预警的患者则可能继续不健康的生活习惯，陷入严重的危险。

评估使用了整个训练数据集。实践中应当使用更多的数据（如果可能），并将输入数据分为训练数据集和测试数据集。测试数据不能和训练数据重复（即测试数据必须是在训练过程中没有使用过的）。

更多关于划分训练数据集和测试数据集以及泛化误差的信息，请参阅第 1.2 节、第 4.3.2.9 节。

8.10 案例分析 9：机器学习辅助业务流程改进

这个案例旨在展示机器学习模型在改进医疗领域业务流程方面的应用。案例涉及的原则和原理同样适用于其他行业。

我们的任务是改进医院术后患者护理流程。根据目前的术后患者护理流程，患者在接受手术后，将由医生进行检查并判断患者从术后恢复区转出后的后续安排。有三种安排：

- 患者可以回家。
- 患者需要转入一般护理病房。
- 患者需要转入重症监护病房。

为了改进这个流程（使流程更迅速、更可靠），医院需要收集为各类患者做出决策所必需的数据，并以此数据训练机器学习模型。完成训练后，医院员工（如护士）可以轻松地将患者数据输入模型，模型会迅速确定（推理）如何安排这个患者。流程经过改进后会更加迅速，因为使用模型节省了等待医生接诊的时间。多数情况下模型的决策也更可靠，因为模型不会疲劳，也不会受外界因素干扰，医生可以专注于其他更重要的工作。另外，因为提高了处理速度，患者的满意度也更高。诸如此类的好处都是我们改进流程的原因。

8.10.1 数据集

表 8-40 是用于训练机器学习模型的数据子集，其中是在医院收集的真实数据[1]。数据中的符号含义见下文。

表 8-40 患者护理数据集

L-CORE	L-SURF	L-O2	L-BP	SURF-STBL	CORE-STBL	BP-STBL	COMFORT	DECISION
中	中	高	中	中	高	中	15	GC
低	高	低	低	中	低	低	10	HOME
优	优	优	良	优	良	优	10	GC
中	高	高	高	高	中	高	15	GC
稳定	稳定	稳定	稳定	稳定	稳定	稳定	10	GC
稳定	稳定	稳定	不稳定	稳定	稳定	稳定	15	HOME
稳定	稳定	一般稳定	一般稳定	稳定	不稳定	一般稳定	5	HOME
… …	… …	… …	… …	… …	… …	… …	… …	… …

多数数值属性，如体温，会被分组并转化为文字分类。这是训练机器学习模型时常用的技术。当然，我们也可以使用数值，但这样就会给模型更大自由度。许多情况下将数值分组并转化为恰当的文字分类就足够了。AI-TOOLKIT 既可以处理分类属性，也可以处理数值属性。

将收集到的属性分组如下：

- L-CORE。患者核心温度：高 >37℃，37℃≥中≥ 36℃，低 <36℃。

---

1 Postoperative dataset. Sharon Summers, School of Nursing, University of Kansas Medical Center, Kansas City, KS 66160 Linda Woolery, School of Nursing, University of Missouri, Columbia.

- L-SURF。患者体表温度：高 >36.5℃，36.5℃≥中≥ 35℃，低 <35℃。
- L-O2。氧饱和度：优≥ 98%，98% > 良≥ 90%，90% > 一般≥ 80%，差 <80%。
- L-BP。上一次测量血压：高 >130/90，130/90 ≥中≥ 90/70, 低 <90/70。
- SURF-STBL。患者体表温度稳定性：稳定，一般稳定，不稳定。
- CORE-STBL。患者核心温度稳定性：稳定，一般稳定，不稳定。
- BP-STBL。患者血压稳定性：稳定，一般稳定，不稳定。
- COMFORT。转出时患者体感舒适度，用 0 到 20 的整数表示。
- DECISION。后续安排：Home（回家），为患者回家做准备；GC（一般护理），患者转入一般护理病房；IC（重症监护），患者必须转入重症监护病房。

该数据中存在严重的不平衡。数据中有 64 例"Home"决策，24 例"GC"决策，只有 2 例"IC"决策。数据集也很小，只有 90 条数据记录。因此在做模型评估时要考虑到数据的不平衡，或者通过重采样来纠正这种不平衡。在这个案例中，两种处理方式我们都会尝试。

第一步，使用 Database 选项卡左侧工具栏的"Create New AI-TOOLKIT Database"命令创建一个 AI-TOOLKIT 数据库。保存数据库到选定的路径。第二步是使用"Import Data into Database"命令将数据导入到数据库。不要忘记指定标题行（如果有）数量以及为决策列建立零基索引。选择"Conversion/Resampling"（转化 / 重采样）两个选项，系统会自动对分类值进行转化，并为纠正数据不平衡对数据集进行重采样。

为了测试原始数据和重采样后的数据，要进行两次数据导入，第一次是未经过重采样的数据，第二次是经过重采样的数据。数据集使用不同文件名导入相同 AI-TOOLKIT 数据库。分类数据转换使用默认设置，即整数编码。进行重采样时将"Majority Limit"（多数类界限值）选项设置为 64（多数类的样本数），这样经过重采样后，三个分类（Home、GC 和 IC）的样本数量都为 64。

更多关于分类值转换的信息，参见第 4.3.2.2 节；关于如何通过重采样纠正不平衡数据，参见第 4.3.2.6 节。

8.10.2　训练机器学习模型

接下来创建 AI-TOOLKIT 项目文件。使用"Open AI-TOOLKIT Editor"命令打开编辑器，点击"Insert ML Template"按钮插入选中的模型模板。我们将训练一个简单的含有三个内部层的神经网络分类模型。图 8-40 显示了这个模型的项目文件和最优参数。

关于神经网络及其参数，请参阅第 2.2.2 节。

```
model:
  id: 'ID-BBEMTNTNEY'
  type: FFNN1_C
  path: 'postoperative.sl3'
  params:
    - layers:
      - Linear:
      - TanHLayer:
          nodes: 100
      - Linear:
      - TanHLayer:
          nodes: 80
      - Linear:
      - TanHLayer:
          nodes: 40
      - Linear:
    - iterations_per_cycle: 1000
    - num_cycles: 10
    - step_size: 5e-5
    - batch_size: 1
    - optimizer: SGD_ADAM
    - stop_tolerance: 1e-5
    - sarah_gamma: 0.125
  training:
    - data_id: 'postoperative'
    - dec_id: 'decision'
  test:
    - data_id: 'postoperative'
    - dec_id: 'decision'
  input:
    - data_id: 'po_input_data'
    - dec_id: 'decision'
  output:
    - data_id: 'po_output_data'
    - col_id: 'decision'
```

图 8-40　项目文件

前面说过，我们会用原始数据集和重采样数据集来训练模型。训练结果将在下一节做出分析。

8.10.3　结果分析

模型在原始（未经重采样的）数据集上的训练过程和扩展评估结果见图 8-41。

```
AI Training... (Model ID: ID-BBEMTNTNEY).
 0 - training accuracy = 71.11 % (Model ID: ID-BBEMTNTNEY) (training time: 0m 2s ).
 1 - training accuracy = 81.11 % (Model ID: ID-BBEMTNTNEY) (training time: 0m 0s ).
 2 - training accuracy = 90.00 % (Model ID: ID-BBEMTNTNEY) (training time: 0m 0s ).
 3 - training accuracy = 91.11 % (Model ID: ID-BBEMTNTNEY) (training time: 0m 0s ).
 4 - training accuracy = 92.22 % (Model ID: ID-BBEMTNTNEY) (training time: 0m 0s ).
 5 - training accuracy = 92.22 % (Model ID: ID-BBEMTNTNEY) (training time: 0m 0s ).
 6 - training accuracy = 92.22 % (Model ID: ID-BBEMTNTNEY) (training time: 0m 0s ).
 7 - training accuracy = 93.33 % (Model ID: ID-BBEMTNTNEY) (training time: 0m 0s ).
 8 - training accuracy = 93.33 % (Model ID: ID-BBEMTNTNEY) (training time: 0m 0s ).
 9 - training accuracy = 93.33 % (Model ID: ID-BBEMTNTNEY) (training time: 0m 0s ).
10 - training accuracy = 93.33 % (Model ID: ID-BBEMTNTNEY) (training time: 0m 0s ).
```

（接上图）

```
The best model is chosen with training accuracy = 93.33 % (Model ID: ID-BBEMTNTNEY).

Performance Evaluation Results:
Confusion Matrix [predicted x original] (number of classes: 3):
                              GC                  Home                    IC
                GC            63                     5                     0
              Home             1                    19                     0
                IC             0                     0                     2

     Accuracy: 93.33%

        Error: 6.67%
      C.Kappa: 83.46%

                              GC                  Home                    IC
        Precision:         92.65%                95.00%               100.00%
           Recall:         98.44%                79.17%               100.00%
              FNR:          1.56%                20.83%                 0.00%
               F1:         95.45%                86.36%               100.00%
              TNR:         80.77%                98.48%               100.00%
              FPR:         19.23%                 1.52%                 0.00%

Category mapping [table 'postoperative']:

Column col1:
        _cat_type => integer
        high => 1
        low => 2
        mid => 0
Column col2:
        _cat_type => integer
        high => 1
        low => 0
        mid => 2
Column col3:
        _cat_type => integer
        excellent => 0
        good => 1
Column col4:
        _cat_type => integer
        high => 1
        low => 2
        mid => 0
Column col5:
        _cat_type => integer
        stable => 0
        unstable => 1
Column col6:
        _cat_type => integer
        mod-stable => 2
        stable => 0
        unstable => 1
Column col7:
        _cat_type => integer
        mod-stable => 1
        stable => 0
        unstable => 2
Column decision:
        GC => 0
        Home => 1
        IC => 2
        _cat_type => integer
```

图 8-41 模型训练过程和扩展评估结果（原始数据集）

模型在重采样数据集上的训练过程和扩展评估结果见图 8-42。

```
AI Training... (Model ID: ID-BBEMTNTNEY_RS).
  0 - training accuracy = 68.23 % (Model ID: ID-BBEMTNTNEY_RS) (training time: 0m 0s ).
  1 - training accuracy = 79.17 % (Model ID: ID-BBEMTNTNEY_RS) (training time: 0m 0s ).
  2 - training accuracy = 85.94 % (Model ID: ID-BBEMTNTNEY_RS) (training time: 0m 0s ).
  3 - training accuracy = 89.06 % (Model ID: ID-BBEMTNTNEY_RS) (training time: 0m 0s ).
  4 - training accuracy = 93.23 % (Model ID: ID-BBEMTNTNEY_RS) (training time: 0m 0s ).
  5 - training accuracy = 95.31 % (Model ID: ID-BBEMTNTNEY_RS) (training time: 0m 0s ).
  6 - training accuracy = 97.40 % (Model ID: ID-BBEMTNTNEY_RS) (training time: 0m 0s ).
  7 - training accuracy = 98.44 % (Model ID: ID-BBEMTNTNEY_RS) (training time: 0m 0s ).
  8 - training accuracy = 98.44 % (Model ID: ID-BBEMTNTNEY_RS) (training time: 0m 0s ).
  9 - training accuracy = 98.44 % (Model ID: ID-BBEMTNTNEY_RS) (training time: 0m 0s ).
 10 - training accuracy = 98.44 % (Model ID: ID-BBEMTNTNEY_RS) (training time: 0m 0s ).
The best model is chosen with training accuracy = 98.44 % (Model ID: ID-BBEMTNTNEY_RS).

Performance Evaluation Results:
Confusion Matrix [predicted x original] (number of classes: 3):
                      GC            Home             IC
        GC            61             0               0
       Home            3             64              0
        IC             0             0               64

    Accuracy: 98.44%
       Error: 1.56%
     C.Kappa: 97.66%

                      GC            Home             IC
   Precision:       100.00%        95.52%         100.00%
      Recall:        95.31%       100.00%         100.00%
         FNR:         4.69%         0.00%           0.00%
          F1:        97.60%        97.71%         100.00%
         TNR:       100.00%        97.66%         100.00%
         FPR:         0.00%         2.34%           0.00%
```

图 8-42 模型训练过程和扩展评估结果（重采样数据集）

在原始数据集上和重采样数据集上训练的模型都得到了不错的结果，但还是有细微差别。表面看来，重采样数据集训练的模型表现更好，然而仍需区分对于患者来说，什么样的错误"更能被接受"、什么样的错误是不允许的。

使用重采样数据集训练的模型，做出了将三个本应接受护理的患者送回家的错误决策（见混淆矩阵）。这种错误是不允许的，因此，尽管重采样数据集训练出的模型具有更高的准确率，我们仍然倾向于选择只犯了一次这种错误的原始数据集训练出的模型。

将本应回家的患者转入一般护理病房，这种错误对于患者的危险性相对较低，之后医生也可以再做出院回家的判断，因此，相比另一类错误，这一类错误更能被容忍。

没有模型出现最坏的错误，即让应当转入重症监护病房的患者回家或者转入一般护理病房。在这个任务中这一点极其重要。

重要提示：这种关注结果的思维方式，在对特定错误敏感的领域十分典型（如医疗领域）。这也是分析扩展评估结果和分类指标如此重要的原因。更多关于机器学习模型性能评估的内容请参阅第 3 章。

8.11　案例分析 10：机器学习替代测量

有一些值，测量起来可能昂贵和 / 或不方便，这个简单的案例旨在演示如何用机器学习来代替测量。

我们来看一个估算人体脂肪含量的任务。人体脂肪含量是个人健康的重要指标。"已知身体密度，可以估算人体脂肪含量"，身体密度"可以通过多种手段测量，比如水下称重法，通过测量人体在空气中和水下的重量差……以及经过温度修正的水的密度，计算人体体积"[1]。通过水下称重得到的人体密度，加上个人的年龄、体重、身高和各种围度，都是预测等式中的变量。方法在参考文献 [66] 中介绍。

这个案例中，我们是用机器学习模型来替代测量体脂含量的任务，但相同原则适用于任何类型的测量的替代任务。

8.11.1　体脂含量数据集

表 8-41 展示了部分体脂含量数据集（详见参考文献 [65, 66]）。数据列由左向右分别为：

- C1：体脂含量百分比
- C2：年龄（年）
- C3：体重（磅）
- C4：身高（英寸）
- C5：颈围（厘米）
- C6：胸围（厘米）
- C7：腰围（厘米）
- C8：臀围（厘米）
- C9：大腿围 （厘米）
- C10：膝围 （厘米）
- C11：踝围 （厘米）
- C12：上臂围 （厘米）
- C13：前臂围 （厘米）
- C14：腕围 （厘米）
- C15：水下称重得出的密度

数据包含 252 名男性（252 条数据记录）的水下称重体脂含量百分比、各个身体围度、年龄、体重和身高。决策变量（模型的学习对象）在第一列，叫作"C1：体脂含量百分比"。

原理很简单，取若干测量数据，让机器学习模型学习数据之间的关系，以便将来用几组便于测量的身体围度进行推算来替代身体密度测量。

如果想要用类似方法替代其他测量，则应当尽量收集更多测量数据（同时要考虑测量的成本、时间等），为机器学习模型的训练提供足够的信息。

1　Johnson, R.W.: Body Fat Dataset. Department of Mathematics & Computer Science, South Dakota School of Mines & Technology, Rapid.

表 8-41　体脂含量数据集预览

C1	C2	C3	C4	C5	C6	C7	C8	C9	C10	C11	C12	C13	C14	C15
12.3	23	154.25	67.75	36.2	93.1	85.2	94.5	59	37.3	21.9	32	27.4	17.1	1.0708
6.1	22	173.25	72.25	38.5	93.6	83	98.7	58.7	37.3	23.4	30.5	28.9	18.2	1.0853
25.3	22	154	66.25	34	95.8	87.9	99.2	59.6	38.9	24	28.8	25.2	16.6	1.0414
10.4	26	184.75	72.25	37.4	101.8	86.4	101.2	60.1	37.3	22.8	32.4	29.4	18.2	1.0751
28.7	24	184.25	71.25	34.4	97.3	100	101.9	63.2	42.2	24	32.2	27.7	17.7	1.034
20.9	24	210.25	74.75	39	104.5	94.4	107.8	66	42	25.6	35.7	30.6	18.8	1.0502
19.2	26	181	69.75	36.4	105.1	90.7	100.3	58.4	38.3	22.9	31.9	27.8	17.7	1.0549
12.4	25	176	72.5	37.8	99.6	88.5	97.1	60	39.4	23.2	30.5	29	18.8	1.0704
4.1	25	191	74	38.1	100.9	82.5	99.9	62.9	38.3	23.8	35.9	31.1	18.2	1.09
11.7	23	198.25	73.5	42.1	99.6	88.6	104.1	63.1	41.7	25	35.6	30	19.2	1.0722
⋮	⋮	⋮	⋮	⋮	⋮	⋮	⋮	⋮	⋮	⋮	⋮	⋮	⋮	⋮

8.11.2　训练体脂含量替代测量机器学习模型

接下来创建 AI-TOOLKIT 项目文件。使用"Open AI-TOOLKIT Editor"命令打开编辑器，点击"Insert ML Template"按钮插入选中的模型模板。我们将训练一个简单的 SVM 回归模型，其决策变量为数据集第一列的体脂含量百分比。图 8-43 是这个模型的项目文件和最优参数。

```
--- # Body fat SVM Regression Example {
model:
 id: 'ID-2'
 type: SVM
 path: 'project.sl3'
 params:
  - svm_type: EPSILON_SVR
  - kernel_type: RBF
  - gamma: 15.0
  - C: 79.4
  - p: 0.1
 training:
  - data_id: 'training_data_2'
  - dec_id: 'decision'
 test:
  - data_id: 'training_data_2'
  - dec_id: 'decision'
 input:
  - data_id: 'idd_2'
  - dec_id: 'decision'
 output:
  - data_id: 'idd_2'
  - col_id: 'decision'
#}
```

图 8-43　体脂含量替代测量项目文件

更多关于 SVM 回归模型机器参数值的内容，请参阅第 2.2.1 节和第 9.2.3.1 节。如何创建数据库、导入数据以及训练机器学习模型在前面的案例中已经解释过多次，在此不再赘述。AI-TOOLKIT 的 SVM 参数优化模组可以自动确定模型的最优参数。

8.11.3　结果分析

模型的训练过程和评估结果见图 8-44。

```
[TRAINING START]
SQLite database file project.sl3 opened successfully.
Data is read.
Start training...
Model optimization step: support vectors = 233.
Calculating accuracy on whole training dataset...
MSQE = 0.00962341
The model is trained and saved in the database with success. Model ID: ID-2, Database:
project.sl3
[TRAINING END]
```

图 8-44　体脂含量替代测量模型训练过程与扩展评估结果

　　虽然数据集（有252条数据记录）很小，但模型的均方误差（图中的MSQE，可代表性能）相当不错，约为0.009623。

　　经过训练的机器学习模型用于替代测量体脂含量，可规避如水下称重等昂贵或不方便的测量方式。只需提供数据集第2到15列的数据，模型就可以做出预测（推理）。

第6部分

Part 6

AI-TOOLKIT 让机器学习更简单

第9章

AI-TOOLKIT 让机器学习更简单

摘　要：本章介绍 AI-TOOLKIT 的工作原理和使用方法。AI-TOOLKIT 的完整版对非商业用途用户免费，用户可以使用 AI-TOOLKIT 尝试复现本书中所有案例，无须编程就可以实践学到的机器学习知识。AI-TOOLKIT 支持三种主流的机器学习形式：监督、无监督和强化学习。即使不会编程，你也可以使用最先进的机器学习模型。

9.1　概述

AI-TOOLKIT 内置多个易于使用的机器学习工具，这些工具是构建人工智能的中坚力量。目前包括以下工具（以后可能会扩展）：

·AI-TOOLKIT 专业版（AI-TOOLKIT Professional）

·DeepAI 教育版（DeepAI Educational）

·VoiceBridge

·VoiceData

·文档概要（DocumentSummary）

AI-TOOLKIT 的宗旨是使每个人都能够更简单地获取并使用机器学习技术。除了完全开源的 VoiceBridge 以外，AI-TOOLKIT 内置的其他工具都不要求用户熟知编程技巧。VoiceBridge 是现成的 C++ 源代码，可以用于 Windows 上，进行简单的高性能语音识别。VoiceBridge 包含一个 DLL（动态链接库）和一个应用程序，都受到 AI-TOOLKIT 开源许可的保护（基于 Apache 2.0 的许可）。

在 AI-TOOLKIT 和本书的共同帮助下，即使是新手也可以快速获取必要知识，并将机器学习应用到工作中。旗舰产品 AI-TOOLKIT 专业版则可以帮助专业人士将机器学习应用到各行各业。

接下来，我们详细介绍每一种可用的工具。

9.2　AI-TOOLKIT 专业版

9.2.1　概述

AI-TOOLKIT 专业版是一个机器学习软件工具包，适用于各类机器学习模型的简单训练、测试和推理（预测），以及创建机器学习流程。机器学习流程意味着有数个机器学习模型相连（输入 – 输出）且共同工作或并行工作。创建和使用复杂的机器学习模型都不需要编程技巧。

内置的高速 SQL 数据库有助于让机器学习数据的存储更加紧凑且简单。一个数据库可以容纳几个 GB 的数据，一个项目也可以使用多个数据库。

数据库编辑器用于查看和编辑所有 AI-TOOLKIT 专业版数据库。AI-TOOLKIT 专业版和数据库编辑器都支持加密数据库，满足数据安全需要。

AI-TOOLKIT 专业版支持三个主流的机器学习类型：监督、无监督和强化学习，为每个机器学习类型提供多种算法，还提供多个混合机器学习应用。

（1）监督学习。

① 支持向量机（SVM）模型。

② 随机森林（RF）分类模型。

③ 前馈神经网络（FFNN）回归模型。

④ 前馈神经网络（FFNN）分类模型。

⑤ 卷积前馈神经网络（CFFNN）分类模型。

（2）无监督学习。

① k 均值聚类模型。

② MeanShift 聚类模型。

③ DBScan 聚类模型。

④ 层次聚类模型。

（3）强化学习。

① 深度 Q 学习（神经网络）。

（4）应用。

① 利用主成分分析（PCA）进行降维。

② 根据显式反馈（协同过滤）做出推荐。

③ 根据隐式反馈（协同过滤）做出推荐。

后续可能会添加其他算法和应用。

软件内置机器学习模型模板，可以将复杂的机器学习模型创建过程简化为简单的选择过程。训练、测试及使用模型都无需编程或编写脚本。多数任务都可以自动化处理，需要设置的参数也减到最少。

> **注：** AI-TOOLKIT 内置多个应用 / 工具，如专业的人脸识别、说话人识别和指纹识别应用，以及图像编辑器、大文本文件编辑器等。更多相关信息见后文。

9.2.2　AI 定义句法

AI-TOOLKIT 专业版使用简单易学的机器学习模型定义句法，这一节将对其进行解释。

AI-TOOLKIT 专业版带有一款用户友好的彩色文本编辑器（专为 AI-TOOLKIT 专

业版开发），可用于定义你自己的机器学习模型和机器学习流程（一个项目文件可以包含若干相连或独立的机器学习模型）。

为了更好地理解，我们来看一个监督学习项目的例子（见图9-1）。

```
--- # SVM Classification Example {
model:
  id: 'ID-1'
  type: SVM
  path: 'project.sl3'
  params:
    - svm_type: C_SVC
    - kernel_type: RBF
    - gamma: 15.0
    - C: 1.78
  training:
    - data_id: 'training_data_1'
    - dec_id: 'decision'
  test:
    - data_id: 'training_data_1'
    - dec_id: 'decision'
  input:
    - data_id: 'idd_1'
    - dec_id: 'decision'
  output:
    - data_id: 'idd_1'
    - col_id: 'decision'
#}
```

```
--- # SVM Classification Example {
...
#}
```

图9-1 监督学习模型句法示例

以下是基本的模型定义句法规则：

（1）模型必须以三条横线开始，"－－－"指示新模型的起始点（一个项目文件可以包含多个模型）。

```
---
```

（2）在任意位置添加注释必须以"#"开头。"#"后面的语句作为注释显示为绿色。

```
--- # SVM Classification Example {
```

（3）在有多个模型的情况下，通过在模型开头添加"# {"、结尾添加"#}"，可以折叠模型（开/关）。两个大括号之间的文本可以折叠。注意，大括号必须在"#"（注释符号）之后。

（4）重要提示：禁止使用Tab键缩进，必须使用空格键缩进。

（5）每一行必须以一个关键词加冒号"："开始。这些关键词被称为节点，因为整个模型呈树状结构。

```
id: 'ID-1'
```

（6）每个模型必须以关键词（或节点）"model:"开始。其后不能添加除了注释以外的任何语句。

```
model:
```

（7）下一行必须缩进两格，注明模型的唯一 ID（项目文件中所有 ID 必须是不同 / 唯一的）。每个属性必须以一个关键词开始（这里是"id"），紧接着是冒号和属性值。属性的层次（类似树状结构）由缩进定义。ID 是模型的属性，因此向右缩进两格（也可以缩进一格或多格，为简单起见这里采用两格）。模型 ID 必须位于两个单引号之间（表示文本属性）。

```
id: 'ID-1'
```

（8）下一行必须缩进两个空格，注明模型种类。模型类型有专属关键词，需用相应的颜色标注。下一节列出了可用的模型种类及它们的关键词。注意"id"和"type"都是模型参数，因此向右缩进量相同。

```
type: SVM
```

（9）下一行必须缩进两个空格（模型参数）并注明 AI-TOOLKIT 数据库的路径。可以用数据库的完整路径，也可以仅用文件名。仅用文件名时，数据库必须与项目文件位于相同文件夹内。

```
path: 'project.sl3'
```

重要提示： 每个 AI-TOOLKIT 数据库都有一个专属的表叫作"trained_models"，必须设置正确。因此，一定要使用 Database 选项卡工具栏的"Create New AI-TOOLKIT Database"按钮新建数据库。

（10）下一行必须缩进两个空格，用关键词"params"标注模型类型参数的开头。在这一行下方定义每个参数。

```
params:
```

（11）"type"参数必须进一步缩进两个空格（二级缩进），用短横线（dash）"–"定义参数开始，接着是参数名、冒号和参数值。参数值可以是特殊关键词（如 C_SVC）、加单引号的字符串，或者数字。注意，每个参数向右缩进的量必须相同。

```
- svm_type: C_SVC
```

（12）所有参数定义完成之后（可能向右缩进了数级），分四个段落分别注明用于训练、测试、输入（预测）和存储 AI 模型预测结果输出的数据库表。

（13）每个数据段以数据定义名称开始，分别为"training""test""input"或"output"，

新一行用"data_id""dec_id"，或者选用多个"col_id"定义列名称（图 9-2）。

```
training:
  - data_id: 'training_data_1'
  - dec_id: 'decision'
test:
  - data_id: 'training_data_1'
  - dec_id: 'decision'
input:
  - data_id: 'idd_1'
  - dec_id: 'decision'
output:
  - data_id: 'idd_1'
  - col_id: 'decision'
```

图 9-2 AI-TOOLKIT 项目文件中的数据段

"data_id"定义数据库表名称，"dec_id"定义数据库中决策 / 标签列名称，"dec_id"是必需且唯一的。通过查看示例数据库中的表名称，可以充分理解这一点。

> **重要提示：**不定义"col_id"则会使用整个数据表，如本例。通过定义"col_id"可以选择使用表的一部分。这样就可以轻松选择所需的特征。
>
> **拓展信息：**数据可能来自数个数据表，通过"data_id"及一个或多个"col_id"列定义来注明，接着是"data_id"及一个或多个"col_id"等。"dec_id"必须是唯一的。所有表中列的数量必须相同。

（14）重要提示：四个数据（"training""test""input""output"）以相同方式定义。AI-TOOLKIT 会对数据库中"input"和"output"数据表的数据进行修改，因此确保使用与"training"数据定义不同的数据表。

（15）预测结果（决策 / 标签）会被写入"input"和"output"数据表。这两个数据表可能相同。

这些就是需要遵守的全部规则。用"Insert Template"按钮，可以将每个种类的事前定义的模型插入编辑器。只需更改参数值或者插入更多元素（例如神经网络层）。这大大简化了创建机器学习模型的工作。模板会根据大部分上述规则做出引导。

> **提示：**模型模板中都注释了参数的取值范围，句法是：range [0, 16] 或 range [0,]。第一个范围表明参数取值范围在 0 到 16 之间，第二个范围表示参数取值范围在 0 到任何合理数字之间。允许的数字类型用"double"（小数）或"int"（整数）注明。下一部分有举例。

下一节将详细解释所有模型种类及其参数。

9.2.3　模型种类及其参数

9.2.3.1　监督学习：支持向量机模型

支持向量机模型（type：SVM）参数见表9-1。

表9-1　SVM模型参数

参数名称	说明
svm_type:	C_SVC 代表分类模型，　EPSILON_SVR 代表回归模型
kernel_type:	核函数类型：RBF（径向基函数），LINEAR，POLY（多项式），SIGMOID。多数情况下推荐使用 RBF 核函数
C:	所有 SVM 模型都使用这个参数。由于模型对这个参数高度敏感，设置正确的参数值至关重要
gamma:	RBF、多项式和 SIGMOID 核函数使用这个参数。由于模型对这个参数高度敏感，必须对其进行优化
degree:	仅有多项式核函数用到这个参数
coef0:	多项式和 SIGMOID 核函数用到这个参数
p:	所有回归（EPSILON_SVR）模型都使用这个参数
cache_size:	用于提高计算速度的缓存大小。默认值是 100 MB。不设置则使用默认值（许多其他参数也是如此）
max_iterations:	设置为－1则不限制迭代次数（模型会持续迭代，直到无法再有提高），否则模型根据设置迭代。设置一个较小数值，如 100，同时优化 SVM，有助于提升模型的速度

请注意，参数 C、γ (gamma)、d (degree)、coef 0 和 p 是在机器学习的过程中优化的函数参数。C 代表错误的惩罚参数，其他参数是核函数的参数。本书目的不在于详细解释 SVM 优化问题的解决方案。更多信息请参阅本书末尾列出的参考文献。

SVM 参数句法和参数取值范围见图9-3。

```
params:
    - svm_type: C_SVC # options: C_SVC, EPSILON_SVR
    - kernel_type: RBF # options: RBF, LINEAR, POLY, SIGMOID
    - gamma: 15.0 # double range[0,16], Used for: RBF, POLY, SIGMOID
    - C: 1.78 # double range[0,4000], Used for: RBF, LINEAR, POLY, SIGMOID
    - degree: 3 # int range[0,10], Used for: POLY
    - coef0: 0 # double range[0,100], Used for: POLY, SIGMOID
    - p: 0.1 # double range[0.0,1.0], Used for: EPSILON_SVR only
    - cache_size: 100 # int range[10,] (MB)
    - max_iterations: -1 # No limit if set to -1.
```

图9-3　SVM 参数句法和参数取值范围

软件内置的参数优化模组可以自动优化影响 SVM 模型的参数集合。不同的参数根据不同类型的SVM模型(分类或回归)和核函数类型得到优化和应用。优化的参数包括 C、gamma 和 p。其他参数虽然没有优化，但可以在项目文件中进行调整并测试其对准确率的敏感度。

使用 AI-TOOLKIT 选项卡工具栏中如图9-4显示的图标，打开 SVM 参数优化器。

图9-4 SVM参数优化器工具栏图标

关于模型的更多信息参阅第2.2.1节。

9.2.3.2 监督学习：随机森林分类模型

随机森林分类模型（type：RF）参数见表9-2。

表9-2 随机森林分类模型参数

参数名称	说明
min_leaf_size:	创建决策树所用的最少叶片数量
num_trees:	决策树的数量
k_fold:	交叉验证折数。如果设置为−1则不执行交叉验证 提示：以下情况不要使用交叉验证：数据集过小（不现实）或者过大（耗时过多）

句法高亮显示编辑器中的随机森林句法如图9-5所示。

```
params:
    - min_leaf_size: 5 # int range[1,]
    - num_trees: 10 # int range[1,]
    - k_fold: -1 # int range[2,], -1 means no cross-validation!
```

图9-5 随机森林模型句法

关于模型的更多信息参阅第2.2.1节。

9.2.3.3 监督学习：前馈神经网络回归模型

关于该模型的更多信息参阅第2.2.2节，模型（type: FFNN1_R）参数见表9-3。

表9-3 前馈神经网络回归模型参数

参数名称	说明
layers:	这个关键词下定义神经网络层 注：每层和层上每个参数都需要进行相应的右缩进。缩进告诉软件哪个参数属于哪个关键词，因此十分重要。还要注意每个层类型前都有一个连字符，但是，层参数前没有连字符（如"nodes:"）。你可以查看软件自带模板的示例。正文中也有一些例子可以参考
中间连接层	
- Linear	没有参数。多数情况下作为非卷积神经网络第一层
- LinearNoBias	没有参数。没有添加偏置的线性层
- DropConnect	一个可选参数："ratio"（默认值0.5）。利用"ratio"概率随机正则化输入值，将连接设置为零，并将其余元素按$1/(1 - ratio)$系数缩放

（续表）

参数名称	说明
激活层	
－ IdentityLayer	没有参数
－ TanHLayer	一个参数：节点数（"nodes:"）
－ SigmoidLayer	一个参数：节点数（"nodes:"）
－ ReLULayer	一个参数：节点数（"nodes:"）
－ LeakyReLU	两个参数：节点数（"nodes:"）和非零梯度，可以通过将参数"alpha:"设置在 0 到 1 范围内进行调整。alpha 的默认值为 0.03
－ PReLU	两个参数：节点数（"nodes:"）和非零梯度，可以通过将参数"alpha:"设置在 0 到 1 范围内进行调整。alpha 的默认值为 0.03
－ FlexibleReLU	两个参数：节点数（"nodes:"）和非零梯度，可以通过将参数"alpha:"设置在 0 到 1 范围内进行调整。alpha 的默认值为 0.0
－ SoftPlusLayer	一个参数：节点数（"nodes:"）
特殊中间层	
－ Dropout	一个可选参数："ratio"（默认值为 0.5）。利用"ratio"概率随机正则化输入值，将连接值设置为零，并将其余元素按照 1/(1 － ratio) 系数进行缩放
－ BatchNorm	没有参数：将输入数据转化为零均值（zero mean）和单位方差（unit variance）并对数据进行缩放和平移。对单个训练样本进行归一化，计算批的均值和标准偏差
－ LayerNorm	没有参数。将输入数据转化为零均值（zero mean）和单位方差（unit variance）并对数据进行缩放和平移。对单个训练样本进行归一化，计算层维度的均值和标准偏差
iterations_per_cycle:	每个周期的总迭代次数 -SGD_ADAM 和 SGD_ADADELTA：iterations_per_cycle 的正常值等于数据文件中的数据记录的数量（n） -SARAHPLUS：iterations_per_cycle 是每个 n / batch_size 内部迭代的额外外部迭代次数。迭代总次数为（iterations_per_cycle * n / batch_size）
num_cycles:	优化周期数。每个周期含有 iterations_per_cycle 个内部迭代
step_size:	优化器的步长。这个值需要根据所选优化器和输入数据调整，可能对优化产生重要影响！可取值范围为 [1e-10,]
batch_size:	每一步的批大小（数据点组数）
optimizer:	使用的优化器名称。有三个选项：SGD_ADAM, SARAHPLUS 和 SGD_ADADELTA。推荐使用 SGD_ADAM
stop_tolerance:	停止优化的容忍度。当值设置过小时，优化会一直持续，直到达到最大迭代次数
sarah_gamma:	SARAHPLUS 优化器参数。默认值为 0.125

提示：查看内置模板确定数值参数的取值范围。例如，模板中注释 range [1e-10,] 表示 1e-10 是可取的最小值，最大值没有限制（见下文）。Range [1e-10, 1] 表示取值范围在 1e-10 到 1 之间。例如：

```
- step_size: 5e-5 # double range[1e-10,]
```

图 9-6 是一个激活函数参数的示例。

```
params:
    - layers:
        # …… 等一些层
        - LeakyReLU:
            nodes: 150
            alpha: 0.03
        # ……等。模型不完整。
```

图 9-6　激活函数参数

表 9-3 和图 9-7 展示了一个示例模型所有的参数。

```
params:
    - layers:
        - Linear: #输入连接；没有参数
        - TanHLayer: #第一层；一个参数：节点数
            nodes: 200
        - Linear: #中间连接
        - TanHLayer: # 第二层；一个参数：节点数
            nodes: 150
        - Linear: #中间连接
        - TanHLayer:  # 第三层；一个参数：节点数
            nodes: 80
        - Linear: #连接到输出
        #如有必要可在此处添加更多层
    - iterations_per_cycle: 10000
    # SGD_ADAM 和 SGD_ADADELTA：一般值为数据文件中数据记录的数量 (n)
    # SARAHPLUS：每个 n/batch_size 内部迭代都有对应的
    # 额外的外部迭代次数
    # 迭代总次数：
    # (iterations_per_cycle * n / batch_size)!
    - num_cycles: 50# int range[1,]
                    # （每个周期含有上述参数定义的内部迭代次数）
    - step_size: 5e-5# double range[1e-10,]
    - batch_size: 10 # int range[1,] (Power of 2)
    - optimizer: SGD_ADAM # 选项： SGD_ADAM, SARAHPLUS, SGD_ADADELTA
    - stop_tolerance: 1e-5# double range[1e-10, 1]
    - sarah_gamma: 0.125# double range[0, ]
```

图 9-7　前馈神经网络回归模型示例

注：请注意，因为神经网络层的输入和输出节点可以自动确定，所以不需要再在层数据段定义。前馈神经网络通常以"linear"层连接开始和结束。卷积前馈神经网络一般从一个卷积层开始，以"linear"层结束。

关于该模型的更多信息请参阅第 2.2.2 节。

神经网络示例

表 9-4 列举了一部分神经网络层类型。

表 9-4　神经网络层示例

层类型	结构	备注
TanHLayer	– Linear: # 连接到输入 – TanHLayer: # 层 1 　　nodes: 200 – Linear: # 中间连接 – TanHLayer: # 层 2 　　nodes: 150 – Linear: # 中间连接 – TanHLayer: # 层 3 　　nodes: 80 – Linear: # 连接到输出	TanH 激活函数 自动配置输入和输出节点，无需定义 激活层之间必须有一个中间连接层
LinearNoBias	– LinearNoBias: # 连接到输入 – TanHLayer: # 层 1 　　nodes: 200 – LinearNoBias: # 中间连接 – TanHLayer: # 层 2 　　nodes: 150 – LinearNoBias: # 中间连接 – TanHLayer: # 层 3 　　nodes: 80 – LinearNoBias: # 连接到输出	两层之间无偏置的连接
SigmoidLayer	– Linear: # 连接到输入 – SigmoidLayer: # 层 1 　　nodes: 200 – Linear: # 中间连接 – SigmoidLayer: # 层 2 　　nodes: 150 – Linear: # 中间连接 – SigmoidLayer: # 层 3 　　nodes: 80 – Linear: : # 连接到输出	Sigmoid 激活函数
SoftPlusLayer	– Linear: # 连接到输入 – SoftPlusLayer: # 层 1 　　nodes: 200 – Linear: # 中间连接 – SoftPlusLayer: # 层 2 　　nodes: 150 – Linear: # 中间连接 – SoftPlusLayer: # 层 3 　　nodes: 80 – Linear: # 连接到输出	SoftPlus 激活函数
IdentityLayer	– Linear: # 连接到输入 – IdentityLayer: # 层 1 　　nodes: 200 – Linear: # 中间连接 – IdentityLayer: # 层 2 　　nodes: 150 – Linear: # 中间连接 – IdentityLayer: # 层 3	无激活函数

（续表）

层类型	结构	备注
IdentityLayer	nodes: 80 - Linear: # 连接到输出	无激活函数
ReLULayer	-Linear: # 连接到输入 - ReLULayer: # 层 1 　nodes: 200 - Linear: # 中间连接 - ReLULayer: # 层 2 　nodes: 150 - Linear: # 中间连接 - ReLULayer: # 层 3 　nodes: 80 - Linear: # 连接到输出	ReLU 激活函数
LeakyReLU	- Linear: # 连接到输入 - LeakyReLU: # 层 1 　nodes: 200 　alpha: 0.03 - Linear: # 中间连接 - LeakyReLU: # 层 2 　nodes: 150 　alpha: 0.03 - Linear: # 中间连接 - LeakyReLU: # 层 3 　nodes: 80 　alpha: 0.03 - Linear: # 连接到输出	LeakyReLU 激活函数
PReLU	- Linear: # 连接到输入 - PReLU: # 层 1 　nodes: 200 　alpha: 0.03 - Linear: # 中间连接 - PReLU: # 层 2 　nodes: 150 　alpha: 0.03 - Linear: # 中间连接 PReLU: # 层 3 　nodes: 80 　alpha: 0.03 - Linear: # 连接到输出	PReLU 激活函数
FlexibleReLU	- Linear: # 连接到输入 - FlexibleReLU: # 层 1 　nodes: 200 　alpha: 0.03 - Linear: # 中间连接 - FlexibleReLU: # 层 2 　nodes: 150 　alpha: 0.03 - Linear: # 中间连接 - FlexibleReLU: # 层 3 　nodes: 80 　alpha: 0.03 - Linear: # 连接到输出	FlexibleReLU 激活函数
Dropout	- Linear: # 连接到输入 - TanHLayer: # 层 1	特殊中间随机失活层可按需置于输入和输出层之间

（续表）

层类型	结构	备注
Dropout	nodes: 200 – Dropout: # 特殊中间层 　　ratio: 0.5 – Linear: # 中间连接 – TanHLayer: # 层2 　　nodes: 150 – Linear: # 中间连接 – TanHLayer: # 层3 　　nodes: 80 – Linear: # 连接到输出	特殊中间随机失活层可按需置于输入和输出层之间
DropConnect	– Linear: # 连接到输入 – TanHLayer: # 层1 　　nodes: 200 – DropConnect: # 特殊中间连接 　　ratio: 0.5 – TanHLayer: # 层2 　　nodes: 150 – Linear: # 中间连接 – TanHLayer: # 层3 　　nodes: 80 – Linear: # 连接到输出	特殊中间连接层可以替代线性中间连接层
BatchNorm	– Linear: # 连接到输入 – BatchNorm: # 特殊中间层 – TanHLayer: # 层1 　　nodes: 200 – Linear: # 中间连接 – BatchNorm: # 特殊中间层 – TanHLayer: # 层2 　　nodes: 150 – Linear: # 中间连接 – TanHLayer: # 层3 　　nodes: 80 – Linear: # 连接到输出	特殊中间层BatchNorm按需放置于输入和输出层之间
LayerNorm	– Linear: # 连接到输入 – LayerNorm: # 特殊中间层 – TanHLayer: # 层1 　　nodes: 200 – Linear: # 中间连接 – LayerNorm: #特殊中间层 – TanHLayer: # 层2 　　nodes: 150 – Linear: # 中间连接 – TanHLayer: # 层3 　　nodes: 80 – Linear: # 连接到输出	特殊中间层LayerNorm按需放置于输入和输出层之间

9.2.3.4　监督学习：前馈神经网络分类模型

该模型（type: FFNN1_C）和上述回归模型（第9.2.3.3节）的参数相同。

9.2.3.5　监督学习：卷积前馈神经网络分类模型

该模型（type: FFNN2_C）的参数见表9-5。

注：查看内置模板了解如何设置参数。使用内置的"卷积网络运算器"（AI-TOOLKIT 选项卡，工具栏按钮）自动确定正确的参数值。

表 9-5 卷积前馈神经网络分类模型参数

参数名	说明
Layers:	在该关键词下定义神经网络层。前面（第 9.2.3.3 节）解释过的所有层都可用（但并非都适用于这个模式）。另外，下列的层类型也适用于卷积网络
卷积层：	
- Convolution	
inSize:	输入滤波器的数量（深度）
outsize:	输出滤波器的数量（深度）
kW:	滤波器 / 卷积核的宽度
kH:	滤波器 / 卷积核的高度
dW:	x 方向上滤波器的步幅。默认值：1
dH:	y 方向上滤波器的步幅。默认值：1
padW:	输入填充宽度。默认值：0
padH:	输入填充高度。默认值：0
inputWidth:	输入数据宽度。默认值：0
inputHeight:	输入数据高度。默认值：0
- MaxPooling	
- MeanPooling	
kW:	池化窗口宽度
kH:	池化窗口高度
dW:	步幅操作宽度。默认值：1
dH:	步幅操作高度。默认值：1
floor:	取整运算符（floor 或 ceil）。默认值：True
num_cycles:	迭代次数
batch_size:	每一步使用的数据批大小
learning_rate:	优化器学习速率

图 9-8 是一个定义卷积层和池化层的示例。

```
params:
  - layers:
    - Convolution:
        inSize: 1              # 输入深度
        outSize: 6            # 输出深度
        kW: 5                 # 滤波器 / 卷积核的宽度
        kH: 5                 # 滤波器 / 卷积核的高度
        dW: 1                 # 步幅宽度
        dH: 1                 # 步幅高度
        padW: 0               # 填充宽度
        padH: 0               # 填充高度
        inputWidth: 30        # 输入宽度
        inputHeight: 30       # 输入高度
    - MaxPooling:             # 以及 MeanPooling
        kW: 2                 # 池化宽度
        kH: 2                 # 池化高度
        dW: 2                 # 步幅宽度
        dH: 2                 # 步幅高度
        floor: true          # floor (true) 或 ceil (false)
                             取整运算符
```

图 9-8 卷积层和池化层定义

关于该模型的更多信息参阅第 2.2.3 节。

卷积网络运算器应用

你可以在 AI-TOOLKIT 工具栏中打开卷积网络运算器应用。这是一个简单的表格，填入绿色输入单元格可自动得出运算结果，即卷积网络的参数。创建卷积神经网络需要对它有基本了解，因此，在创建之前请先阅读第 2.2.3 节。

在 LAYER_TYPE 列输入 CONV（卷积层 convolutional layer 的简写）或者 POOL（池化层 pooling layer 的简写）。列名称如下：

（1）FW: kW，滤波器 / 卷积核宽度（CONV）或池化层宽度（POOL）。

（2）FH: kH，滤波器 / 卷积核高度（CONV）或池化层高度（POOL）。

（3）SW: dW，步幅宽度。

（4）SH: dH，步幅高度。

（5）PW: padW，填充宽度。

（6）PH: padH，填充高度。

（7）W1: inputWidth，输入宽度。

（8）H1: inputHeight，输入高度。

（9）W2: 输出宽度。

（10）H2: 输出高度。

（11）D1: inSize，输入深度。

（12）D2: outSize，输出深度。

输入错误时，表格会发出红字信息或问号提示。

完成设置后点击 "Copy to Clipboard as AI-TOOLKIT configuration script"（将 AI-TOOLKIT 配置脚本拷贝到剪切板）按钮，脚本可以直接粘贴到项目文件。

9.2.3.6　无监督学习：k 均值聚类模型

关于无监督学习 k 均值聚类模型，参阅第 2.3.1 节。

模型参数见图 9-9。

```
params:
 - clusters: 2 # 分配数据的聚类数量
 - iterations: 1000  # 迭代次数
 - projections: 0 # 当设置为 1 时，则利用映射加速计算
                  #（数据降维）

Type definition:

    type: CKMEANS
```

图 9-9　k 均值聚类模型参数

重要提示： 所有的无监督学习模型的数据库表（训练、测试、输入）都必须具备一个决策列（存储簇 / 组分配或类别标签），并在模型（项目文件）的训练、测试和

输入表中进行定义，即使没有可用数据（空列）。如果训练数据表中的决策列为空或者 NULL，模型在经过训练后会填入预测值。如果训练数据表中的决策列不为空，则会通过比较预测决策值和已知原始值计算出训练好的模型的准确率。

9.2.3.7　无监督学习：MeanShift 聚类模型

关于无监督学习 MeanShift 聚类模型的信息参阅第 2.3.2 节。模型参数见图 9-10。

```
params:
  - UseKernel: true # 使用核或均值计算新的质心
                    # 如果为 false，则 KernelType 将被忽略
  - Radius: 0.0 # 两质心之间的距离小于该值时，
                # 其中之一将被移除。如果该值 <= 0，将对其进行估算。
  - MaxIterations: 1000 # 最大迭代次数
  - KernelBandwidth: 1.0 # 核参数
  - KernelType: GaussianKernel # 核类型：GaussianKernel,
                               # SphericalKernel, TriangularKernel,
                               # LaplacianKernel, EpanechnikovKernel

Type definition:

  type: CMEANSHIFT
```

图 9-10　MeanShift 聚类模型参数

9.2.3.8　无监督学习：DBScan 聚类模型

关于无监督学习 DBScan 聚类模型的信息参阅第 2.3.3 节。模型参数见图 9-11。

```
params:
  - Epsilon: 0.9 # 圆形窗口大小
  - MinPoints: 20 # 每个簇的最小数据点数量

Type definition:

  type: CDBSCAN
```

图 9-11　DBScan 聚类模型参数

9.2.3.9　无监督学习：层次聚类模型

关于无监督学习层次聚类模型的信息参阅第 2.3.4 节。模型参数见图 9-12。

```
params:
  - clusters: 2 # 分配数据的聚类数量
  - ModelType: PairwiseMaximumLinkage # PairwiseMaximumLinkage,
                                      # PairwiseAverageLinkage,
                                      # PairwiseCentroidLinkage

Type definition:

  type: CHIERARCHICAL
```

图 9-12　层次聚类模型参数

9.2.3.10　强化学习：深度 Q 学习

AI-TOOLKIT 自带三个强化学习模板和示例：

（1）倒立摆（cart-pole）。

（2）体操机器人（Acrobot）。

（3）网格世界（Grid World）。

查看这三个示例了解如何定义强化学习问题。关于倒立摆和网格世界的详细介绍参见第 2.4.5 节（例 2：倒立摆）和第 2.4.4 节（例 1：简单业务流程的自动化）。另外，网络上有丰富的关于体操机器人问题的文章可供参考。

查看和使用模板前需要先创建一个新的 AI-TOOLKIT 项目，使用"Insert Template"按钮插入适当的模板。为这个项目创建一个数据库。不需要训练数据，但需要定义输入数据表和输出数据表。经过训练的智能体将在根据输入数据表执行行为／步骤时用到这两个表。两个表都要在项目文件中定义。创建这些表格最简单的方法，是创建一个制表符分隔的文本文件，其中包含所有问题状态的数据列以及一个决策列。例如倒立摆问题的状态有四个：位置、速度、角度和角速度，因此导入的数据文件应当含有五个数据列。导入数据时使用"prediction"（预测）目标选项而不是"training"（训练）数据选项。可以只导入一行数据（值均为 0）创建两个表。输入数据表中的决策列应当为空或者"NULL"（提示该列有待评估）。

首先来看一下图 9-13 所示的倒立摆强化学习模型，解释其中所使用的句法。

```
--- # 倒立摆强化学习示例 {
model:
  id: 'ID-UNIQUE1' # must be unique!
  type: RL
  path: 'D:\mypath\MyDB.sl3' # 存储所有数据的数据库路径（输入、输出、
                             # 模型）
  sample:
    - params:
      - gravity: 9.81
      - massCart: 1.0
      - massPole: 0.1
      - length: 0.5
      - forceMag: 10.0
      - tau: 0.02
      - xThreshold: 2.4
      - doneReward: 0.0
      - notDoneReward: 1.0
      - thetaThresholdRadians: 0.20944 # 12 * 2 * 3.1416 / 360
    - actions:
      - backward: 0
      - forward: 1
    - states:
      - action: 'action1' # 等式中的行为符号
      - equations:
        - force: 'action1 ? forceMag : -forceMag'
        - totalMass: 'massCart + massPole'
        - poleMassLength: 'massPole * length'
        - temp: '(force + poleMassLength * angularvelocity * angularvelocity
              * sin(angle)) / totalMass'
        - thetaAcc: '(gravity * sin(angle) - cos(angle) * temp) / (length
                * (4.0 / 3.0 - massPole * cos(angle) * cos(angle) / totalMass))'
        - xAcc: 'temp - poleMassLength * thetaAcc * cos(angle) / totalMass'
      - initial:
```

（接上图）

```
        - position: '(randu() - 0.5) / 10'
        - velocity: '(randu() - 0.5) / 10'
        - angle: '(randu() - 0.5) / 10'
        - angularvelocity: '(randu() - 0.5) / 10'
      - next:
        - position: 'position + tau * velocity'
        - velocity: 'velocity + tau * xAcc'
        - angle: 'angle + tau * angularvelocity'
        - angularvelocity: 'angularvelocity + tau * thetaAcc'
      - isterminal:'abs(position)>xThreshold or abs(angle)>thetaThresholdRadians'
      - reward: 'isterminal ? doneReward : notDoneReward'
network:
  - layers:
    - Linear:
    - ReLULayer:
        nodes: 20
    - Linear:
    - ReLULayer:
        nodes: 20
    - Linear:
  - StepSize: 0.01
  - Discount: 0.9
  - TargetNetworkSyncInterval: 100
  - ExplorationSteps: 100
  - DoubleQLearning: true
  - StepLimit: 200
  - Episodes: 1000
  - MinAverageReward: 70 # 如果不确定该值，可以通过试错
                         # 或者设置一个不会终止迭代
                         # 的数值
  - SampleBatchSize: 10 # 每个样本返回的示例数量
  - SampleCapacity: 10000 # 示例存储总数量
input: # 智能体预测任务的输入数据
  - data_id: 'my_input_data' # 输入数据表名称
  - dec_id: 'decision' # 该数据列的值必须为 NULL 或为空
                       # (= 提示该列有待评估)!
  # 注：不设置 col_id 则使用所有列！列的数量
  # 必须与状态的数量对应！
  # - col_id: 'decision'
  # - col_id: 'col1'
output: # 智能体预测任务的输出数据
  - data_id: 'my_output_data' # 输出数据表名称（用于预测）
  - dec_id: 'decision' # 智能体采取的行动将被
                       # 记录在该列中
  # 注：不设置 col_id 则使用所有列！列的数量
  # 必须与状态的数量对应！
  # - col_id: 'decision'
#}  # - col_id: 'col1'
```

图 9-13 倒立摆模型项目文件

　　强化学习模板中有两类节点。深蓝色(加粗)节点(如图9-13中的"model"和"sample")表示内置的固定节点，浅蓝色（未加粗）节点表示在特殊强化学习问题中定义的参数或者变量（如 gravity、massCart 等）。相同的深蓝色节点会出现在所有问题中，浅蓝色节点会随问题变化而有所不同。一个在"params"数据段定义的参数，在描述问题的等式中（如"equations"数据段）必须使用相同的名称。等式按顺序评估，必须由上到下按正确的顺序进行定义。

重要提示： 使用 randu( ) 函数（范围为 [0,1] 的通用随机数生成器）定义初始状态，该函数将在每次运行智能体训练时随机生成初始状态。这样就可以运行多次训练并选择最佳结果。

"params"数据段（model → sample → params）

在这个数据段下可以定义用于任何等式的全局参数，如重力常量（等于 9.81）。冒号左侧是参数名，右侧是参数值（图 9-14）。

```
- params:
    - gravity: 9.81
    - massCart: 1.0
    - massPole: 0.1
    - length: 0.5
    - forceMag: 10.0
    - tau: 0.02
    - xThreshold: 2.4
    - doneReward: 0.0
    - notDoneReward: 1.0
    - thetaThresholdRadians: 0.20944 # 12 * 2 * 3.1416 / 360
```

图 9-14　全局参数

重要提示： 不要使用保留名称作为参数名称。保留名称列表参见后文"等式句法和可用内置函数"部分。另外还有一些保留全局参数名称（"pi""epsilon"和"inf"）也不能用做参数名。确保参数名称唯一性的最简单方法是添加前缀，如"myvar_paramname"。

"actions"数据段（model → sample → actions）

这个数据段定义智能体可以执行的各种行为。所有行为都具有一个最小为 0 的整数值。行为指的是如向前或向后移动物体等操作（图 9-15）。

```
- actions:
    - backward: 0
    - forward: 1
```

图 9-15　智能体的行为

"states"数据段（model → sample → states）

这个数据段定义所有必要的问题状态信息。状态是我们需要追踪的特殊属性。

（1）"states → action"数据段。

包含行动变量的定义。智能体学习在给定状态下采取正确的行动。

（2）"state → equations"数据段。

智能体每一步都需要按顺序评估这些等式。这些等式会生成用于训练的样本数据（即状态）。

（3）"states → initial"数据段。

每个训练周期开始时智能体的初始状态（图9-16）。

```
- initial:
  - position: '(randu() - 0.5) / 10'
  - velocity: '(randu() - 0.5) / 10'
  - angle: '(randu() - 0.5) / 10'
  - angularvelocity: '(randu() - 0.5) / 10'
```

图9-16 初始状态

（4）"states → next"数据段。

在进行一个行为后智能体如何计算下一状态。

（5）"states → isterminal"数据段。

智能体判断问题是否处于终止（完成）状态。到达终止状态是问题的目标。

"network"数据段（model → network）

这个数据段定义用于学习的深度神经网络。格式与前述监督学习相同。

强化学习网络参数见表9-6。

表9-6 强化学习网络模型参数

参数名称	默认值	说明
StepSize	0.01	神经网络优化器的步幅。需要通过试验找到最佳值
Discount	0.9	未来奖励折扣系数
TargetNetworkSyncInterval	100	表明多少步后目标神经网络将根据学习网络更新。注：在双Q学习（double Q-Learning）中学习网络用于估计行为
ExplorationSteps	100	智能体不断尝试未出现过的行为/状态组合，直到达到设定的步数。之后每一步的探索概率降低，智能体将逐步减少探索（未出现过的）步骤
DoubleQLearning	True	设置为"true"则智能体利用学习网络选择每一步的最佳行动。之所以叫双Q学习，是因为将要采取的行为值由神经网络估算，行为也由该神经网络选择。设置为"false"则根据过去行为列表选择能使奖励最大化的行为
StepLimit	200	智能体在一个训练周期中的最大步数。当问题达到终止状态或者达到最大步数时，一个周期结束
Episodes	1000	智能体学习问题的最大周期数
MinAverageReward	70	当奖励均值达到该值时，迭代停止。需要通过试验找到该参数的最佳值
SampleBatchSize	10	每个样本返回的示例数量
SampleCapacity	10000	以示例数量表示的总内存大小

"input" 和 "output" 数据段 (model → input/output)

这一部分定义的是输入数据和输出数据表。使用 AI-TOOLKIT 导入数据时 "dec_id" 为 "decision"。数据列的数量要与状态的数量加上决策列对应。这一数据段的格式与第 9.2.2 节中所解释的相同。

函数

你也可以定义函数。函数是一段最多包含六个参数的等式，可以被其他等式或函数引用。

函数也可以调用其他函数。图 9-17 的例子来源于 Acrobot 模板 / 示例。深蓝色关键词 / 节点（加粗）是固定的，浅蓝色关键词 / 节点（未加粗）随问题变动，例如 "Dsdt" 是函数名称，"d1" 是函数中第一个等式。函数也可以引用之前定义的全局变量。

```
- functions: # 与 Excel 中的函数十分相似
  - Dsdt:
    - params: # 最多允许六个
              # 实数参数

      - th1 # Theta1
      - th2 # Theta2
      - av1 # AngularVelocity1
      - av2 # AngularVelocity2
      - tr  # 扭矩
      - ret # 为 0 时返回 val2；为 1 时返回 val3！

    - equations:
    - d1: 'linkMass1 * pow(linkCom1, 2) + linkMass2 *
          (pow(linkLength1, 2) + pow(linkCom2, 2) + 2 * linkLength1 *
          linkCom2 * cos(th2)) + linkMoi + linkMoi'
    - d2: 'linkMass2 * (pow(linkCom2, 2) + linkLength1 * linkCom2 *
          cos(th2)) + linkMoi'
    - phi2: 'linkMass2 * linkCom2 * gravity * cos(th1 + th2 - pi / 2)'
    - phi1: '- linkMass2 * linkLength1 * linkCom2 * pow(av2, 2) *
            av1 * sin(th2) + (linkMass1 * linkCom1 + linkMass2 *
            linkLength1) * gravity * cos(th1 - pi / 2) + phi2'

      val3: '(tr + d2 / d1 * phi1 - linkMass2 * linkLength1 * linkCom2 *
    -       pow(av1, 2) * sin(th2) - phi2) / (linkMass2 *
            pow(linkCom2, 2) + linkMoi - pow(d2, 2) / d1)'
    - val2: '-(d2 * val3 + phi1) / d1'
    - val: 'ret == 1 ? val3 : val2' # 函数将返回最后一个
                                    # 等式的结果
```

图 9-17　强化学习模型中的函数定义示例

重要提示：函数将返回最后一个等式的结果。

运算符和可用的内置函数：

重要提示： 本部分讨论的前提是每个等式只能得出单一值，在此前提下可以使用以下内置的运算符和函数。

（1）算数和赋值运算符见表 9-7。

表 9-7　算数和赋值运算符

运算符	定义
+	x 与 y 相加。例如 x+y
—	x 与 y 相减。例如 x-y
*	x 与 y 相乘。例如 x*y
/	x 与 y 相除。例如 x/y
%	x 除以 y 的余数。例如 x%y
^	x 的 y 次方。例如 x^y
:=	将 x 的值赋予 y，y 是一个变量或向量类型。例如 y:=x
+=	将 x 与表达式右侧的值相加，得到的结果赋值给 x。x 是一个变量或向量类型。例如 x+=abs（y-z）
— =	将 x 与表达式右侧的值相减，得到的结果赋值给 x。x 是一个变量或向量类型。例如 x[i]—=abs（y+z）
*=	将 x 与表达式右侧的值相乘，得到的结果赋值给 x。x 是一个变量或向量类型。例如 x*=abs（y/z）
/=	将 x 与表达式右侧的值相除，得到的结果赋值给 x。x 是一个变量或向量类型。例如 x[i+j]/=abs（y*z）
%=	将 x 对标的是右侧的值取余，得到的结果赋值给 x。是一个变量或向量类型。例如 x[2]%=y^2
== or=	只有在 x 严格等于 y 时为真。例如 x==y
<> or !=	只有在 x 不等于 y 时为真。例如 x<> 或 x!=y
<	只有在 x 小于 y 时为真。例如 x<y
<=	只有在 x 小于等于 y 时为真。例如 x<=y
>	只有在 x 大于 y 时为真。例如 x>y
>=	只有在 x 大于等于 y 时为真。例如 x>=y

（2）等式运算符和不等式运算符见表 9-8。

表 9-8　等式运算符与不等式运算符

运算符	定义
== or=	只有在 x 严格等于 y 时为真。例如 x==y
<> or !=	只有在 x 不等于 y 时为真。例如 x<> 或 x!=y
<	只有在 x 小于 y 是为真。例如 x<y
<=	只有在 x 小于等于 y 时为真。例如 x<=y
>	只有在 x 大于 y 时为真。例如 x>y
>=	只有在 x 大于等于 y 时为真。例如 x>=y

（3）布尔运算符见表 9-9。

表 9-9　布尔运算符

运算符	定义
true	真，或任何非 0 值（通常为 1）
false	假，或值为 0
and	逻辑与，只有当 x 和 y 皆为真时为真。例如 x and y
mand	多输入逻辑与，只有当所有输入皆为真时为真。表达式由左向右短路。例如 mand(x>y, z<w, u or v, w and x)
mor	多输入逻辑或，只有当至少一个输入值为真时为真。表达式由左向右短路。例如 mor(x>y, z<w, u or v, w and x)
nand	逻辑非与。只有当 x 或 y 为假时为真。例如 x nand y
nor	逻辑非或。只有当 x 或 y 结果为假时为真。例如 x nor y
not	逻辑非。否定输入的逻辑意义。例如 not(x and y) == x nand y
or	逻辑或，当 x 或 y 为真时为真。例如 x or y
xor	逻辑异或。只有当 x 和 y 逻辑状态不同时为真。例如 x xor y
xnor	逻辑同或，只有当 x 和 y 的双条件被满足时为真。例如 x xnor y
&	和 and 相同，但是表达式由左向右短路。例如 (x&y) == (y and x)
|	和 or 相同，但是表达式由左向右短路。例如 (x|y) == (y or x)

（4）通用函数见表 9-10。

表 9-10　通用函数

函数	定义
abs	x 的绝对值。例如 abs(x)
avg	所有输入的均值。例如 avg(x, y, z, w, u, v) == (x+y+z+w+u+v)/6
ceil	大于等于 x 的最小整数
clamp	将 x 的值限定在 r0 和 r1 之间，r0<r1。例如 clamp(r0, x, r1)
equal	用标准化误差测试 x 和 y 的相等性
erf	x 的误差函数。例如 erf(x)
erfc	x 的余误差函数。例如 erfc(x)
exp	e 的 x 次方。例如 exp(x)
expm1	e 的 x 次方减 1，x 值非常小。例如 expm1(x)
floor	小于等于 x 的最大整数。例如 floor(x)
frac	取 x 的小数部分。例如 frac(x)
hypot	计算 x 和 y 的欧几里得范数。例如 hypot(x, y)=sqrt(x*x + y*y)
iclamp	反向限制 x 的值在 r0 到 r1 范围之外，r0<r1。如果 x 在这个范围之内，则会被固定到最近的边界值。例如 iclamp(r0, x, r1)
inrange	如果 x 在 r0 和 r1 范围之内则返回真。r0<r1。例如 inrange(r0, x, r1)
log	x 的自然对数。例如 log(x)
log10	以 10 为底计算 x 的对数值。例如 log10(x)

（续表）

函数	定义
log1p	1+x 的自然对数，x 的值非常小。例如 log1p (x)
log2	以 2 为底计算 x 的对数值。例如 log2(x)
logn	以 n 为底计算 x 的对数值，n 是一个正整数。例如 logn(x, 8)
max	所有输入值中的最大值。例如 max(x, y, z, w, u, v)
min	所有输入值中的最小值。例如 min(x, y, z, w, u)
mul	所有输入值的乘积。例如 mul(x, y, z, w, u, v, t) == (x*y*z*w*u*v*t)
ncdf	正态累积分布函数。例如 ncdf(x)
nequal	用标准化误差测试 x 和 y 的不等性
pow	x 的 y 次方。例如 pow(x, y) ==x^y
root	x 的 n 次方根，n 是一个正整数。例如 root (x, 3) ==x^(1/3)
roundn	将 x 近似到小数点后第 n 位。例如 roundn(x, 3)。其中 n 是大于 0 的整数。例如 roundn(1.2345678, 4) == 1.2346
sgn	x 的符号，当 x<0 时为 −1，当 x>0 时为 +1，否则为 0。例如 sgn (x)
sqrt	x 的平方根，其中 x>=0。例如 sqrt(x)
sum	计算所有输入值的和。例如 sum(x, y, z, w, u, v, t) == (x+y+z+w+u+v+t)
swap	交换变量 x 和 y 的值，返回 y 的值。例如 swap(x, y) or x<=>y
trunc	x 的整数部分。例如 trunc(x)

（5）三角函数见表 9-11。

表 9-11　三角函数

运算符	定义
acos	以弧度表示 x 的反余弦值，取值区间 [−1, +1]。例如 acos(x)
acosh	以弧度表示 x 的反双曲余弦值。例如 acosh(x)
asin	以弧度表示 x 的反正弦值。取值区间 [−1, +1]。例如 asin(x)
asinh	以弧度表示 x 的反双曲正弦值。例如 asinh(x)
atan	以弧度表示 x 的反正切值。取值区间 [−1, +1]。例如 atan(x)
atan2	以弧度表示 (x/y) 的反正切值。[−π, +π]。例如 atan2(x, y)
atanh	以弧度表示 x 的反双曲正切值。例如 atanh(x)
cos	x 的余弦值。例如 cos(x)
cosh	x 的双曲余弦值。例如 cosh(x)
cot	x 的余切值。例如 cot(x)
csc	x 的余割值。例如 csc(x)
sec	x 的正割值。例如 sec(x)
sin	x 的正弦值。例如 sin(x)
sinc	x 的正弦值的归一化。例如 sinc(x)
sinh	x 的双曲正弦值。例如 sinh(x)

（续表）

运算符	定义
tan	x 的正切值。例如 tan(x)
tanh	x 的双曲正切值。例如 tanh(x)
deg2rad	将角度值 x 转换为弧度值。例如 deg2rad(x)
deg2grad	将角度值 x 转换为梯度值。例如 deg2grad(x)
rad2deg	将弧度值 x 转换为角度值。例如 rad2deg(x)
grad2deg	将梯度值 x 转换为角度值。例如 grad2deg(x)

（6）控制结构见表 9-12。

表 9-12　控制结构

结构	定义
if	如果 x 为真则返回 y，否则返回 z。例如： 1. if(x, y, z) 2. if((x + 1) >2y, z+1, w/v) 3. if(x>y)z; 4. if(x<=2★y){z+w};
if-else	if-else/else-if 语句。根据条件分支，该语句返回结果（consequent）值或者备选（alternative）分支。例如： 1. if(x>y) z; else w; 2. if(x>y)z; else if(w!=u)v; 3. if(x<y){z;w+1;}else u; 4. if((x!=y) and (z>w)){y:=sin(x)/u;z:=w+1;}else if(x>(z+1)){w :=abs(x — y)+z;u:=(x+1)>2y?2u:3u;}

switch	第一个条件为真的 case 将决定 switch 语句的结果。如果没有任何一个 case 条件为真，则假设默认操作为最终返回值。这有时也被称为多路分支机制。例如：
	switch
	{
	case x>(y+z):2★x/abs(y — z);
	case x<3:sin(x+y);
	default:1+x;
	}

while	在给定条件为真的情况下，该结构将重复评估内部的语句。最后一次迭代中的最后一个语句将作为循环的返回值。例如：
	while((x — =1)>0){y:=x+z;
	w:=u+y;
	}

repeat/
until
	该结构将重复评估内部的语句，直到条件变为真为止。在最后一次迭代中的最后一个语句将作为循环的返回值。例如：
	repeat
	y:=x+z;
	w:=u+y;
	until((x+=1)>100)

for	该结构会在条件为真的情况下重复评估内部的语句。在每次循环/迭代中，会评估一个"递增"表达式。条件是必需的，初始值和递增表达式是可选的。例如：
	for(var x:=0;(x<n) and (x!=y);x+=1)
	{
	y:=y+x/2 — z;
	w:=u+y;
	}

（续表）

结构	定义

break
break[]
	终止最近封闭循环的执行，使得执行可以继续到循环之外。默认 break 语句将循环返回值设置为 NaN，基于返回值的形式将返回值设置为 break 表达式的值。
	
	``
	while((i+=1)<10)
	{
	if (i<5)
	j -=i+2;
	else if(i%2==0)
	break;
	else
	break[2i+3];
	}
	``

continue	continue 语句会导致跳过最近的封闭循环体中剩余的部分代码的执行。
	
	``
	for (var i := 0;i<10;i+=1)
	{
	if (i<5)
	continue;
	j -=i+2;
	}
	``

return	使用 return 语句可以立即从当前表达式中返回，并且可以选择传递回多个值（标量、向量或字符串）。例如： 1. return[1]; 2. return[x,'abx']; 3. return[x, x+y,'abx']; 4. return[]; 5. if(x<y) return[x, x — y, 'result — set1', 123.456]; else return[y, x+y,'result — set2'];
?:	三元条件语句，同上述 if 语句。例如： 1. x?y:z 2. x+1>2y?z+1:(w/v) 3. min(x,y)>z?(x<y+1)?x:y:(w★v)
~	对每个子表达式进行求值，然后将最后一个子表达式的值作为结果返回。有时被称为多个序列点求值。例如： ~(i:=x+1, j:=y/z, k:=sin(w/u))==(sin(w/u))) ~{i:=x+1; j:=y/z; k:=sin(w/u)}==(sin(w/u)))

[★]	对每个条件为真的 case 的结果（consequent）进行求值。返回值为零或最后一个 consequent 的值。例如：
	``
	[★]
	{
	case(x+1)>(y — 2):x:=z/2+sin(y/pi);
	case(x+2)<abs(y+3):w/4+min(5y,9);
	case(x+3)==(y★4):y:=abs(z/6)+7y;
	}
	``

[]	向量大小运算符返回正在操作的向量的大小。例如： 1. v[] 2. max_size:=max(v0[],v1[],v2[],v3[])

网格世界模板

实践中很多问题都可以用矩形网格／表格的形式建模（物流、管理等）。本节的模板和示例演示了如何在 AI-TOOLKIT 中实现这种建模。大部分工作已经在幕后完成，只需定义少量参数并使用两个内置函数。关于这个示例的更多信息，请见第 2.4.4 节（例1：简单业务流程的自动化）。网格世界强化学习模板见图 9-18，示例 1 见图 9-19。

```
--- # 网格世界强化学习示例 {
# 期待结果：确定性测试的平均奖励：10 个测试周
期中 0.84
神经网络的权重
# 初始化为随机值，因此无法保证
每次训练都会成功。  进行多次尝试！
# 状态：        单元格可用性：奖励：
# ----------------    ----------------    ----------------------------------------
# | 0 | 1 | 2 | 3 |   | 1 | 1 | 1 | 1 |   | -0.04 | -0.04 | -0.04 |  1  |
# ----------------    ----------------    ----------------------------------------
# | 4 | 5 | 6 | 7 |   | 1 | 0 | 1 | 1 |   | -0.04 | -0.04 | -0.04 |  -1 |
# ----------------    ----------------    ----------------------------------------
# | 8 | 9 | 10| 11|   | 1 | 1 | 1 | 1 |   | -0.04 | -0.04 | -0.04 | -0.04|
# ----------------    ----------------    ----------------------------------------
# 终止状态：3，7
model:
  id: 'ID-UNIQUE1' # 必须唯一！
  type: RL
  path: 'D:\mypath\MyDB.sl3' # 存储所有数据的数据库路径
                             # （输入、输出、模型）

  sample:
  - params:
    - nrows: 3
    - ncols: 4
    - ca: '1,1,1,1,
           1,0,1,1,
           1,1,1,1'
    - rw: '-0.04, -0.04, -0.04,  1,
           -0.04, -0.04, -0.04, -1,
           -0.04, -0.04, -0.04, -0.04'
    - actions:
      - up: 0
      - down: 1
      - left: 2
      - right: 3

    - states:
    - action: 'action1' # 必须唯一！
    - equations: # 注：无等式。
    - initial:
      - state: 8
    - next:
      - state: 'nextstate_gridw(state, nrows, ncols, action1, ca)'
              # 注：特殊内置功能！
    - isterminal: 'state == 3 or state == 7'
    - reward: 'reward_gridw(state, nrows, ncols, rw)'
              # 注：特殊内置功能！
  network:
    - layers:
      - Linear:
      - ReLULayer:
          nodes: 20
      - Linear:
    - StepSize: 0.01
    - Discount: 0.9
    - TargetNetworkSyncInterval: 50
    - ExplorationSteps: 50
    - DoubleQLearning: true
    - StepLimit: 50
    - Episodes: 100
```

（接上图）

```
        - MinAverageReward: 0.2  #无法确定该值时,通过试错得到该值,
                                 #或者设置一个
                                 #不会终止迭代的值。
        - SampleBatchSize: 10 # 每个样本返回的示例数量。
        - SampleCapacity: 10000  # 以示例数量表示的内存大小。
    input:#智能体预测任务的输入数据。
        - data_id: 'my_input_data'# 输入数据表名称


        - dec_id: 'decision'#该列的值必须为NULL或为空。
                            # (＝提示该列有待评估)!

    # 注: 不设置 col_id 则使用所有列! 列的数量
    # 必须与状态的数量对应!
    # - col_id: 'decision'
    # - col_id: 'col1'

    output:#智能体预测任务的输出数据
        - data_id: 'my_output_data' # 输出数据表名称(用于预测)
        - dec_id: 'decision'#智能体采取的行动将被
                           #记录在该列中。
    # 注: 不设置 col_id 则使用所有列! 列的数量
    # 必须与状态的数量对应!
    # - col_id: 'decision'
    # - col_id: 'col1'

#}
```

图9-18 网格世界强化学习模板

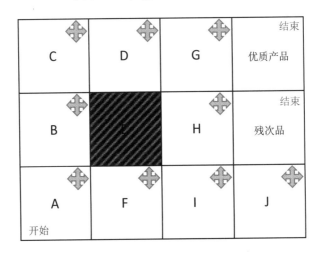

图9-19 示例1：业务流程网格世界

模板开头的注释解释了状态（网格内的单元格）是如何在 0 到 $n-1$ 之间编号的，n 是网格内单元格数量（n 排 × n 列）。在这个示例中有 3 行和 4 列（12 个单元格）。网格参数（可用性和奖励）存储在一个按列索引的向量中（见第一个"状态"表格）。网格中存在激活（active）和非激活（non-active）单元格。在单元格可用性向量中（见第二个"单元格可用性"表格），非激活单元格（不可用）标注为 0，激活单元格标注为

1。非激活单元格意味着智能体不能移动到该单元格。可用性向量必须在"sample"段进行定义，可以使用任意名称（示例中使用"ca"）。奖励向量以同样的方法定义，在示例中的名称是"rw"。移动到每个单元格有独立的奖励值（正奖励或负奖励）。终止状态具有特定奖励（示例中是 +1 和 −1）。"isterminal"函数显示哪些单元格（状态）是终止状态，示例中是 3 或 7。

网格世界有两个特殊的内置函数，用于计算下一个状态（nextstate_gridw）和奖励（reward_gridw）。两个函数中的第一个参数是状态变量，示例中叫作"state"。这个参数的名称在"initial"段和"next"段中也必须一致。剩下的输入参数与上文讨论过的其他强化学习模型相似。

更多关于这个示例的信息参见第 2.4.4 节（例 1：简单业务流程的自动化）。

> **注：** "ca"和"rw"向量是以逗号分隔的数字（点作为小数点），数字分行排列呈现网格结构。注意不要漏掉序列开头和结尾的单引号。

9.2.3.11　利用主成分分析（PCA）进行降维

当数据集含有大量数据列（特征）时，可以用这个机器学习模型来减少列的数量（降维）。在数据量较大的情况下，这样做可以提高机器学习模型的训练速度和质量（准确率）。

参阅第 4.3.2.2 节了解更多关于 PCA 的内容。

> **重要提示：** 训练数据表中必须定义决策列，以便决策列与其他数据分离，并在降维之后添加回数据集。

PCA 参数见图 9-20。

```
params:
  - NewDimension: 2

  #新数据集的维度数必须小于原数据集列数 -1，（-1 表示减去决策列）
  # 当 VarianceToRetain= -1 则使用 NewDimension，
  # 否则使用 VarianceToRetain 且必须 NewDimension = -1。
  - VarianceToRetain: -1
  #保留的方差必须在 0 和 1 之间
  #(1 表示保留全部方差，0 表示只保留一个维度 / 列)。
  - Scale: 0
  # 设置为 1 时，运行 PCA 前对数据进行缩放
  #使每个特征的方差为 1。
  - PCAType: PCA_EXACT
  # 选项: PCA_EXACT, PCA_RANDOMIZED, PCA_RANDOMIZED_BLOCK_KRYLOV,
  #       PCA_QUIC
Type specifier:

  type: PCA
```

图 9-20　PCA 模型参数

PCAType 参数有以下四个可能的值，它决定了采取哪种奇异值分解（SVD）方法：

· Exact SVD

· Randomized SVD

· Randomized Block Krylov SVD

· QUIC-SVD

在处理大型数据集时，精确的 SVD 算法会进行精确计算（线性代数运算），但非常耗时。因此，为了加快计算速度，研究人员开发了其他几种近似 SVD 的算法，也就是下面三种算法。本书主旨不在于详细介绍这些算法。参见参考文献 [31–33] 了解更多信息。

查看 AI-TOOLKIT 的 PCA 模板中的注释，了解更多 PCA 项目文件参数（数据库表和列）。

这个模型无法进行测试或用于进一步处理输入数据，因为它直接转化一个数据集。因此，模型训练完成后并不会得到可存入数据库的机器学习模型。模型的质量取决于降维后数据集中保留的变量。

9.2.3.12 根据显式反馈（协同过滤）做出推荐

更多关于显式反馈协同过滤（CFE）的信息参阅第 8.4.1.6 节。

AI-TOOLKIT 内置的 CFE 模型模板见图 9-21。

```
--- # 根据显式反馈（协同过滤）进行推荐示例 {
# 显式反馈指的是用户对物品进行评分。
# 重要提示：该模型要求数据按照特定顺序存储于数据库 #
数据 # 表格（训练，测试，输入）：第一列是评分（决策），
# 第二列是用户 ID，第三列是物品 ID！将数据导入数据库时，
# 确保选择了数据中正确的决策列。
# 导入数据后，决策列将会自动成为第一列。
# 第二列和第三列分别为用户 ID 和物品 ID。
# 测试数据集和输入数据集中的用户 ID 和物品 ID 必须在
# 训练数据集中出现过。
model:
  id: 'ID-pfwgflPaBd' # 必须唯一！
  type: CFE
  path: 'D:\mypath\MyDB.sl3' # 包含所有数据的数据库路径。
  params:
    - Neighborhood: 5
      # 与待推荐用户邻近的相似用户的
      # 数量。
    - MaxIterations: 1000
      # 最大迭代次数。设置为 0 则不限制
      # 迭代次数。
    - MinResidue: 1e-5
      # 终止因式分解的残差
      # （一般来说
      # 这个值越小拟合越好）。
    - Rank: 0
      # 分解矩阵排名（如果为 0，通过启发式算法估算
      # 排名）。
    - Recommendations: 1
      # 对每个用户生成的推荐数量。

training:
    # 训练数据——可能源自多个表格！
```

（接上图）

```
    - data_id: 'my_training_data'
      # 数据库中的训练数据表名称，由上述 "model>path"
      # 定义。
    - dec_id: 'decision'
      # 决策列 ID。表格中至少定义一列！
      # （评分！）
      # 注：可以选择三列，或者在不选 col_id 时默认使用前三列。
      # 选择列时必须确保列在数据库中。
      # 按照下列顺序出现：
      # - col_id: 'decision' # 'decision' 必须被定义为一个 col_id!
      # - col_id: 'UserID'
      # - col_id: 'ItemID'.

  test:
      # 测试数据——可能源自多个表格！
    - data_id: 'my_test_data'
      # 测试数据表名称。
    - dec_id: 'decision'
      # 只允许一个 dec_id!
      # 注：可以选择三列，或者在不选 col_id 时默认使用前三列。
      # 选择列时必须确保列在数据库中。
      # 按照下列顺序出现：
      # - col_id: 'decision' # 'decision' 必须被定义为一个 col_id!
      # - col_id: 'UserID'
      # - col_id: 'ItemID'.

  input:
      # ML FLow 输入数据——数据可能源自多个表格！
    - data_id: 'my_input_data'
      # 输入数据表名称。

    - dec_id: 'decision'
      # 该列的值必须为空或 NULL。否则无法
      # 进行评价！只允许一个 dec_id!
      # 注：可以选择三列，或者在不选 col_id 时默认使用前三列。
      # 选择列时必须确保列在数据库中。
      # 按照下列顺序出现：
      # - col_id: 'decision' # 'decision' 必须被定义为一个 col_id!
      # 必须为空或 NULL!
      # - col_id: 'UserID'
      # - col_id: 'ItemID'.
  output:
    - data_id: 'my_output_data'
      # 输出数据表名称（用于预测）。
    - col_id: 'userid'
      # 写入用户 ID 的列；这里必须是
      # 第一个 col_id!
      # 注：如果选择输入数据表作为输出，则用户 ID 列不会被使用，
      # 但仍需对其进行定义！

    - col_id: 'itemid'
      # 写入物品 ID 的列；在这里必须是
      # 第二个 col_id!
    - col_id: 'decision'
      # 写入输出评分的列；在这里必须是
      # 第三个 col_id!
    - col_id: 'recom1'
      # 写入输出推荐的列（可选）。
      # 如果有多于一个的推荐，可以在此后添加
      # 独立的 col_id（不同名称）。

#}
```

图9-21　CFE 模型模板

所有参数的解释见注释（绿色文本）。

接下来将介绍关于协同过滤模型的数据（训练、测试、输入和输出）的几点重要要求。

模型要求（训练、测试和输入）数据库表中的数据按特定顺序排列：第一列必须是评价（决策），第二列是用户 ID，第三列是物品 ID（示例中是电影 ID）。导入数据时决策（排名）列将自动成为第一列，因此，将数据导入数据库时要确保在导入模组中选择了正确的决策列。导入数据后，第二列和第三列必须分别为用户 ID 和物品 ID。因此，确保原始 CSV 文件中的用户 ID 列在物品 ID 列之前，且两列之间或之前没有其他列。

测试数据集和输入数据集中的有效用户 ID 和物品 ID（值）必须同时存在于训练数据集中。只有存在于原始训练数据集中的用户和／或物品可以被测试或预测（推荐）。

输出数据表可能和输入数据表相同，但如果需要推荐，就有必要确保数据表中定义了推荐列。推荐列的内容并不重要，因为任何内容都将被覆盖。如果选择输入数据表作为输出，输出定义的用户 ID 和物品 ID 列将不会被使用（因为已经存在用户 ID 和物品 ID），但必须在输出段定义用户 ID 和物品 ID。

输出列的顺序对这个模型至关重要。第一个 col_id 必须是用户 ID，接着是物品 ID，然后是评价（决策），最后是分别位于不同列的推荐。唯一的例外是当输入数据表与输出数据表相同时，这种情况下列的顺序是：决策列（评价）、用户 ID、物品 ID 和推荐列（如果要求推荐）。

除了输出数据表，其他所有表都可以不定义 col_id（选择列），这样数据表会使用所有列。

在输入数据表中，决策列（评价）的数据必须为空或者 NULL，以提示程序评估这条数据记录。推荐列（如果输入中有推荐列，输出也必须有）可以有数据但最终会被替代。

9.2.3.13 根据隐式反馈（协同过滤）进行推荐

更多关于利用隐式反馈协同过滤（CFI）的信息参阅第 8.4.1 节。AI-TOOLKIT 内置的 CFI 模型模板见图 9-22。该模型要求数据库表（训练、测试、输入）中的数据按特定顺序排列：第一列必须是观测值（决策），第二列必须是用户 ID，第三列必须是物品 ID。

```
--- # 利用隐式反馈（协同过滤）进行推荐示例 {
# 隐式反馈指的是不收集物品的评分
# 只观测计数。
# 重要提示：该模型要求数据按照特定顺序出现在数据库数据表中（训练、测试、输入）：
# 第一列是观测值（决策），
# 第二列是用户 ID，第三列是物品 ID！
# 观测指的是事件（例如浏览网页、阅读文章等）的计数，
# 在 BPR 模型中，这些计数将被转换为二进制，
# （所有大于 0 的数字将被转换为 1）。将数据导入数据库时
# 确保选择了数据中正确的决策列！
# 导入数据后，决策列将自动成为第一列。
# 第二列和第三列分别为用户 ID 和物品 ID！
# 测试数据集和输入数据集中的用户 ID 和物品 ID 必须在训练数据集中出现过！
#
```

（接上图）

```
model:
  id: 'ID-IzUqLbHzxN' # 必须唯一！
  type: CFI
  path: 'D:\mypath\MyDB.sl3'
        # 含有所有数据的数据库路径（输入、输出、模型）。
  params:
    - Algorithm: BPR
      # 选项：BPR，WALS（更多信息见帮助文件）。
    - Recommendations: 1
      # 为每个用户推荐的数量。
    - RecommendationType: DEFRECOM
      # DEFRECOM, SIMILAR_USERS_PLUS, SIMILAR_ITEMS_PLUS （更多信息见帮助文件）。
      # 通用参数：
    - Cutoff: 0.0
      # 低于该值的观测值将被视为负面反馈。
      # 并被设置为0.0！
    - Epochs: 50 # 迭代次数
    - Factors: 100
      # 学习因素的维度（维度越高精度越高，
      # 模型速度越慢）。
  # BPR 参数。
    - Init_learning_rate: 0.01 # 初始学习速率。
    - Bias_lambda: 1.0 # 正则化偏置。
    - User_lambda: 0.025 # 正则化用户因素。
    - Item_lambda: 0.0025 # 正则化物品因素。
    - Decay_rate: 0.9 # 学习速率的衰减率。
    - Use_biases: 1 # 设置为1使用偏置，设置为0不使用偏置。
    - Num_negative_samples: 3
      # 每个正面物品对应的负面物品采样数量。
    - Eval_num_neg: 3 # 每个正面评价对应的负面评价数量。
  # WALS 参数。
    - Boost: 0
      # 设置为1，观测值将在三个范围内被提升。
      # （更多信息见帮助文件）。
    - Regularization_lambda: 0.05 # 正则化参数。
    - Confidence_weight: 30 # 置信度（alpha）。
    - Init_distribution_bound: 0.01 # 初始权重分布界限（- b，b）。
training: # 训练数据——可能源自多个表格！
    - data_id: 'my_training_data'
      # 数据库中的训练数据表名称，由上述"model > path"
      # 定义。
    - dec_id: 'decision'
      # 决策列ID。表格中至少定义一列！
      # （观测！）
      # 注：可以选择三列，或者在不选 col_id 时默认使用前三列。
      # 选择列时必须确保列在数据库中。
      # 按照下列顺序出现：
      # - col_id: 'decision' # 'decision' 必须也被定义为一个 col_id!
      # - col_id: 'UserID'
      # - col_id: 'ItemID'
test: # 测试数据——数据可能源自多个表格。
    - data_id: 'my_test_data' # 测试数据表格名称。
```

（接上图）

```
    - dec_id: 'decision'
      # 注：可以选择三列，或者在不选 col_id 时默认使用前三列。
      # 选择列时必须确保列在数据库中。
      # 按照下列顺序出现：
      # - col_id: 'decision'  # 'decision' 必须被定义为一个 col_id!
      # - col_id: 'UserID'
      # - col_id: 'ItemID'
  input: # ML Flow输入数据——数据可能源自多个表格。
    - data_id: 'my_input_data'  # 输入数据表名称。
    - dec_id: 'decision'  # 必须为空或者 NULL！
      # 注：可以选择三列，或者在不选 col_id 时默认使用前三列。
      # 选择列时必须确保列在数据库中。
      # 按照下列顺序出现：
      # - col_id: 'decision'  # 'decision' 必须也被定义为一个 col_id！
      # 必须为空或者 NULL！
      # - col_id: 'UserID'
      # - col_id: 'ItemID'
  output:
    - data_id: 'my_output_data' # 输出数据表名称（用于预测）。
    - col_id: 'userid'
      # 写入用户 ID 的列；这里必须是
      # 第一个 col_id! 注：如果选择输入数据表作为输出，则用户 ID 列不会
      # 被使用，
      # 但仍需对其进行定义！
    - col_id: 'itemid'
      # 写入物品 ID 的列；在这里必须是
      # 第二个 col_id!
    - col_id: 'decision'
      # 写入输出评分的列；在这里必须是
      # 第三个 col_id!
    - col_id: 'recom1'
      # 写入输出推荐的列（可选）。
      # 如果有多于一个的推荐，可以在此后添加
      # 独立的 col_id（不同名称）。
#}
```

图 9-22 CFI 模型内置模板

观测值是事件的计数（例如浏览了一个网页，阅读了一篇文章等）。用 BPR 模型时，这些数字会被二值化（所有大于 0 的数字被转化为 1）。在向数据库导入数据时请确保选择了数据中正确的决策列。数据导入后决策列自动成为第一列，第二列和第三列分别为用户 ID 和物品 ID。输入数据集和输出数据集中的用户 ID 和物品 ID 也必须出现在训练数据集中。参阅上一节显式反馈模型相关内容中对这些数据列的说明。

这是一个适用于隐式反馈的特殊模型，但这个模型也可以使用显式反馈数据，因为评价行为本身就意味着用户与物品存在互动。但在使用显式反馈时需要注意评价值，低评价值代表对一个物品的负面偏好（不喜欢），但隐式反馈模型可能将这些评价当作正面偏好（喜欢）处理。为防止这类问题出现，可以使用"cutoff"参数为评价值设限，低

于设定值的评价数据将不被采纳。

关于 BPR 和 WALS 这两类模型以及 CFI 的更多信息，请参阅第 8.4.1 节。

这个模型中有三类推荐方法：

- DEFRECOM——默认推荐方法，给物品排名并选择排名较高的物品。
- SIMILAR_USERS_PLUS——该方法首先会寻找与接受推荐的用户相似的一部分用户，然后选择在这一部分用户中排名最高的物品。
- SIMILAR_ITEMS_PLUS——这个推荐方法会寻找与推荐物品相似的其他物品，并选择其中排名最高的物品。

所有方法都会过滤掉已知物品。如果待推荐的物品数量不足，那么有些物品可能会重复出现。

"factor"参数决定 CFI 模型中使用的潜在因素的数量。在达到特定值之前，潜在因素数量越多准确率越高（没有理由让它超过特定值），但潜在因素数量过多会导致模型过大、训练速度变慢。

WALS 模型中的"boost"参数允许反馈值在三个范围内（maxIR/3, 2×maxIR/3 及以上，其中"maxIR"是最大隐式反馈值）自动增加。如果隐式反馈作为输入数据，使用该参数可以增加较低和较高评价值之间的差异（CFI 中较高评价代表正面反馈）。

9.2.4　训练、测试和预测

可以用在项目文件中定义的独立模型进行训练、测试和预测。各类型模型可以按需选择。结果将被直接保存在项目文件里定义的数据库中（经过训练的模型、测试结果和预测数据表）。按"Stop"键可中止所有操作，在程序停止所有操作之前将有一段等待时间。

9.2.5　AI-TOOLKIT 持续运行模组（ML Flow）

使用 ML Flow 模组可以用不同模型（可能互相连接）进行持续的训练和预测。点击"START Auto ML Flow"按钮，软件就会循环项目文件中的所有模型，必要的时候训练这些模型，检查数据库中是否有新的预测要求，并评价所有开放的预测。所有预测结果会被存入项目文件中定义的数据库（输入、输出）。每次循环之间软件会等待一段时间（几秒钟），在控制面板"Timeout"（暂停时间设置）中定义。可以通过再次点击按键终止自动 ML Flow 操作（由绿色变为红色显示可以按键停止）。

机器学习模型可以自行添加新预测要求，也可以由用户通过外部应用或脚本更新 SQLite 数据库增加新的预测要求。

> **注**：控制面板上的"Timeout Database Lock"（数据库超时锁定）设置，可以设置一个较高值使软件有充分时间进行所有必要的更新（数据库在使用外部工具更新期间或在被 AI-TOOLKIT 调用期间将会被锁定，即不可用）。

> **拓展信息：**每个AI-TOOLKIT数据库的"trained_models"表都包含一个"re_train"字段，模型经过训练后，这个值将被设置为0。将这个值设置为1，可以强制模型重新训练。可以利用这一点在重新训练模型时向训练数据集中添加新的数据。

9.2.6　AI-TOOLKIT 数据库

AI-TOOLKIT数据库是一个标准的SQLite数据库（高速无服务器数据库），它含有一个特殊的表叫作"trained_models"，我们必须对这个表进行适当的设置。因此，确保使用左侧工具栏的"Create New AI-TOOLKIT Database"按钮创建新的数据库。

训练/测试和预测数据表十分相似，但每个预测数据表（在项目文件中称为"input"数据表）都必须含有一个特殊列叫作"flow_id"。因为存在这些规则（"trained_models""flow_id"等），建议使用软件内置的"Import Data"和"Import Images"模组创建/导入所有数据表。这些模组会创建正确的表结构。AI-TOOLKIT的资深用户当然也可以在数据库编辑器中手动创建这些表，或者使用其他适配SQLite的数据库编辑器。

查看本书示例的数据库，可以了解各数据表的结构和列类型。

数据库可以加密。在进行其他操作之前，必须先通过数据库编辑器来加密（见"Database"选项卡上的"Open Database Editor"选项）。确保在正确的AI-TOOLKIT选项卡控制面板上提供正确的密码，否则将无法进行任何操作。你随时都可以在数据库编辑器中取消加密和密码保护，继续使用未加密的数据库。

> **扩展信息：**AI-TOOLKIT中每个数据类型（训练、测试和预测/输入）都可以使用多个数据库表，数据列也可以来自不同表。用户要负责令所有表同步，在进行训练、测试和预测时使所有子表的数据记录保持一致。同时，在数据库编辑器的数据表中删除记录时也要注意这一点（删除所有相关表中的同步记录）。

9.2.6.1　数据库编辑器

使用左侧工具栏的"Open Database Editor"按钮启动内置的数据库编辑器。该数据库编辑器是一个叫作"DB Browser for SQLite"的外部程序，为了方便使用，被嵌入到AI-TOOLKIT中。稍后会介绍更多关于这个程序的信息。

AI-TOOLKIT可以自动创建数据库并添加数据（导入定界数据文件，导入并转换图像等），因此你只有在加密数据库（如果需要这一功能）、查看数据或删除过期数据表时才需要使用数据库编辑器。

数据库编辑器使用起来很简单。用"File"（文件）菜单中的"Open"（打开）命令可以打开一个数据库。在"Browse Data"选项卡上选择需要查看的表。

在表上点击右键，调出"Database Structure"选项卡，选择"Delete Table"（删除表）可以删除表。

重要提示：切勿删除或修改名为"trained_models"的表结构，以保证软件的正常运行。你可以删除任何数据记录，但如果删除掉某个模型，则无法继续使用该模型进行预测，需要使用时就得重新训练模型。

数据库加密可以通过执行工具栏中的"Set Encryption"（设置加密）命令进行。确保每次使用数据库时向 AI-TOOLKIT 选项卡上正确的控制面板输入数据库密码。出于安全考虑，系统不会保存密码。同时使用数个数据库时（如由于模型不同而使用不同数据库），所有数据库必须都经过加密，或者都不加密。

关于数据库编辑器（它具有多种用途，包括执行复杂查询）的更多信息，请访问https://github.com/sqlitebrowser/sqlitebrowser/wiki。

9.2.6.2　导入数据（数值或分类）到数据库

通过数据导入模组可以将任意定界数据文件导入数据库，进行机器学习模型的训练、测试和预测。导入模组使用方法简单。首先选择定界数据文件，选择分隔符，设置选项，指定文件中的标题栏和决策列的零基索引的编号。接下来选择数据用途，是用于训练 / 测试还是预测。这一步十分关键，因为不同用途的数据表结构不同。

最后，选择或创建一个 AI-TOOLKIT 数据库并指定表名称、数据库密码（可选），以及是否所有非决策列都使用一个单一的 BLOB（二进制对象）数据库列（即除决策列以外，将所有列添加到一个单一的 BLOB 列，而不是作为独立的列）。

在数据库包含的列较多或者含有特殊数据的情况下，BLOB 列有助于缩减数据库大小。例如，AI-TOOLKIT 会自动将图像数据存储在一个 BLOB 列。一般数据不推荐使用BLOB 列。

接下来两个部分将对自动分类值转换和重采样消减数据不平衡进行介绍。

设置好所有必要参数后点击"Import"按钮。

注：如果希望为使用该模组创建的新数据库（"NEW"按钮）加密，必须首先退出该模组，进入数据库编辑器为数据库加密。

自动分类值转换

可以将任意包含数值或分类数据的定界数据文件导入数据库。分类值指的是短文字值，例如，一个列中可能有"热""冷"和"正常"三个分类值。分类值可能不包含空格，需要对数据文件进行预处理，用如下划线"_"等字符替换空格。如果选择了"Automatically Convert Categorical or Text Values"选项，分类值将被自动转换为数值，转换方式包括以下几种（按需求逐列选择）：

· 整数编码

· 独热编码（会导致特征数量增加！）

· 二进制编码（会导致特征数量增加！）

AI-TOOLKIT 默认使用整数编码，但用户可以按需选择（每一列都会出现编码选项对话框）转换分类值的编码方式。需注意，决策列总是使用整数编码。

关于这三种编码方法的更多信息参见第 4.3.2.2 节。

分类及分类编码值会被存储在单独的数据库表"cat_map"中，在"data_id"字段用导入表名称表示。如果输入数据包含分类值但用户未选择（选中）"Automatically Convert Categorical or Text Values"选项，则所有分类值都将被设置为 0！

重采样以消减数据不平衡（分类）

选中"Resample for Imbalance Reduction（Classification only！）"［重采样以消减数据不平衡（仅限分类数据）］选项，数据将被自动重采样以修正数据类的不平衡。AI-TOOLKIT 使用一系列最先进的重采样技术，提供最佳重采样（噪声消除 + 欠采样多数类 + 过采样非多数类）方式，而不是单纯复制或移除数据。关于重采样的更多信息参见第 4.3.2.6 节。

这里有三个重采样选项：

· 移除重复数据记录（Remove Duplicate Records）——进行重采样之前移除重复的数据记录。在数据包含大量重复记录的情况下执行该操作可以使之后的重采样更加合理。

· 多数类界限值（Majority Limit）——当设置为大于 0 的值时，该值会覆盖多数类的数量。所有数量（类中数据记录的数量）大于该设置值的类都会被视为多数类。在对非多数类进行欠采样，或者不对多数类进行过采样时，这一点十分便利。例如：四个分类的计数分别为 2000、3000、15000 和 25000，多数类界限值设置为 10000，则计数为 15000 和 25000 的分类会被执行欠采样，将类的计数降低至 10000，计数为 2000 和 3000 的类则会被执行过采样，使计数上升到 10000。结果就是所有分类达到平衡。过采样并非简单地复制数据，而是利用先进方法生产数据记录，改善分类界限。

· 比率（Ratio）——当设置为 1.0 以外的值时，可以通过将该值与要生成或删除的数据记录数量相乘来更改（减少 / 增加）过采样和 / 或欠采样的数量。注意，虽然过采样和欠采样都适用相同的比率，但欠采样只针对多数类的数据记录进行欠采样，过采样只针对非多数类的数据记录进行过采样。

9.2.6.3 将图像导入数据库

多数图像格式（png、gif、jpg、bmp 等）都可以被导入数据库，用于机器学习模型的训练、测试和预测。图像会被转化为适当的数字格式保存入数据库。

首先必须在表格的路径列中列出图像路径。也可使用"Select"按钮选择文件浏览器中的多个文件，但要确保首先选中"Extract Label From File Name"（从文件名中提取标签）选项（为了自动从文件名中提取整数标签）。如果标签没有进行自动填充，则需要在标签列中注明所有标签。标签即以整数的形式表示每个图像的分类。

接下来，如果图像中包含若干更小图像，需要将"Collage"设置为"ON"（开），在"Width"（宽）和"Height"（高）输入框内注明小图像的尺寸（片段大小）。每个分类必须使用同一个拼接图像。

最后，选择或者创建 AI-TOOLKIT 数据库，确定表格名称，如果有需要的话设置数据库密码。设置完所有必要的参数后，点击"Import"按钮。

> **注：**以这种方式创建的新数据库（"NEW"按钮）如果需要加密，必须先退出模组，再通过数据库编辑器对数据库进行加密。之后重新启动模组，使用"SEL"按钮选中加密的数据库！

9.2.7　自动人脸识别

AI-TOOLKIT 内置有可以自动识别图像中的人脸的应用。用户可以自建数据库，将需要识别的人脸图像存入数据库，之后输入图像并查找已知或未知的人脸。该应用也能识别出未知的人脸，因此可以用于安检。即使在人脸没有朝向正面的情况下，人脸识别应用也有不错的表现，准确率达到 99% 以上。

用于说话人识别的数据库（见下一节）和用于人脸识别及指纹识别（第 9.2.9 节）的数据库相同，因此，可以结合人脸、声音和指纹数据库，用于识别一个人的三种生物特征。这将提高识别一个人身份的准确率。

> **注：**AI-TOOLKIT 安装了一个示例数据库（people.sl3）和示例人脸识别图像（jennifer_lawrence_oscars_2018_red_carpet_13.jpg），存放在"Demo"文件夹下的"face-recognition"文件夹中。

将鼠标指针悬停在各个命令按钮上，可以查看简短的说明。

9.2.7.1　如何使用

AI-TOOLKIT 中的人脸识别应用程序十分简单易用，只需按照以下步骤，使用相应命令进行操作。

（1）创建一个人脸识别数据库并导入参考人脸。

使用左上方的"Import Reference Faces Into Database | Create Database"（导入参考人脸数据信息数据库 | 创建数据库）按钮，可以创建数据库并将参考人脸信息导入其中（鼠标指针在命令按钮上悬停，可查看关于该命令的说明）。用户可以创建多个数据库。一个数据库可以容纳数十万人的信息，但创建几个较小的数据库能够使软件运行更快。我们要基于电脑配置（处理器和内存）来确定最佳数据库大小。

如果尚未使用"Select Reference Face Recognition Database"（选择参考人脸识别数据库）命令选择数据库，应用将询问是否创建新的数据库。如果选择"是"，就可以在文件浏览器中输入新数据库的文件路径和文件名。导航到目标文件夹并输入数据库文件名。

接下来，选择一个或多个参考人脸图像。图像中有其他对象也没关系，应用能够自动找到人脸。务必使用高质量的人脸图像。正面人脸图像是最好的，但也可以为每个人添加第二个（或更多）图像。

> **注（1）：** 如果图像中有多个人脸，但只需要识别其中一个，可以稍后在数据库编辑器中删除不需要的人脸。只有人脸会被添加到数据库，文字描述需要通过数据库编辑器手动添加（见下文）。
> **注（2）：** 可以使用软件内置的图像编辑器（"TOOLS"选项卡）编辑、优化输入的图像。

（2）选择一个人脸识别数据库。

如果已经创建一个人脸识别数据库，就可以直接使用"Select Reference Face Recognition Database"按钮选择这个数据库。数据库的内容会显示在底部的表格中。

（3）编辑数据库。

使用"Edit Database"（编辑数据库）按钮启动数据库编辑器。数据库编辑器的介绍请参阅数据库编辑器右侧工具栏的帮助文件和本书第9.2.6.1节。使用数据库编辑器可以为数据记录添加文字描述，以及移除不需要的数据记录。请勿通过其他途径更改数据库表结构或内容，以防出现应用程序无法识别的格式。

（4）将参考人脸导入数据库中的选定记录。

创建数据库之后，可以使用相应命令将参考人脸导入到特定记录中。第一步是打开数据库（"Select Reference Face Recognition Database"），选中屏幕底部数据表中的一条记录。然后使用"Import Reference Face into Selected Record in Database"（将参考人脸导入数据库中的选定记录）命令。

> **重要提示：** 如果选中的记录中已经存在参考人脸，这个操作将会覆盖记录中已存在的人脸。

（5）识别人脸。

加载数据库后，使用"Load Image"（载入图像）按钮加载一个图像进行人脸识别。图像会在屏幕上显示。接下来点击"Recognize Faces On Image"（识别图像中的人脸）按钮。所有能够识别的（已知）和未能识别的（未知）人脸都会在预览图像中被标注出来。能够识别的人脸标签包含一个这个人在数据库中的唯一标识符（unique identifier，UID）。在底部数据库表中可以查看识别出的身份信息。

注（**1**）：图像中若有人脸未识别出来，可能是因为：① 人脸太小，用图像编辑器放大图像可以解决这个问题（最好对图像进行重采样，使其具有更高分辨率；可以使用软件内置的图像编辑器）；② 由于人脸有旋转角度或图像质量低，这种情况需要使用更高质量的图像。

注（**2**）：选择图像中需要识别的区域（下一节讨论）。

（6）图像控制。

通过内置的工具进行图像预览时，可以使用旁边的蓝色小按钮。使用"S"切换缩放（zoom）和选取框（selection rectangle）。使用"P"切换平移（pan）和缩放。使用"F"使图像适应预览区大小。使用"+/－"符号对图像进行缩放。

选取框用于识别图像的指定区域。选择图像中的区域（如人脸），点击"Recognize Faces On Image"按钮。

（7）设置。

在右侧栏工具栏中可以找到帮助和设置，通过设置可以更改一些参数。

如果需要对已经创建的数据库进行加密，可以在数据库编辑器中手动加密数据库，且只能在这时添加密码。

"jitter"（抖动）参数用于向输入图像中添加变量。如果 jitter >0，则发送到机器学习模型的图像不止一幅，而是数量为 jitter 幅的图像。这个操作能够稍微提高人脸识别的准确率，但应用程序的速度会大幅下降。一般情况下 jitter =0 就能够满足多数应用的需求。如果决定使用 jitter，建议将值设置为 20~30 而不是 100 这样的大数字。jitter 参数会影响参考图像被导入（学习）数据库的方式，也会影响人脸识别。

9.2.8　自动说话人识别

AI-TOOLKIT 内置了用于自动识别语音记录（音频）中说话人的应用。用户可以自建说话人声音数据库并载入音频来识别说话人。

用于说话人识别系统的数据库与人脸识别（见上一节）和指纹识别（见下一节）的数据库相同。因此，可以结合人脸、声音和指纹数据库，用于识别一个人的三种生物特征。这将提高识别一个人身份的准确率。

每一个声音（人脸）在数据库中都有一个对应的文字描述，将在识别出声音时显示。

注（**1**）：鼠标指针悬停在命令按钮上，可以查看对该命令的简短说明。

注（**2**）：AI-TOOLKIT 安装了一个示例数据库（people.sl3）和一个用于声音识别的示例录音，存放在"Demo"文件夹下的"face-recognition"文件夹中。

AI-TOOLKIT 中有三类可用的说话人识别模型：

· Supervector（超向量）

· GMM（高斯混合模型）

· i-vector（i 向量）

一个数据库记录可能含有一个或多个类型的说话人识别模型。你也可以使用"Select Model"（选择模型）模组中的单选按钮来选择模型。虽然随时可以更换模型，但最好是在整个项目过程中使用同一类模型。Supervector 模型最简单易用，识别干净的、无偏置的录音准确率也比较好。GMM 和 i-vector 模型更复杂，更适合偏置数据集和大型数据集。

重要提示：使用"Import Reference Voices Into Database"（导入参考声音到数据库）命令还是"Import Reference Voice Into Selected Record"（导入参考声音到指定记录）命令，取决于模型的类型。必须在导入音频数据前选择模型类型，因为导入的音频数据要与当前选中的模型类型匹配。一个音频记录中可能包含三种类型的模型（Supervector，GMM 和 i-vector）。

9.2.8.1 如何使用 Supervector 说话人识别模型

AI-TOOLKIT 自带的说话人识别应用十分简单易用，只需按照以下步骤，使用相应命令进行操作：

（1）创建说话人识别数据库。

点击"Create New Reference Voice Recognition Database"按钮创建一个新数据库。你可以创建多个数据库。一个数据库可以容纳数十万人的信息，但创建几个较小的数据库能使软件运行得更快。你应该基于计算机配置（处理器和内存）来确定最佳数据库大小。

（2）导入参考声音。

点击应用左侧"Import Reference Voices Into Database"按钮将参考声音导入数据库。

可以选择一个带子文件夹的文件夹来存放一人或多人的录音。每个人的录音都存放在各自的子文件夹中。确保使用高质量的录音，且录音与说话人正确对应。使用短句可以获得更好的效果。将参考声音添加到数据库，说话人 ID 使用每个子文件夹的名称，并将被添加到信息字段（例如，子文件夹名称可以用说话人的名字）。

重要提示：Supervector 说话人识别模型需要至少三个经过训练的独立说话人模型，其识别准确率才能达到可行的程度。添加的说话人越多，模型的可行性越高。

注：可以使用内置的音频编辑器（TOOLS 选项卡）编辑录音。

（3）选择说话人识别数据库。

如果已经创建说话人识别数据库，只需要通过"Select Reference Speaker Recognition

Database"（选择参考说话人识别数据库）选中它就可以使用。数据库的内容在底部的表格中显示。

（4）编辑数据库。

点击"Edit Database"按钮启动数据库编辑器。查阅右侧工具栏中的帮助和本书第9.2.6.1 节了解数据库编辑器。可以在数据库编辑器中为数据记录添加文字描述，或删除多余的数据记录。请勿通过其他方式修改数据库表结构或内容，以防出现应用程序无法识别的格式。

（5）将参考语音导入数据库中指定的数据记录。

创建数据库后，可以通过该操作将参考声音导入特定数据记录。第一步是打开数据库（用"Select Reference Speaker Recognition Database"按钮），在屏幕底部的数据表中选择一条数据记录。接着使用"Import Reference Voice Into Selected Record In Database"（将参考声音导入数据库中指定记录）命令。应用程序会提示选择说话人声音文件夹（只能选一个文件夹）。文件夹名称将被添加到信息字段。

> **重要提示**：选中的数据记录中如果已有声纹存在，新的声纹将合并入已有记录。如果希望用新的声纹替换已有声纹，可以使用数据库编辑器中的"Set to NULL"（设置为 NULL）和"Apply"（应用）按钮，在数据库编辑器中将"voicedsc"设置为 NULL 后保存数据库。
>
> **注**：数据表中的"Voiceprint"列会显示一条记录是否已有声纹存在。"-"表示该记录不包含声纹，"S"表示有经过训练的 Supervector 模型，"G"表示有 GMM，"I"表示有 i-vector 模型。一条记录可以同时包含多个模型，这种情况下会用多个字母表示，例如"SGI"表示记录包含所有三种模型。

（6）识别说话人。

载入数据库后，使用"Load And Recognize Voice"（载入并识别声音）按钮载入声音录音并进行识别。选中一条录音（*.wav）后，应用程序将在报告表里显示说话人识别结果。

报告表的第一列叫作"Words"（单词），显示用于识别录音的单词数量。输入录音会被分割为单词，静音部分被删除。删除静音部分不是一个简单的任务，因为录音中含有很多各种级别的噪声，所以单词的分割可能无法做到完美，但这不会对说话人识别产生负面影响。

静音阈值（silence threshold）决定了什么样的声音被定义为静音，什么样的声音被认定为语音。你可以在设置中设置静音阈值和"Recognition Word Count"（识别单词数）。"Recognition Word Count"限定了用于说话人识别的单词数量。在多人相继说话的情况下，由于说话人边界不清，其中的一人或多人可能发生混淆，因此不具有代表性。

报告表包含识别出的说话人在数据库中的唯一标识符（UID），以及说话人识别质量评估指标"distance"（距离）和"certainty"（确定度）。distance 值越小且 certainty 值越大，表示识别结果越可靠。识别质量很大程度上取决于录音的质量（后文会进行解释）。

（7）设置。

右侧工具栏可以找到帮助文件和设置，通过设置可以更改一些参数。

通过本应用程序创建数据库之后，如果需要为数据库加密，只能通过数据库编辑器添加密码。

其他参数的解释参照前文。

重要提示（1）：务必使用相同的采样率，推荐每秒 16000 次采样（可达到最佳说话人识别准确率）。如果不确定一段录音的采样率，可以通过内置的音频编辑器（见 TOOLS 选项卡）查看，有需要时还可以将音频文件转换为相同采样率。最小采样率是每秒 8000 次采样，录音若小于该采样率则无法保证识别质量。虽然可以通过上采样（upsampling）增大音频采样率，但无法达到期待的效果，因此，务必使用采样率不低于每秒 8000 次的原始音频，最好使用每秒 16000 次采样的音频。

重要提示（2）：可以使用内置的音频编辑器清理录音，移除噪声、回声等。更多相关内容参阅音频编辑器的帮助文件以及本书第 9.2.9 节。清理录音可以大幅提高说话人识别的准确率。

注（1）：在录音噪声较少、说话人录音环境相似且语音类型相同（例如正常说话）的情况下，Supervector 说话人识别模型表现良好。AI-TOOLKIT 内置的音频编辑器可以移除录音中的噪声、回声等。如果数据库中的参考录音（声纹）和用于说话人识别的输入录音（同一个说话人）所记录的语音类型明显不同，或者含有噪声或背景音，导致说话人识别准确率降低，这种情况下应该考虑使用其他模型。

注（2）：AI-TOOLKIT 安装了一个示例数据库（people.sl3）和用于说话人识别的示例音频文件（jennifer_lawrence.wav），存放在"Demo"文件夹下的"face-recognition"文件夹中。尝试载入数据库并识别（用"Load And Recognize Voice"按钮）示例音频文件。应用程序会显示说话人的身份是詹妮弗·劳伦斯（Jennifer Lawrence）。

9.2.8.2 如何使用 GMM 和 *i*-vector 说话人识别模型

使用这两个模型要求用户对 GMM 和 *i*-vector 说话人识别有基本认识（请参阅第 7 章）。在这里无法就选择正确参数所需的知识进行一一解释，但软件自带一个"Auto Config"（自动配置）模组，能够轻松地实现参数估算自动化。这个模组可以在"GMM/*i*-vector system"（GMM/*i*-verctor 系统）选项卡上找到。将说话人的数量输入系统，点击"Propose"（提议）按钮，所有参数都会得到相应调整。一开始可以使用应用程序提议的参数，但这些参数在后续过程中可能仍需要调整。

只需按照以下步骤，使用相应命令对应用程序进行操作：

（1）在"GMM/*i*-vector system"选项卡上，按需求选择导入音频选项。根据不同选择可能出现：①选中"Use Folder Name As Speaker ID"（使用文件夹名称作为说话人ID），则每个子文件夹中的音频文件都会获得一个说话人ID，这个说话人ID与子文件夹的名称相同（需要选择含有多个子文件夹的文件夹，每个子文件夹存放一个说话人录音）。②未勾选"Use Folder Name As Speaker ID"的情况下，每个音频文件名都必须以一个唯一的说话人ID开始，后面接下划线（"_"）。例如，音频文件名"myvoice1_recording.wav"中的"myvoice1"就是说话人ID。音频文件名不能含有空格。

（2）接下来在"GMM/i-vector system"选项卡上按需选择GMM和i-vector选项。

（3）点击"Train UBM and i-vector system"（训练UBM和i-vector系统）命令，按屏幕上弹出的指示操作。该操作能够训练作为所有客户端GMM-i-vector模型基础的UBM。

（4）打开或创建一个新的说话人识别数据库。

（5）在"Select Model"模组中选择GMM或i-vector模型选项。

（6）使用"Import Reference Voices Into Database"或"Import Reference Voice Into Selected Record"命令将参考声音导入数据库。这一步与上文Supervector模型相似。按屏幕上的指示操作。

（7）最后使用"Load And Recognize Voice"命令识别音频中的声音。

GMM和i-vector模型参数

· "Use Folder Name As Speaker ID"（所有模型）——解释见上文。

· "Remove Noise"（移除噪声）（GMM与i-vector参数）——勾选该选项则输入音频会首先被过滤，将噪声移除；推荐客户端模型和用于识别的输入音频使用与UBM相同的设置。

· "Mixture Distribution Count"（混合分布计数）（GMM与i-vector参数）——UBM和所有独立说话人GMM的混合数量（二者必须相同）。

· "Top Distribution Count"（顶部分布计数）（GMM参数）——计算对数似然比的混合数量；可能低于上述混合分布计数。

· "TV Matrix Rank"（总变异矩阵排名）（i-vector参数）——i-vector计算的总变异矩阵（total variability matrix）排名。

· "LDA Rank"（线性判别分析排名）（i-vector参数）——i-vector计算的LDA矩阵排名。

· "TV/i Training Iterations"（TV/i训练迭代次数）（i-vector参数）——训练总变异矩阵的迭代次数。

· "Normalize i-vectors"（归一化i-vectors）——选中该选项则i-vector将被归一化。

· "i-vector Norm. Iterations"（i-vector归一化迭代次数）（i-vector参数）——i-vector归一化的迭代次数。

· "Max. Sessions Per Speaker"（说话人最大会话数）（i-vector参数）——在归一化i-vector的过程中使用说话人分类列表（说话人分离）；这个参数会限制模型使用的

每个说话人的音频文件（特征）数量；当该值大于每个说话人可用的输入音频文件数量时，空白的列表将用最后一个添加的音频文件填充。

· "PLDA Iterations"（概率线性判别分析迭代次数）（i-vector 参数）——将要使用的概率线性判别分析迭代次数。

· "PLDA Eigen Voice Number"（概率线性判别分析语音特征向量数）（i-vector 参数）——在概率线性判别分析中使用的特征语音矩阵排名。

· "PLDA Eigen Channel Number"（概率线性判别分析通道特征向量数）（i-vector 参数）——在概率线性判别分析中使用的通道特征向量矩阵排名。

9.2.8.3　输出选项

Supervector 模型只有一类输出，根据右侧工具栏中的 "Recognition Word Count"（识别单词数）来设置。每次完成 "识别单词数"（自动检测单词边界）所设置的单词识别数量，模型都会测试输入音频，并报告识别到的说话人。

GMM 有三类输出（只能激活其中一类）：

· 针对全部输入音频的单一说话人识别输出。当按片段输出 ["Per Segment (GMM)"] 和按窗口输出 ["Per Window (GMM)"] 都没有被激活时，这一类输出被激活。

· 按 VAD（voice activity detector，即语音活动检测器）定义的片段生成说话人识别输出。"Segment Duration Threshold"（片段时长阈值）参数会限制测试片段的时长，时长较短的片段不会被测试。

· 按 "Window Width [sec]"（窗口宽度 [秒]）定义的窗口宽度生成说话人识别输出。

i-vector 模型只有一类输出，即按输入的音频输出说话人识别结果。i-vector 模型不适用于分段。

> **重要提示（1）**：音频文件名不能含有空格。
>
> **重要提示（2）**：AI-TOOLKIT 中的 GMM 和 i-vector 系统相比 Supervector 系统能支持更多的音频文件类型，Supervector 系统只支持 wav 文件。当然，也可以使用 AI-TOOLKIT 内置的音频编辑器将任何格式的音频转换为 wav 格式。
>
> **注（1）**：用于训练 UBM/i-vector 系统的音频文件可能与导入说话人识别数据库的参考音频文件不同。
>
> **注（2）**：说话人识别的质量（准确率）取决于录音（用训练参考模型的录音和用于识别的录音）的质量、背景噪声以及诸多其他因素。（撰写本书时）我们尚不能百分之百确信根据录音识别出的说话人身份，只能判断出语音大概率来自某一说话人。录音的质量越高，识别的可信度也越高。

9.2.9　自动指纹识别

AI-TOOLKIT 内置有根据图像自动识别指纹的应用程序。用户可以自建指纹身份数据数据库，并载入图像，来识别指纹的身份。

用于指纹识别的数据库和说话人识别及人脸识别（见第 9.2.7 节和第 9.2.8 节）的数据库相同。因此，可以将人脸、声音和指纹数据库结合，识别一个人的三种生物特征。这样可以提高正确识别的确定性。

注（1）：鼠标指针悬停在命令按钮上，可以查看对该命令简短的说明。

注（2）：AI-TOOLKIT 安装了一个示例数据库（people.sl3）和用于指纹识别的示例图像文件（fingerprint.jpg），存放在"Demo"文件夹下的"biometrics-recognition"文件夹中。数据库中的指纹和用于测试的指纹并不是图像中的人员的真实指纹（声音和人脸是真实的）。

9.2.9.1　如何使用

只需按照以下步骤，使用相应命令对应用程序进行操作：

（1）创建指纹识别数据库——点击"Create New Reference Fingerprint Recognition Database"（创建新的参考指纹识别数据库）按钮创建或加载一个新的数据库。用户可以创建多个数据库。一个数据库可以容纳数十万人的信息，但创建几个较小的数据库能使软件运行得更快。应该基于计算机配置（处理器和内存）来确定最佳数据库大小。

（2）导入参考指纹——点击"Import Reference Fingerprints Into Database"（导入参考指纹到数据库）按钮将参考指纹导入数据库。按照弹出的 "Select Fingerprints Information Sheet"（选择指纹信息表单）给出的指示操作。你可以选择一个带有子文件夹的文件夹，其中存放一人或多人的指纹；每个人的指纹存放在单独的子文件夹中，其中可以有多个指纹。每个子文件夹的名称将被用作人员 ID，添加到信息字段（子文件夹名称可以用个人的名字）。添加的所有图像（除了一个参考人脸图像，见后文）都将被识别为指纹，因此要确保子文件夹中只包含你想要添加到数据库的指纹图像。每个图像只能含有一枚指纹，其中没有其他物品、图画或文字。

接下来会出现两个选项对话框，选择最合适的选项（指纹 ID 以及是否覆盖现有指纹）。按照屏幕上的指示操作。一个人员在数据库中可能有数枚指纹，通过指纹 ID 对这些指纹作出区分，如可以把手指名称用作指纹 ID。

因此指纹 ID 与人员 ID 不同！

重要提示（1）：如果导入的人员 ID 与数据库中已有的人员 ID 重复，系统会弹出选项对话框，用户可以选择用导入指纹替换已有指纹、将导入指纹添加到人员 ID 已有指纹或者不做任何修改。

重要提示（2）：软件只存储每个指纹的小型机器学习模型（提取的特征），不存储指纹图像。这样可以降低数据库大小，加快软件运行速度。处理指纹的（也是处

理其他生物信息的）最佳工作方式是在硬盘上将各个数据库的指纹图像分别存放在结构化的文件夹中，为每个人员创建一个子目录。这样做可以随时在软件中查看指纹，并直观地做出比较［用"Load Fingerprint"（载入指纹）命令］。当然，也可以使用安全的云存储和网盘。

点击顶端的"Abort Operation"（终止运行）按钮（x）停止导入指纹。这可以在导入大量指纹的过程中结束操作。

所有子文件夹处理完毕后，数据库内容将显示在底部表格中。

（3）选择指纹识别数据库——选择已经创建的数据库可以使用左上方的"Select Reference Fingerprint Recognition Database"（选择参考指纹识别数据库）按钮，选中的数据库内容将显示在底部表格中。

（4）编辑数据库——点击"Edit Database"按钮启动数据库编辑器。查看数据库编辑器帮助文件（右侧工具栏）了解相关信息。在数据库编辑器中，可以为数据记录添加文字描述以及删除多余数据记录。请勿通过其他手段修改数据库表结构或内容，以防出现应用程序无法识别的格式。请务必先备份数据库再进行编辑。

（5）导入参考指纹到指定数据库记录——创建数据库之后，可以使用该命令将指纹导入指定的数据记录中。首先用"Select Reference Fingerprint Recognition Database"按钮打开数据库，然后选择屏幕底部数据表中的一条数据记录。接下来使用"Import Reference Fingerprint Into Selected Record In Database"（导入参考指纹到指定数据库记录）命令。按屏幕指示操作。

重要提示： 如果导入的指纹与数据库中已有的指纹重复，系统会弹出选项对话框，用户可以选择用导入指纹替换已有指纹、将导入指纹添加到已有指纹或者不做任何修改。

（6）识别指纹——加载数据库后，使用"Load Fingerprint"加载待识别的指纹图像，图像将显示在屏幕上。接下来点击"Identify Fingerprint"（识别指纹）（或"?"）按钮。指纹识别成功后，底部预览数据表中的数据库记录会被选中。所有指纹识别的相关信息将显示在屏幕左侧的日志中。

将指纹图像加载到四个可用选框中的任意一个，指纹图像上将显示提取到的特征，不同特征类型［被称为指纹节点（minutiae）：纹路终点和纹路分叉］用不同颜色表示。这些特征将用于机器学习模型。本书主旨不在于解释这些指纹特征的含义，请参阅其他相关书籍了解更多关于指纹识别的信息。指纹图像的上方显示指纹的质量以及识别出的特征数量。指纹质量分为五级："出色""很好""好""一般""差"。指纹质量越高识别效果越好。尽量使用质量"出色"和"很好"的指纹图像来创建参考指纹数据库。

可以在设置中选择最低指纹质量，即低于设置质量的指纹将不会被添加到数据库中。

指纹图像及指纹特征也能被用来进行指纹匹配。你可以在屏幕上比较四枚指纹。

9.2.9.2 图像控制

四个指纹选框（图像预览）自带许多工具，通过旁边蓝色的小按钮可以使用。"P"用来切换移动和缩放，"F"使图像适应预览区域大小，"+/－"符号用于放大/缩小图像。显示器（屏幕）越大图像越大。

9.2.9.3 设置

在右侧工具栏的设置中可以找到以下参数：

· "Timeout Database Lock"用于规定数据库在锁定的状态下需要等待多少秒。

· 添加"Database Password"（数据库密码）只能在使用数据库编辑器加密本应用程序创建的数据库时进行（只能在数据库编辑器中加密数据库）。

· "Fingerprint Display"（指纹显示）用于调整指纹图像的显示方式以及是否显示指纹特征。每个指纹特征也有一个质量标准（与指纹质量不同），通过设置"Minimum Quality"（最低质量）可以根据特征指纹质量调整是否显示。

· "Enhance Image Feature Extraction"（增强图像特征提取）选项可以在提取特征之前自动增强指纹图像。该选项对某些输入指纹图像很有用。请务必尝试增强和不增强图像两种做法，只在增强能够起到正面作用时才应用增强。极少数的情况下，使用增强功能可能会使特征提取的质量恶化（如果一些纹路从指纹中消失）。

· 通过"Minimum Fingerprint Quality"（最低指纹质量）选项，可以在将指纹导入数据库时限制最低指纹质量，即质量较低的指纹不会被导入数据库。

· "Score Threshold"（分数阈值）是指纹识别中的一个重要选项，软件会持续在数据库中搜索指纹，直到找到一个和待识别指纹匹配分数达到该值的指纹。这个参数的最优值取决于数据库和指纹的质量。设置这个阈值最好从高开始，例如100，然后逐步降低，直到找到一枚指纹。阈值越高，要求两枚指纹的相似度越高，但是，两枚指纹的质量不一定相同，这种情况下为了找到正确的指纹，就需要降低阈值。

9.2.10 音频编辑器

在 TOOLS 选项卡上打开音频编辑器。可以使用音频编辑器查看和编辑录音、查看频谱、更改音频属性（例如采样率、编码、音高……）、移除噪声等。所有这些任务都可以在批量模式下对多个音频文件同时执行。

在音频编辑器中可以查看（缩放）音频的波形（上方图形）、频谱图（下方图形）以及音频属性（采样率、编码等）。音频编辑器支持多种音频文件格式，如 wav 和 mp3 等；支持以下 wav 文件格式：16、24 或 32 位 PCM 或 IEEE 浮点音频数据。

优化后的音频编辑器更适应 ASR 训练常用的短音频文件，同时也能够处理长音频文件。可以用鼠标左键将图表放大数倍。

选择需要放大的部分点击放大按钮（带 + 号的放大镜图标）。点击顶部缩放按钮旁边的"Fit All"（适应大小）按钮可以重置图表为完整视图。

如果只想保存音频文件的特定部分，可以选中该部分后点击"Save Audio Selection"（保存选中音频）按钮（将鼠标指针悬停在按钮上，可查看工具使用提示）。

音频可保存为 mp3 或 wav 格式。

也可以录制音频文件。在右侧控制面板选择录制属性。较长的音频或者放大的音频文件将分页显示。通过波形图右上侧的左 / 右和开始 / 结束键翻页浏览。跨页或者缩放的时候，两个图表会被同步处理。

9.2.10.1　设置

"Spectrogram Show Frequency"（频谱图显示频率）选项设置哪一条频率线（特定频率所含能量的时间函数）显示在频谱图上，设置为 0 则不显示。

"Recording"（录音）选项上可以选择录制设备。如果在启动软件之后打开设备，需要首先点击"Update"（更新）按钮，设备会出现在设备列表中。注意，并非所有设备都支持所有采样率和共享模式。

9.2.10.2　转换音频

使用音频转换模组能够更改 wav 音频文件的属性。

在右侧工具栏中设置音频转换选项。可以选择任意数量的选项。

音频转换模组支持以下 wav 文件格式：16、24 或 32 位 PCM 或 IEEE 浮点音频数据。

重要提示： 一些转换选项要求采样率必须是 100 的倍数。如果 wav 文件不满足这一要求，必须首先通过"Change Sample Rate"（更改采样率）转换选项来转换。右侧控制面板提供了可用的标准采样率。

可以对选中的文件进行转换 ["Transform Selected Files"（转换选中的文件）]，也可以对整个文件夹中的文件进行转换 ["Transform Files in Folder"（转换文件夹中的文件）]。必须在批量模式下、尽量利用多个处理器进行转换。

9.2.10.3　噪声抑制和回声消除

噪声抑制功能根据用户选择的抑制级别（通过右侧控制面板来设置）来消除音频中的噪声，设置为 0 时不消除噪声，设置为 3 时消除噪声级别最高。回声消除功能与噪声抑制工作原理相似，消除回声的强度有三种（低、中、高）。

9.2.10.4　改变音高

改变音高功能可用于将音频文件的音高（基频）调整到特定频率，通过右侧控制面板设置。典型的成年男性的语音基频在 85~180 Hz 之间，典型的成年女性语音基频在 165~255 Hz 之间，婴儿的语音基频范围在 250~650 Hz 之间。参考这些值来调整语音的音高，例如，将成年人的语音改变为婴儿的语音，或者将男性语音调整为更接近女性的语音。

9.2.10.5　移除非人声音频

转换的过程中会移除音频中没有检测到人声的部分。

9.2.10.6　音频文件转换

经过转换的输出音频文件可以储存为 wav 或 mp3 格式。"Convert To WAV Without Encoding（PCM）"［不通过编码转化为 WAV 格式（PCM）］命令可以不经过编码批量执行其他音频格式到 WAV PCM 格式的转换。支持的输入音频格式取决于系统配置（安装的编码）。多数 AI-TOOLKIT 软件（VoiceData、VoiceBridge 等）采用不经过编码的 WAV PCM 格式。

9.3　DeepAI 教育版

DeepAI 教育版是一个用于教学目的的多层神经网络机器学习软件工具包。它能够将神经网络通过热力图和数据表视觉化，来帮助用户了解神经网络的学习过程。

DeepAI 虽然高速（使用多个处理器进行硬件加速），但并不是一个专业的神经网络机器学习工具，因为它的选项有限。AI-TOOLKIT 专业版提供最先进的机器学习模型和更好的性能。

9.3.1　数据生成器

学习 DeepAI 最好的方法是使用内置的数据生成器来生成输入数据。针对分类问题和回归问题有多个数据生成器。用户也可以向数据中添加随机噪声。通过右侧工具栏打开数据生成器。

> **注：**在以整数形式被分配到每条数据记录的分类（决策）数量有限的情况下使用分类模型，如果被分配到每个数据记录的是一个范围的连续值（决策）则适用回归模型。请参阅第 1 章和第 2 章中关于监督学习的内容。

如果使用数据生成器生成机器学习模型的特殊热力图，确保在设置中选中"Treat Data As X-Y Classification/Regression"（将数据作为 X-Y 分类 / 回归）选项。

9.3.2　导入外部数据

使用"Load Data File"（加载数据文件）命令，可以载入不同类型的文件：

· 扩展名为"ssv"的 AI-TOOLKIT 数据文件格式——数据必须是 AI-TOOLKIT SSV 数据文件格式（.ssv），分隔符是制表符 tab，没有标题行，只包含数字，第一列是决策变量（分类数据中的类别，回归数据中的连续数字）。

· MS Excel 2003 文件格式，文件扩展名为"xls"——这类文件必须作为 SSV 文件导入和保存。用户可以选择含有所需数据和决策列的 Excel 表格。

· MS Excel XLSX 文件——这类文件必须作为 SSV 文件导入和保存。用户可以选择含有所需数据和决策列的 Excel 表格。

DeepAI 会导入用户数据，在必要时将缺失和错误值转化为 0。空白记录或空白列不会被导入。最好在导入前对数据进行处理，以保证数据在导入时不需要做进一步的清理，只导入用户选定的值。

在导入含有文字（非数字）值的数据文件时，文字值会被自动转化成数字值，数据列中的每个唯一单元 / 字符串对应唯一的数字（参见第 4.3.2.2 节）。这一操作被称为整数编码。在不同列中可能出现相同数字（这很正常）。

用户可以根据自己的偏好使用不同的转化策略，在导入数据文件前将文字值转化为数字。

9.3.3 输入函数（激活）

选中（勾选）的输入函数（可以选择一个或多个）将被用于转化输入训练数据，转化后的数据将被输入到机器学习模型。这个操作被称为输入的激活（activation of the input）。

DeepAI 提供五个可用的输入函数：

· Xn——直接使用原始输入数据点（没有经过转换）。可以根据需要选择使用所有的列或者只选择其中的一些列（特征）。

· X^2——取每个数据点的平方值。可以选择使用所有的列或者只选择其中的一些列（特征）。

· X×Xn——这个函数将一个列中的所有值相乘（$X_1 \times X_2 \times X_3 \times \cdots \times X_n$），并将得到的结果作为输入值（每列一个值）。

· sinX——取每个数据点的正弦值（sin）。可以选择使用所有的列或者只选择其中的一些列（变量）。

· cosX——取每个数据点的余弦值（cos）。可以选择使用所有的列或者只选择其中的一些列（变量）。

9.3.4 层和节点

用户可以根据需求定义层的数量。第一层（输入层）和最后一层（输出层）是固定的，可由模型根据其他的变动（例如输入功能的变动）自动调整。

在其他任何层上可以添加任意数量的节点。每个节点都自动连接到下一层上的节点，神经网络由此形成。每个节点都具有一个偏置参数，由系统自动计算得出，但用户可以修改。每两个节点之间的连接都有一个权重参数，也是自动计算出的，但可以修改。机器学习模型会在寻找合适的模型的过程中（学习输入）自动调整偏置参数和权重参数，也会在未来的学习中将经过修改的值考虑在内。

9.3.5　训练机器学习模型

用户可以根据需求多次训练模型，也可以在调整参数后做进一步的训练。还可以重置模型，然后重新开始训练。也可以保存机器学习模型，并将所有输入参数（而非数据）保存到扩展名为".nna"的项目文件中。

下列参数会对训练过程产生影响（将鼠标指针移动到标签上，可查看相关的帮助说明）：

- 学习速率（默认值 =0.1）
- 正则化率 （默认值 =0.001）
- 批大小（默认值 =10）
- 激活函数（默认值 =TanH）
- 正则化函数（默认值 =NONE）
- 测试数据比例（%）

9.3.6　预测

通过以下两个选项，可以要求 AI 进行预测（推断）：

- 使用"Ask Predictions"（询问预测）命令，并加载询问数据的 SSV 格式文件。预测结果会在左下方"AI Predictions"（AI 预测）选项卡的表格中显示。
- 使用"Ask Predictions Form"（询问预测表），加载机器学习模型和一个 SSV 格式的询问文件，向机器学习模型提出预测要求。

9.3.7　设置

"Settings"（设置）选项卡在屏幕右侧，用来执行各种DeepAI任务以及调整模型参数。

在"Settings"下的"General"（通用）选项卡中可以调整优化参数，优化参数能够影响软件的速度和使用感受。如果 DeepAI 需要调用更多东西，速度就会变慢，所以要选择适合任务目的和计算机硬件的设置。

"Heatmap Density"（热力图密度）越高，得到的热力图图像分辨率越高，运行速度也会相对变慢。

在"Settings"下的"Charts & Heatmap"（图表与热力图）选项卡上可以选择绘制图表用的数据以及热力图使用的颜色。

在"Settings"下的"AI"选项卡上可以调整所有机器学习模型的参数。将鼠标指针移动到标签上，可查看简短的说明。

勾选"Treat data as X-Y Classification / Regression"选项，只有两个数据列和一个决策列，数据就会被绘制成 XY 图表和热力图。这个设置适用于二维数据，也很适合用作教育目的，有助于我们了解机器学习模型如何找到最佳解决方案 / 模型。

9.4　VoiceBridge

独家内容：第 9.4.2 节涵盖针对 VoiceBridge 用户的独家内容（只在本书提供）。推断的源代码只适用于 Yes-No 问题。通过本应用程序，你能够使用一个经过训练的 ASR 模型解码（推断）输入的 wav 文件。VoiceBridge 开源发行版只包含一个训练和解码集成在一起（不可分）的例子。

VoiceBridge 是一个完全开源的（AI-TOOLKIT 开源许可——基于 Apache 2.0，允许商用）语言识别 C++ 工具包，专门针对 MS Windows 64 位系统进行了优化（经过修改也可适用于其他操作系统）。可以说，VoiceBridge 填补了 MS Windows 语音识别开发工具的空缺。

VoiceBridge 是建立在对 KALDI 项目[1]进行多年 ASR 研究的经验之上的。可以将其视为运行在 MS Windows 系统上的 KALDI（在 UNIX 系统上运行的知名语音识别软件）。

VoiceBridge 的目标是让创建优质、专业且高速的语音识别软件变得简单。

目前 VoiceBridge 提供以下可用的语音识别模型（详见第 5 章）：

- GMM Mono-phone（高斯混合模型——单音素）（见第 5.6 节）
- GMM Tri-phone（高斯混合模型——三音素）（见第 5.6 节）

这些模型可以与以下内置的特征提取方案结合使用：

- MFCC（见第 5.3 节）
- MFCC + delta + delta−delta（见第 5.3 节）
- MFCC + delta + delta−delta + pitch（见第 5.2.1 节）

支持以下特征转换方案：

- SAT（见第 5.3.1.3 节）
- LDA + MLLT （见第 5.3.1.1 节和第 5.3.1.2 节）
- LDA + MLLT+SAT（见第 5.3.1.1 节、第 5.3.1.2 节和第 5.3.1.3 节）

撰写本书时，"MFCC + delta + delta−delta + SAT"是性能最好、准确率和速度最高的模型（只需要"LDA + MLLT+SAT"处理时长的 1/5）。由于对一些输入进行了自动调音（如发音），VoiceBridge 的准确率大大高于其他同类软件。

VoiceBridge 含有下列特殊模组：

- 自动生成语言模型（*N*-gram，见第 5.5 节）
- 自动生成发音字典（发音模型训练，见第 5.6 节）
- 半自动说话人分组（见第 9.4.3.1 节）

由于有这些模组，VoiceBridge 只需要较少的输入：

- wav 文件
- 每个 wav 文件的文字转录文件

1　The Kaldi project. http://kaldi−asr.org.

· 参考语言词典（包含在 VoiceBridge 发行版软件包中）

语音识别工作到此已经越来越简单了。

VoiceBridge 有两种硬件加速：

· 通过自动 CPU/ 核心检测与分配工作，对任务进行平行处理。更多处理器核心意味着更快的处理速度。

· 通过调用特殊的处理器指令集，利用 Intel 数学核心函数库（Intel Math Kernel Library，即 Intel MKL 库）进一步加快处理速度。

VoiceBridge C++ 码位于一个动态链接库（DLL）中。因此，我们能够轻松地部署和使用基于 VoiceBridge 建立的软件。VoiceBridge 旨在提供高速、高准确率、易于使用、立刻就可投入生产的专业系统。

VoiceBridge 包含两个完整的示例，演示了如何使用动态链接库。这两个示例在 KALDI 中也有，因此 KALDI 用户可以轻松掌握如何使用 VoiceBridge。

其中一个示例就是 Yes-No 示例（见第 9.4.1 节）。在这个简单的语音识别示例中，我们会训练模型识别人们说"Yes"或"No"。VoiceBridge 中这个模型的词错误率是 2%（准确率 98%），训练和测试模型只用了大概 8 秒（四核处理器）。

第二个示例叫 LibriSpeech（见第 9.4.2 节），是现实世界中常见的语言识别应用，包含数小时的英语会话学习和识别。在 VoiceBridge 中这个示例的词错误率是 5.92%（约 94% 准确率）。

两个示例都是可以立即投入使用的编码模板，可直接用于语音识别项目。DLL 的核心源代码和示例应用的源代码都被详尽地记录了下来，方便使用。

VoiceBridge 发行版软件包中包含除 Intel MKL 库以外的一切所需资源，Intel MKL 库可以在这个网站免费下载：https://software.intel.com/en-us/mkl。

阅读 VoiceBridge 文档了解如何编译软件。

注： "VoiceBridge\Redistributables"目录下含有所有必要的 DLL，这些 DLL 可以通过 VoiceBridge 创建的任何软件重新分配。其中多数可用于 Intel MKL 库，一个可用于 OpenMP 支持。用户需要根据编译器（MS VS2017）要求分配更多 DLL，例如 C++ runtime。

注意，这里的 MKL DLL 来自 wmkl2018.1.156 发行版本。

如果下载了更新的版本，可能需要用新版本替换目前版本。

9.4.1　Yes-No 示例

在这个简单的语音识别示例中，我们需要用 MFCC 特征来训练一个 GMM 单音素 ASR 模型，以识别语音"Yes"或"No"。这个示例在 VoiceBridge 中的词错误率是 2%（98% 准确率），训练和测试花费了大约 8 秒钟（四核处理器——Intel Core i5-6400 CPU @ 2.70 GHz）。

接下来我们会分享这个示例的源代码,包括说明注释(代码针对本书做了轻微调整)。在 VoiceBridge DLL 的帮助下, 只用大约 300 行 C++ 代码就可以创建并训练一个 ASR 模型。

请注意,我们创建和操作文件与目录都很大程度上依赖于 Boost C++ 库文件系统功能(boost::filesystem)。对这个热门的免费 C++ 库尚不熟悉的用户可以通过库文档来了解(见参考文献 [93])。

VoiceBridge 日志记录机制如下:

·使用 LOGTW_INFO、LOGTW_WARNING、LOGTW_ERROR、 LOGTW_FATALERROR 和 LOGTW_DEBUG 写入全局日志文件(示例开头定义), 以及控制台应用的屏幕(std.::cout)。

·每次调用日志对象或宏都必须设置数字格式,例如,LOGTW_INFO << "double "<< std.::fixed << std.::setprecision(2) < < 25.2365874。

注: Yes-No 示例中首先训练 ASR 模型, 之后立即对模型进行测试。通过 PrepareData() 函数输入的 wav 文件(及转录)被分为两部分,多数用于训练,其余的用于测试 ASR 模型。

示例代码按步骤创建并测试 ASR 模型。步骤总结如下:

(1)初始化所有必要参数, 建立项目目录结构(输入数据、输出、日志等)。软件利用不同目录来存储准备数据的输出和每个模型训练的步骤。模型以层级的方式, 由下至上训练, 每个子模型都存放在单独的目录中。

(2)初始化日志和 LOG 文件。

(3)设置软件使用的硬件线程——通过 "concurentThreadsSupported" 参数设置。如果希望计算机响应更敏捷, 可以减少线程数。

(4)定义语言模型 ID, 语言模型 ID 将被添加到语言模型所在目录的名称中。

(5)通过比较训练好的模型的创建时间和数据文件的创建时间(因为我们可能会用不同的参数多次运行示例中的模型), 检查 ASR 模型是否需要重新训练。如果没有重大变化则不需要重新训练模型。

(6)准备所有必要的训练和测试数据,用于在需要时训练和自动生成 ARPA *N*-gram 语言模型, 语言模型基于转录中提取的文本创建。文本中的所有单词会被保存到一个 "vocab.txt" 文件中, 用于创建发音字典。

这个步骤会涉及以下函数:

PrepareData。 PrepareData() 函数有三个参数: 训练数据占比(其余数据用于测试), 转录文件扩展和 idtype。转录文件必须与 wav 文件同名, 但第二个参数定义的转录文件扩展不需要与 wav 文件同名。idtype 参数值可以是 0、1 或大于 1, 用于区分说话人。当 idtype 参数值为 0 时, 存放 wav 文件的目录的名称将被用作说话人 ID(=区分说话人)。

idtype 参数值为 1 时，每个 wav 文件名（扩展名除外）将被用作说话人 ID（= 不区分说话人）。当 idtype 为大于 1 的数值时，文件名的前该数值个字母将被用作说话人 ID（= 区分说话人）。

所有必要的数据和目录结构都将由这个函数自动创建。

PrepareDict。这个函数用于自动制作发音字典及所有字典文件。它需要一个参考发音字典，必要的话还会训练一个用来确定项目中所有单词发音的发音模型。也可以向字典中添加静音音素。静音音素用于模型的非语音声音（例如静音或噪声）甚至是未知词（UNK 或 OOV）。可以定义不同类型的静音、噪声和未知词。参照 LibriSpeech 示例了解如何应用。

PrepareLang。这个函数用于准备所有语言特征。它有四个参数，但这里只用到第一个参数，设置是否启用位置相关音素。其他参数必须为空。在 Yes-No 示例中不需要使用位置相关音素，因为单词的性质单纯，但在 LibriSpeech 示例中就需要用到位置相关音素了（三音素模型）。

PrepareTestLms。这个函数为之后测试 ASR 模型准备语言模型。它将所有必要文件复制到一个测试目录中，并为语言模型编译所有有限状态转换器（FST），这个语言模型将用于附录 A 中讨论的快速 FST 搜寻机制。使用 PrepareData() 函数分离训练数据和测试数据后，它们将根据转录中的每个单词使用不同的语言模型。

MakeMfcc。这个函数将根据配置文件 "mfcc.conf" 为测试和训练声学信号（wav 文件）提取所有 MFCC 特征（不添加 "delta" 特征）。配置文件虽然含有很多参数，但多数情况下只需保持默认选项。如果某一个参数不在 "mfcc.conf" 中，函数将使用这个参数的默认值。

"mfcc.conf" 中的所有可用参数在表 9–13 中进行了解释。ASR 过程的不同阶段还有一些类似的配置文件都记录在 VoiceBridge Wiki：https://github.com/AI-TOOLKIT/VoiceBridge/wiki。用户可以尝试不同参数值，如果出现问题只需要恢复默认值（即从配置文件中删除参数）。

表 9-13　MFCC 配置选项

直接 MfccOptions
num-ceps：MFCC 计算中倒谱系数的数量（包括 C0）。
type: int32, default: 13, usage example: --num-ceps=13
use-energy: MFCC 计算使用能量（而非 C0）。
type: bool, default: true, usage example: --use-energy=false
energy-floor：MFCC 计算中设置能量的下限（绝对值，非相对值）。非对数尺度，值较小，如 1.0e-10。
type: BaseFloat, default: 0.0, usage example: --energy-floor=0.0
raw-energy: 设置为 true（真）时，则在预加重和加窗（windowing）之前计算能量。
type: bool, default: true, usage example: --raw-energy=true

（续表）

提取帧 MfccOptions （FrameExtractionOptions）
sample-frequency: 设置波形数据的采样频率（必须与波形数据中的设置相同）。
type BaseFloat, default: 16000, usage example: --sample-frequency=16000
frame-length: 帧长，单位是毫秒。
type BaseFloat, default: 25.0, usage example: --frame-length=25.0
frame-shift: 帧移，单位是毫秒。
type BaseFloat, default: 10.0, usage example: --frame-shift=10.0
preemphasis-coefficient: 于指定预加重中使用的系数。
type BaseFloat, default: 0.97, usage example: --preemphasis-coefficient=0.97
remove-dc-offset: 在进行 FFT 之前，对每个帧的波形信号减去均值。
type bool, default: true, usage example: --remove-dc-offset=true
dither: 加入抖动（dithering）的程度，设置为 0.0 表示不进行抖动操作。
type BaseFloat, default: 1.0, usage example: — dither=1.0
window-type: 窗函数的类型："hamming（汉明窗）"" hanning（汉宁窗）""povey（波维窗）" "rectangular（矩形窗）"" blackman（布莱克曼窗）"。
type std::string, default: povey, usage example: --window-type=povey
注："povey"窗是由丹尼尔·波维（Daniel Povey）开发的一种窗函数，类似于汉明窗，但在边缘处为零。它的形式为 pow((0.5-0.5×cos(n/N×2×pi)),0.85)，丹尼尔·波维认为"povey"窗是最好的选择。
blackman-coeff: 配置泛化布莱克曼窗的常数系数。
type BaseFloat, default: 0.42, usage example: --blackman-coeff=0.42
round-to-power-of-two: 设置为 true 时，在 FFT 之前通过零填充调整窗口大小为最接近的 2 的幂。
type bool, default: true, usage example: --round-to-power-of-two=true
snip-edges: 设置为 true 时，通过仅输出完全适应文件的帧来处理端效应（end effects），帧数取决于帧的长度。设置为 false（假）时，帧的数量仅依赖于帧移，而不考虑端效应。
type bool, default: true, usage example: --snip-edges=true
allow-downsample: 设置为 true 时，允许输入波形的采样频率高于指定的样本频率（进行下采样）。
type bool, default: false, usage example: --allow-downsample=false
梅尔滤波器组 MfccOptions （MelBanksOptions）
num-mel-bins: 三角形梅尔频率滤波器的数量。
type int32, default: 23, usage example: --num-mel-bins=23
注：MFCC 计算中，梅尔滤波器组的默认值 23 在 16 kHz 样本数据中常见，在 8 kHz 样本数据中将梅尔滤波器组设置为 15 更合适。
low-freq: 设置梅尔频率滤波器的低截止频率。
type BaseFloat, default: 20.0, usage example: --low-freq=20.0
high-freq: 设置梅尔频率滤波器的高截止频率（小于 0 时为相对奈奎斯特频率的偏移量，等于 0 时无截止频率限制）。加上奈奎斯特频率得到截止频率。
type BaseFloat, default: 0.0, usage example: --high-freq=0.0
vtln-low: 控制分段线性 VTLN 翘曲函数的低位拐点（inflection point）。

（续表）

梅尔滤波器组 MfccOptions（MelBanksOptions）
type BaseFloat, default: 100.0, usage example: --vtln-low=100.0
vtln-high: 控制分段线性 VTLN 翘曲函数的高位拐点（如果为负，表示相对高梅尔频率的偏移量）。加上奈奎斯特频率得到截止频率。
type BaseFloat, default: -500.0, usage example: --vtln-high=-500.0
debug-mel: 梅尔频率滤波器计算中打印调试信息。
type bool, default: false, usage example: --debug-mel=false
注：信息基于参考文献 [63]。

（7）**ComputeCmvnStats**。用这个函数计算倒谱均值（cepstral mean）和方差统计（variance statistics），这两个值之后会用到。

（8）**FixDataDir**。用这个函数确保只有用于训练 ASR 模型的有效数据被存入数据目录。它检查例如 "utt2spk"（对话的话语）等几个输入文件。"data-dir" 的原始内容将被拷贝到 "data-dir/backup"。

（9）**TrainGmmMono**。通过这个函数 / 步骤训练 GMM 单音素模型。"train.conf" 文件和 "mfcc.conf" 相似，包含额外的训练参数。访问 VoiceBridge Wiki: https://github.com/AI-TOOLKIT/VoiceBridge/wiki 了解更多信息。在 Yes-No 示例中，"train.conf" 配置文件中只有 "--totgauss = 400"，所有其他参数都保持默认值。"totgauss" 参数定义目标高斯数量，其默认值是 1000。

进行到这一步，ASR 模型已经成功地完成了训练。下一步是解码阶段，在这一阶段对模型进行测试。

（10）使用 ASR 和语言模型解码。解码指的是将上述经过训练的模型应用于测试数据集，即使用模型对语音进行识别，然后通过对比解码的输出转录和输入转录来判断模型的词错误率。

至此就完成了一个工作正常、有一定准确率的单音素模型。基于这个单音素模型，可以训练一个更复杂的模型（例如三音素、使用 SAT 等），进一步将准确率提高 2%~5%。

测试结果和 Yes-No 示例中训练好的 ASR 模型准确率见图 9–23。词错误率约为 2%，句错误率约为 16%。16% 的句错误率看似有点高，但这只代表六个句子中有一个句子不完全正确（1/6 = 0.16）。

```
Scored 6 sentences, 0 not present in hyp.
Found the best WER/SER combination: WER=2.08%
Done 6 sentences, failed for 0


1_1_1_0_1_0_1_1 ref  yes  yes  yes  no  yes  no  '***'  yes  yes
1_1_1_0_1_0_1_1 hyp  yes  yes  yes  no  yes  no  '***'  yes  yes
1_1_1_0_1_0_1_1 op   C    C    C    C   C    C   D      C    C
1_1_1_0_1_0_1_1 #csid 8 0 0 1


1_1_1_1_0_0_1_0 ref  yes  yes  yes  yes  no  no  yes  no
1_1_1_1_0_0_1_0 hyp  yes  yes  yes  yes  no  no  yes  no
1_1_1_1_0_0_1_0 op   C    C    C    C    C   C   C    C
1_1_1_1_0_0_1_0 #csid 8 0 0 0


1_1_1_1_0_1_0_0 ref  yes  yes  yes  yes  no  yes  no  no
1_1_1_1_0_1_0_0 hyp  yes  yes  yes  yes  no  yes  no  no
1_1_1_1_0_1_0_0 op   C    C    C    C    C   C    C   C
1_1_1_1_0_1_0_0 #csid 8 0 0 0


1_1_1_1_1_0_0_0 ref  yes  yes  yes  yes  yes  no  no  no
1_1_1_1_1_0_0_0 hyp  yes  yes  yes  yes  yes  no  no  no
1_1_1_1_1_0_0_0 op   C    C    C    C    C    C   C   C
1_1_1_1_1_0_0_0 #csid 8 0 0 0


1_1_1_1_1_1_0_0 ref  yes  yes  yes  yes  yes  yes  no  no
1_1_1_1_1_1_0_0 hyp  yes  yes  yes  yes  yes  yes  no  no
1_1_1_1_1_1_0_0 op   C    C    C    C    C    C    C   C
1_1_1_1_1_1_0_0 #csid 8 0 0 0


1_1_1_1_1_1_1_1 ref  yes  yes  yes  yes  yes  yes  yes  yes
1_1_1_1_1_1_1_1 hyp  yes  yes  yes  yes  yes  yes  yes  yes
1_1_1_1_1_1_1_1 op   C    C    C    C    C    C    C    C
1_1_1_1_1_1_1_1 #csid 8 0 0 0
```

SPEAKER id	#SENT	#WORD	Corr	Sub	Ins	Del	Err	S.Err
1_1_1_0_1_0_1_1 raw	1	9	8	0	0	1	1	1
1_1_1_0_1_0_1_1 sys	1	9	88.89	0.00	0.00	11.11	11.11	100.00
1_1_1_1_0_0_1_0 raw	1	8	8	0	0	0	0	0
1_1_1_1_0_0_1_0 sys	1	8	100.00	0.00	0.00	0.00	0.00	0.00
1_1_1_1_0_1_0_0 raw	1	8	8	0	0	0	0	0
1_1_1_1_0_1_0_0 sys	1	8	100.00	0.00	0.00	0.00	0.00	0.00
1_1_1_1_1_0_0_0 raw	1	8	8	0	0	0	0	0
1_1_1_1_1_0_0_0 sys	1	8	100.00	0.00	0.00	0.00	0.00	0.00
1_1_1_1_1_1_0_0 raw	1	8	8	0	0	0	0	0
1_1_1_1_1_1_0_0 sys	1	8	100.00	0.00	0.00	0.00	0.00	0.00
1_1_1_1_1_1_1_1 raw	1	8	8	0	0	0	0	0
1_1_1_1_1_1_1_1 sys	1	8	100.00	0.00	0.00	0.00	0.00	0.00
SUM raw	6	49	48	0	0	1	1	1
SUM sys	6	49	97.96	0.00	0.00	2.04	2.04	16.67

```
Correct     '***'  '***'  1
Correct     no     no     13
Correct     yes    yes    35
Set1: WER 2.07% +- 3.70%
```

图 9-23 Yes-No 示例的输出

仔细观察输出可以看出，第一个句子（"yes yes yes no yes no yes yes"）的识别结果几乎正确，但模型检测到有未知词（"***"）出现在了句子录音的结尾（"yes yes yes no yes no '***' yes yes"）。如果不把这个错误考虑在内，这个简单 ASR 模型的准确率就能达到 100%。

拓展阅读 9.1 MFCC 特征计算：配置选项（mfcc.conf）

这个配置文件的位置被传给 VoiceBridge 中的 MakeMfcc( ) 函数。这个配置文件中所有可能出现的参数和参数默认值都记录在表 9-13 里。多数情况下不需要更改参数，保持默认值即可。示例演示了如何在"mfcc.conf"文件中设置参数。没有在配置文件中设置的参数，其默认值将会被使用。如果 ASR 模型训练失败，可以检查配置文件中是否存在句法错误。所有参数背后的理论原理都在第 5 章中进行了解释。

重要提示： 配置文件的格式如下：

--param1=value

--param2=value

--param3=value

注意参数名称紧跟"--"之后，并且参数名、等号和参数值之间没有空格。每个参数都要另起一行。

Yes-No 示例的源代码参见图 9-24。

C++ 源代码

```
/*
    版权归佐尔坦·索莫吉（AI-TOOLKIT）所有，保留所有权利。该文件仅在您同
    意软件许可协议的情况下才可以使用。该软件许可协议是 AI-TOOLKIT 开源软件许可
    协议 - 版本 2.1 - 2018 年 2 月 22 日。https://AI-TOOLKIT.blogspot.com/p/AI-
    TOOLKIT-open-source-software-license.html. 此外，AI-TOOLKIT-LICENSE.txt 文
    件中也包含了源代码发行的许可证信息。
*/
#include "ExamplesUtil.h"

namespace fs = boost::filesystem;

using string_vec = std::vector<std::string>;

// 主程序
int TestYesNo()
{
    // 初始化参数
    // 设置项目目录
    wchar_t buffer[MAX_PATH];
    GetModuleFileName(NULL, buffer, MAX_PATH);
    fs::path exepath(buffer);
    // 使用相对路径，移动源代码后仍可正常使用
    fs::path project(exepath.branch_path()/"../../../../../VoiceBridgeProjects/YesNo"
    // 规范路径会对路径进行归一化并移除".. \
    project = fs::canonical(project).string();
    bool ret = voicebridgeParams.Init(
                        "train_yesno",
                        "test_yesno",
                        project.string(),
```

（接上图）

```
                    (project / "input").string(),
                    (project / "waves_yesno").string());
if (!ret) {
    LOGTW_ERROR << "Can not find input data.";
    std::getchar();
    return -1;
}

fs::path training_dir(voicebridgeParams.pth_data /
            voicebridgeParams.train_base_name);
fs::path test_dir(voicebridgeParams.pth_data / voicebridgeParams.test_base_name);
```
// 如果数据没有变化，则不会重新训练模型
// 除非通过该选项强制进行
```
bool FORCE_RETRAIN_MODEL = false;
```
// 启动通用应用程序级日志
```
fs::path general_log(voicebridgeParams.pth_project_base / "General.log");
oTwinLog.init(general_log.string());

LOGTW_INFO << "**************************************";
LOGTW_INFO << "* WELCOME TO VOICEBRIDGE FOR WINDOWS! *";
LOGTW_INFO << "**************************************";
```
// 尝试确定支持的硬件线程数（内核 × 处理器）
// 注：如果想为一个 UI 线程保留一个内核
  // 也可以在这个数字基础上减一
```
  int numthreads = concurrentThreadsSupported;
  if (numthreads < 1) numthreads = 1;
```
  // 选择测试的语言模型
```
std::vector<std::string> lms;
```
// 注：多个语言模型可供选择，这里使用一个
// 标示为 "tg" 的语言模型。
// 可以使用其他模型
// 目录名称为data\\lang_test_{lm}，将其中 {lm} 替换为语言模型 id。
```
lms.push_back("tg");
```
// 检查是否需要重新训练模型
// 注：这里使用的模型名称与 KALDI 中的相似，
// 目的是方便 KALDI 用户理解代码。
// 所有数据结构也和 KALDI 相似，
// 但 VoiceBridge 不压缩文件。
```
bool needToRetrainModel =
    FORCE_RETRAIN_MODEL ||
    NeedToRetrainModel(
        voicebridgeParams.pth_data / voicebridgeParams.train_base_name /"mono0a",
        voicebridgeParams.pth_project_input,
        voicebridgeParams.waves_dir,
        voicebridgeParams.pth_project_base / "conf" / "train.conf");

if (needToRetrainModel)
{
```
    // 准备数据 ————————————————————————→————————————————————
    /*
    准备数据：该步骤准备训练和测试数据，在需要时自动生成 ARPRA N-gram 语言模型。
    语言模型根据转录中提取的完整文本创建。该步骤会将文本中使用的所有单词保存
    到 "vocab.txt" 文件，用于制作发音字典。
    */
```
    LOGTW_INFO << "Preparing data...";
```
    /*
    注：参数包括训练数据的百分比（其余数据将用于测试）、转录文件扩
    展名和 idtype。该函数将自动创建所有必要的数据和目录结构。

    注：PrepareData() 的 idtype 参数：可以是 0、1 或大于 1；当为 0 时，
    wav 文件所在的目录的名称将被用作说话者 id；当为 1 时，每个 wav 文
    件名（不包括扩展名）将被用作说话者 id（= 不区分说话人）；当 >1 时，
    文件名中的前 idtype 个字符将被用作说话者 id。默认值为 1！

（接上图）

```cpp
    */
    if (PrepareData(90, ".wav.trn") < 0) {
        LOGTW_ERROR << "*********************************";
        LOGTW_ERROR << "* Error while preparing the data! *";
        LOGTW_ERROR << "*********************************";
        std::getchar();
        return -1;
    }

    /*
```

PrepareDict：该步骤自动准备发音字典和所有字典文件。它需要一个参考字典，必要时利用参考字典训练一个发音模型，来确定项目中的所有发音。也可以向字典中添加静音音素。

```cpp
    */
    LOGTW_INFO << "Preparing dictionary...";
    fs::path refDict("");
```

// 注：空 refDict 表示已经存在发音字典，
// 无需另外创建。

```cpp
    ///fs::path refDict(voicebridgeParams.pth_project_input / "cmudict.dict");

std::map<std::string, std::string> optsilphones = { { "<SIL>","SIL" } };
    std::map<std::string, std::string> silphones = { { "<SIL>","SIL" } };
    if (PrepareDict(refDict, silphones, optsilphones) < 0) {
        LOGTW_ERROR << "*********************************************";
        LOGTW_ERROR << "* Error while preparing the dictionary! *";
        LOGTW_ERROR << "*********************************************";
        std::getchar();
        return -1;
    }
    // 准备语言特征

    LOGTW_INFO << "Preparing language features...";

    if (PrepareLang(false, "", "", "") < 0)
    {
        LOGTW_ERROR << "***************************************";
        LOGTW_ERROR << "*  Error while preparing the language!  *";
        LOGTW_ERROR << "***************************************";
        std::getchar();
        return -1;
    }

    // 准备用于测试的语言模型
    LOGTW_INFO << "Preparing language models for test...";
    if (PrepareTestLms(lms) < 0)
    {
        LOGTW_ERROR << "***************************************";
        LOGTW_ERROR << "* Error while preparing language models!*";
        LOGTW_ERROR << "***************************************";
        std::getchar();
        return -1;
    }

    /*
    提取特征
    注： mfcc.conf 可能包含额外的参数！
    */
    LOGTW_INFO << "\n\n";
    LOGTW_INFO << "Starting MFCC features extraction...";

    if (MakeMfcc(training_dir, voicebridgeParams.pth_project_base /
            "conf\\mfcc.conf",
            numthreads) < 0 ||
        MakeMfcc(test_dir, voicebridgeParams.pth_project_base / "conf\\mfcc.conf",
            numthreads) < 0)
    {
        LOGTW_ERROR << "Feature extraction failed.";
        std::getchar();
        return -1;
    }
```

（接上图）

```
/*
注：配置文件格式
--param1=value
--param2=value
--param3=value
注意参数名称紧跟--，并且参数名、等号和参数值之间没有空格。每个参数都要另起一行。

*/
/*
        倒谱均值和方差统计。
    */
    if (ComputeCmvnStats(training_dir) < 0 ||
        ComputeCmvnStats(test_dir) < 0)
    {
        LOGTW_ERROR << "Feature extraction failed at computing cepstral mean and
                variance statistics.";
        std::getchar();
        return -1;
    }

    /*
        固定数据目录
    */
    if (FixDataDir(training_dir) < 0 ||
        FixDataDir(test_dir) < 0)
    {
        LOGTW_ERROR << "Feature extraction failed at fixing data directory.";
        std::getchar();
        return -1;
    }

    /*
        训练单音素模型
        注：train.conf 可能含有额外的训练参数！
    */
    if (TrainGmmMono(training_dir, voicebridgeParams.pth_lang,
        training_dir / "mono0a",
        voicebridgeParams.pth_project_base / "conf\\train.conf", numthreads) < 0)
    {
        LOGTW_ERROR << "Training failed.";
        std::getchar();
        return -1;
    }

    /*
        图形编译：为每个语言模型编译图形。
    */
    for (std::string lm : lms) {
        if (MkGraph(voicebridgeParams.pth_data / ("lang_test_" + lm),
                training_dir / "mono0a",
                training_dir / "mono0a" / ("graph_" + lm)) < 0)
        {
            LOGTW_ERROR << "Graph compilation failed for language model " << lm;
            std::getchar();
            return -1;
        }
    }

} /// 是否（需要重新训练模型
else {
    LOGTW_INFO
        << "Recently trained model found. Skipping training step. (NOTE: in case
            you want to force to retrain the model then open and save one of the
            input or config files.)";
}

    // 解码-----------------------------------------------------------------→
    // 解码每个语言模型

UMAPSS wer_ref_filter;
UMAPSS wer_hyp_filter;
    for (std::string lm : lms)
```

（接上图）

```
{
    LOGTW_INFO << "\n\n";
    LOGTW_INFO << "Decoding language model " << lm << "...";
    if (Decode(
        training_dir / "mono0a" / ("graph_" + lm), //graph_dir
        voicebridgeParams.pth_data / voicebridgeParams.test_base_name, //data_dir
        training_dir / "mono0a" / ("decode_" + voicebridgeParams.test_base_name +
            "_" + lm), //decode_dir
        training_dir / "mono0a" / "final.mdl",
        // 不注明时自动取"final.mdl"。
        "",
        // 一般使用，但如果希望解码时提供
        // 现有 fMLLR 变换可以使用。
        wer_ref_filter,
        wer_hyp_filter,
        "", // 测试"final"等模型迭代，
        // 给定模型则不需要该选项。
        Numthreads
            // 解码是的并行线程数；
            // 必须与数据准备相同。
            // 其他参数使用默认值。
    ) < 0)
    {
        LOGTW_ERROR << "Decoding failed for language model " << lm;
        std::getchar();
        return -1;
    }
}


//--------------------------------------------
// 注：单音素模型在给定精度下正常工作。
// 准确率仍有 2% ～ 5% 提高空间，
// 可以基于单音素模型训练一个更复杂的模型
//（例如，使用三音素）。
//--------------------------------------------
// 暂停控制台应用程序。

    LOGTW_INFO << "\n\n";
    LOGTW_INFO << "******************";
    LOGTW_INFO << "**** ALL OK! ****";
    LOGTW_INFO << "******************";
    std::getchar();

    return 0;
}
```

图 9-24　Yes-No 示例的源代码 YesNo.cpp

9.4.2　独家内容：Yes-No 示例的仅推理应用

这一部分是针对 VoiceBridge 用户的独家内容（只在本书中提供）：Yes-No 示例的仅推理（inference only）应用的源代码。这个应用使用训练好的 ASR 模型能够解码一个 wav 格式的输入文件。VoiceBridge 开源发行版中含有一个示例，这个示例中训练和解码（推理）合为一体（即训练和解码不可分）。

如何使用

（1）创建必要的目录结构，如图 9-25 所示。

图 9-25 VoiceBridge 目录结构

首先创建一个叫"PredictYesNo"的目录，存放所有项目文件。将训练 ASR 模型过程中会用到的目录结构中的"conf""data/lang/phones"和"input"目录复制到"PredictYesNo"。接下来在"data"目录下创建"predict_yesno"子目录。在"predict_yesno"中创建名为"mono0a"的子目录，将 ASR 模型训练过程中生成的"train_yesno/mono0a"文件内容（不包括子目录）拷贝到"predict_yesno/mono0a"中。然后将 ASR 模型训练过程中生成的"train_yesno/mono0a"目录下的"graph_tg"目录的全部内容（包括子目录）拷贝到"predict_yesno/mono0a"中。最后在"PredictYesNo"目录下创建一个名为"waves_yesno"的子目录，将需要转录（推理）的 wav（声音）文件放在这个目录下。

（2）编译并运行应用程序。

（3）得到转录。

成功运行应用程序后，转录文件将在以下路径下生成："PredictYesNo\data\predict_yesno\mono0a\decode_predict_yesno_tg\transcription.trn"。每个 wav 文件转录时都会另起一行，以文件名（不含扩展名）开头。如果你要创建自己的应用程序，当然可以自动读出转录内容，并对其进行任意处理。

> **提示：**生成转录后可以用新的 wav 文件替换原有 wav 文件，再次运行应用程序，得到新的转录。这一过程可以被自动化，连续完成多个 wav 文件的转录。也可以将多个 wav 文件同时放入一个输入文件夹中（"waves_yesno"），这些 wav 文件将同时被解码。

Yes-No 示例的仅推理应用的源代码见图 9-26。

C++ 源代码

```
/*
    版权归佐尔坦·索莫吉（AI-TOOLKIT）所有，保留所有权利。该文件仅在您同意软
件许可协议的情况下才可以使用。该软件许可协议是 AI-TOOLKIT 开源软件许可协议
- 版本 2.1 - 2018 年 2 月 22 日。https://AI-TOOLKIT.blogspot.com/p/AI-TOOLKIT-
open-source-software-license.html. 此外，AI-TOOLKIT-LICENSE.txt 文件中也包含
了源代码发行的许可证信息。
*/

#include "ExamplesUtil.h"
/*
PredictYesNo 应用需要以下目录结构：
PredictYesNo
  conf                      --> configuration
  data
    lang                    --> language features
      phones
    predict_yesno
      mono0a                --> trained ASR model
        graph_tg
          phones
input                       --> input language model
waves_yesno                 --> prediction input directory
```

除了两个目录（waves_yesno 和 predict_yesno）外，所有目录都是模型训练目录结构
的副本。
- 在 waves_yesno 目录下必须放置预测输入（wav 文件）。
- predict_yesno 是新建目录，目录中的 mono0a 目录是训练（经讨训练的模型）的副本。
预测至少需要这么多数量的文件（经过训练的模型 + 语言特征）。
```
*/

// 主程序

int PredictYesNo()
{       // 初始化参数
        // 设置项目目录

        wchar_t buffer[MAX_PATH];
        GetModuleFileName(NULL, buffer, MAX_PATH);
        fs::path exepath(buffer);

        // 使用相对路径，即使移动源码仍可正常运行。
        fs::path project(exepath.branch_path() /
                "../../../../../VoiceBridgeProjects/PredictYesNo");
        // 规范路径会将路径归一化并移除 "..\"
        project = fs::canonical(project).string();
        bool ret = voicebridgeParams.Init("predict_yesno", "predict_yesno",
                project.string(),
                (project / "input").string(),
                (project / "waves_yesno").string());
        if (!ret) {
                LOGTW_ERROR << "Can not find input data.";
                std::getchar();
                return -1;
        }

        fs::path predict_dir(voicebridgeParams.pth_data /
                        voicebridgeParams.test_base_name);
        // 启动通用应用程序级日志

        fs::path general_log(voicebridgeParams.pth_project_base / "General.log");
        oTwinLog.init(general_log.string());
        LOGTW_INFO << "***********************************"; ;
        LOGTW_INFO << "* WELCOME TO VOICEBRIDGE FOR WINDOWS! *"; ;
        LOGTW_INFO << "***********************************"; ;
        // 注：将线程数设置为 1，
        // 因为只对一个 wav 文件进行预测。

        int numthreads = 1; // concurrentThreadsSupported;
        if (numthreads < 1) numthreads = 1;
```

（接上图）

```cpp
// 设置测试所需的语言模型。

std::vector<std::string> lms;
// 注：必须与训练 ASR 模型时使用的相同！
lms.push_back("tg");
```

// 清理目录 --

```cpp
/*
必须清理数据目录。为了输入新的 wav 文件，必须删除所有由输入 wav/trn
文件创建的文件。
*/
// 注意：以下为硬编码，可以优化！
// 仅考虑一种语言模型！

if(fs::exists(voicebridgeParams.pth_data / ("lang_test_" + lms[0])))
    fs::remove_all(voicebridgeParams.pth_data / ("lang_test_" + lms[0]));
if (fs::exists(voicebridgeParams.pth_data / "full_text.txt"))
    fs::remove(voicebridgeParams.pth_data / "full_text.txt");
if (fs::exists(voicebridgeParams.pth_data / "vocab.txt"))
    fs::remove(voicebridgeParams.pth_data / "vocab.txt");
//
if (fs::exists(predict_dir / "backup")) fs::remove_all(predict_dir / "backup");
if (fs::exists(predict_dir / "data")) fs::remove_all(predict_dir / "data");
if (fs::exists(predict_dir / "log")) fs::remove_all(predict_dir / "log");
if (fs::exists(predict_dir / "mfcc")) fs::remove_all(predict_dir / "mfcc");
if (fs::exists(predict_dir / "split1")) fs::remove_all(predict_dir / "split1");
if (fs::exists(predict_dir / "mono0a" / ("decode_" +
              voicebridgeParams.test_base_name + "_" + lms[0])))
    fs::remove_all(predict_dir / "mono0a" / ("decode_" +
        voicebridgeParams.test_base_name + "_" + lms[0]));
//
if (fs::exists(predict_dir / "cmvn.scp")) fs::remove(predict_dir / "cmvn.scp");
if (fs::exists(predict_dir / "feats.scp")) fs::remove(predict_dir / "feats.scp");
if (fs::exists(predict_dir / "spk2utt")) fs::remove(predict_dir / "spk2utt");
if (fs::exists(predict_dir / "text")) fs::remove(predict_dir / "text");
if (fs::exists(predict_dir / "utt2spk")) fs::remove(predict_dir / "utt2spk");
if (fs::exists(predict_dir / "wav.scp")) fs::remove(predict_dir / "wav.scp");
```

// 准备数据 --

```cpp
/*
准备数据：本步骤准备用于预测的数据。必须已经具备 ARPRA N-gram 语言模型
（与用于训练的相同）。
*/

LOGTW_INFO << "Preparing data...";
/*
该函数会自动创建所有必要数据和目录结构。

    重要提示：
    - 必须与训练模型时使用的一致！
    - 训练数据占比为 0% 表示将会进行预测！
*/

if (PrepareData(0, ".wav.trn") < 0) {
    LOGTW_ERROR << "*********************************"
    LOGTW_ERROR << "* Error while preparing the data! *"
    LOGTW_ERROR << "*********************************"
    std::getchar();
    return -1;
}
// 注：必须已经具备字典和发音字典。
// （与训练中使用的一致）！
// 注：必须已经具备语言特征。
// （与训练中使用的一致）！
// 准备语言模型。

LOGTW_INFO << "Preparing language models...";
if (PrepareTestLms(lms) < 0)
{
```

（接上图）

```
            LOGTW_ERROR << "****************************************";
            LOGTW_ERROR << "* Error while preparing language models!*";
            LOGTW_ERROR << "****************************************";
            std::getchar();
            return -1;
    }

    /*
    特征提取
    注：mfcc.conf 可能含有额外参数！
    重要提示：必须与训练中的 ASR 模型保持一致！
    */
    LOGTW_INFO << "\n\n";
    LOGTW_INFO << "Starting MFCC features extraction...";
    if (MakeMfcc(predict_dir, voicebridgeParams.pth_project_base /
            "conf\\mfcc.conf", numthreads) < 0)
    {
            LOGTW_ERROR << "Feature extraction failed.";
            std::getchar();
            return -1;
    }

    /*
    倒谱均值和方差统计。
    */
    if (ComputeCmvnStats(predict_dir) < 0)
    {
            LOGTW_ERROR << "Feature extraction failed at computing cepstral
                            mean and variance statistics.";
            std::getchar();
            return -1;
    }

    /*
    固定数据目录
    */
    if (FixDataDir(predict_dir) < 0)
    {
            LOGTW_ERROR << "Feature extraction failed at fixing data directory.";
            std::getchar();
            return -1;
    }

    /*
    图形编译：为每个语言模型编译图形。
    */
    for (std::string lm : lms) {

    // 注：lang_test_ 在 PrepareTestLms 中使用，
    // 此处必须相同。

            if (MkGraph(voicebridgeParams.pth_data / ("lang_test_" + lm),
                predict_dir / "mono0a",
                predict_dir / "mono0a" / ("graph_" + lm)) < 0)
            {
                    LOGTW_ERROR << "Graph compilation failed for language model "
                                << lm;
                    std::getchar();
                    return -1;
            }
    }
    // 解码 ——————————————————————————————————————————————
    // 解码各个语言模型

    UMAPSS wer_ref_filter; //ref filter 注：ASR 模型训练过程中
                            // 必须为空
    UMAPSS wer_hyp_filter; //hyp filter 注：ASR 模型训练过程中
                            // 必须为空

    for (std::string lm : lms)

    {
```

（接上图）

```
            LOGTW_INFO << "\n\n";
            LOGTW_INFO << "Decoding language model " << lm << "...";
            if (Decode(
                    predict_dir / "mono0a" / ("graph_" + lm),  //graph_dir
                    //注："init"开始时必须将 test_base_name
                    // 设置为"predict"。
                    voicebridgeParams.pth_data /
                            voicebridgeParams.test_base_name,  //data_dir
                    predict_dir / "mono0a" / ("decode_" +
                            voicebridgeParams.test_base_name + "_" + lm),
                            //decode_dir
                    predict_dir / "mono0a" / "final.mdl", //the trained ASR model
                    "", //trans_dir: ASR 模型训练过程中
                        // 必须为空。
                    wer_ref_filter, //
                    wer_hyp_filter, //
                    "", //用于测试的模型迭代,如测试"final",
                        // 如果已给定模型则不需要该选项。

                    Numthreads, // 所需并行线程的数量。
                    0.083333f,   // 默认值;用于生成 lattice 的声学尺度。
                            //注：只影响剪枝。
                            //(评分在 lattices 上)
                    0, // 默认值; stage
                    7000, // 默认值; max_active

                    13.0,  // 默认值; beam
                    6.0,  // 默认值; lattice beam
                    true     // 跳过评分!
                    // 其他参数使用默认值。
            ) < 0)
            {
                LOGTW_ERROR << "Decoding failed for language model " << lm;
                std::getchar();
                return -1;
            }
        }
        // 暂停控制台应用程序。
        LOGTW_INFO << "\n\n";
        LOGTW_INFO << "****************";
        LOGTW_INFO << "**** ALL OK! ****";
        LOGTW_INFO << "****************";
        std::getchar();
        return 0;
    }
```

图 9-26 Yes-No 示例的仅推理应用的源代码 PredictYesNo.cpp

9.4.3 LibriSpeech 示例

这个 LibriSpeech 示例是 ASR 在现实中的应用,其中包含了数小时的英语语言学习和识别。在 VoiceBridge 中,该示例的词错误率为 5.92%（94% 准确率）,训练和测试一共用时约 25 分钟（用的是四核处理器——Intel Core i5-6400 CPU @ 2.70 GHz）。LibriSpeech 中大部分的步骤与 Yes-No 示例中的相同,还增加了以下扩展:

（1）完成单音素 GMM 训练后,首先重新进行一次音素的对齐。基于单音素 GMM 创建"delta+delta-delta"三音素模型,"delta+delta-delta"表示在特征提取过程中将额外的特征添加到先前的 MFCC 特征中。第二个扩展是使用三音素声学模型替代单音素模型（单音素模型用于为三音素创建上下文相关模型）。模型创建完成后,通过解码测试音频信号测试模型。模型被存入单独的目录。

298

（2）完成"delta+delta-delta"GMM 三音素模型训练后，要重新进行一次音素的对齐。在"delta+delta-delta"GMM 三音素模型的基础上创建一个"delta+delta-delta"GMM SAT 或 LDA+MLLT+SAT 三音素模型。SAT 表示说话人适应训练的特征转换，LDA+MLLT 表示 LDA 和 MLLT 特征转换。模型创建完成后，也将通过解码测试音频信号来测试。可以从 SAT 或 LDA+MLLT+SAT 模型中选择适合的模型进行训练。就该 LibriSpeech 示例来说，SAT 模型准确率更高且训练速度更快。模型被存入独立的目录。

（3）LibriSpeech 应用程序能够按照输入的 wav 文件子目录对说话人进行自动分组。每个目录含有来自不同说话人的语音，说话人通过目录名称以及文件名中的第一个数字来识别。由于 ID 的长度不同，软件无法使用文件名，但根据 PrepareData( ) 函数中的 idtype 参数要求，可以使用目录名（见第 9.4.3.1 节）。

训练过程中每经过一个步骤，模型和测试结果都会被保存在独立的目录下。用户可以使用所有步骤中表现最好的模型。

LibriSpeech 示例的输出和准确率参见图 9-27（只展示一个含有 262 个测试语句的子集，按照说话人分类）。表格还呈现了详细的错误分析（错误出现的原因），其中"Sub"表示替换错误，"Ins"表示插入错误，"Del"表示删除错误。关于错误和相关主题的更多信息请参阅第 5.8 节。LibriSpeech 示例中的所有错误都是删除错误（被识别出的词都是正确的）。"Err"列是所有错误的和。每个说话人 ID 的第二行显示准确率百分比（例如，98.93% 来自说话人 8455 的语音被正确识别了）。也可以看出说话人 908 比较难以识别（96.8% 准确率）。

```
Scored 262 sentences, 0 not present in hyp.
Found the best WER/SER combination: WER=5.93%
Done 262 sentences, failed for 0

8455-210777-0002 ref on  arriving at  home  at  my  own  residence i  found  that  our
salon  was  filled  with  a  brilliant  company
8455-210777-0002 hyp on  arriving at  home  at  my  own  residence i  found  that  our
salon  was  filled  with  a  brilliant  company
8455-210777-0002 op  C  C  C  C  C  C  C  C  C  C  C  C  C  C  C  C  C  C  C
8455-210777-0002 #csid 19 0 0 0
...
SPEAKER id   #SENT   #WORD   Corr    Sub     Ins     Del     Err     S.Err
8455 raw     69      1310    1296    0       0       14      14      12
8455 sys     69      1310    98.93   0.00    0.00    1.07    1.07    17.39

8463 raw     74      1267    1240    0       0       27      27      22
8463 sys     74      1267    97.87   0.00    0.00    2.13    2.13    29.73

8555 raw     62      1360    1346    0       0       14      14      12
8555 sys     62      1360    98.97   0.00    0.00    1.03    1.03    19.35

908 raw      57      1129    1093    0       0       36      36      18
908 sys      57      1129    96.81   0.00    0.00    3.19    3.19    31.58

SUM raw      262     5066    4975    0       0       91      91      64
SUM sys      262     5066    98.20   0.00    0.00    1.80    1.80    24.43

Set1: WER 5.94% +- 0.95%
```

图 9-27 LibriSpeech 示例的输出

> 提示：使用更多输入数据（更多语句）可以获取更高的准确率！ASR 模型在训练阶段使用的输入数据越多，其学习识别语言的效果就越好。像在 LibriSpeech 示例中这样存在多个说话人的情况下更是如此，想要获得更好的 ASR 模型性能，就应当提供来自说话人的更多语句。上述模型只经过 25 分钟的训练就达到了 94% 的词准确率。经过数小时的训练后，模型识别复杂语句的准确率有望达到 98%。

9.4.3.1　说话人分组

PrepareData( ) 函数的第四个参数是 idtype。根据这个参数，软件会自动识别说话人并将说话人 ID 保存入 utt2spk 文件（以备后续使用）。

idtype 参数可能取值如下：

· idtype = 0 →目录名称就是说话人 ID（用下划线代替空格）。

注：该目录下的所有 wav 文件都来自一个特定说话人。

· idtype = 1 →来源于文件名的 utt_id 为说话人 ID。

注：不识别独立说话人（默认）。

· idtype > 1 →文件名的第 idtype 个字母为说话人 ID，wav 文件可以在同一目录下。所有 ID 的长度必须相同，该设置才有效。较短的 ID 必须进行填充（例如以零填充）。

9.4.4　使用 VoiceBridge 开发 ASR 软件

上述两个示例演示了如何使用 VoiceBridge 开发 ASR 软件。这两个例子将训练和推理结合在一个模组中。但实践中不能为每次语音识别训练一个模型，所以需要开发一个独立的推理模组，能够利用训练好的 ASR 模型进行语音识别（参见第 9.4.2 节）。将训练和推理分离开是一个简单的任务，但必须注意不要遗漏必要的子模组。推理使用的子模组与训练使用的非常相似，例如，二者都必须进行特征提取。用户可以按需对 VoiceBridge DLL 进行调整。所有源代码可供用户任意使用。

9.5　VoiceData

VoiceData 可生成用于训练 ASR 模型的数据。

生成的数据包括与转录同步的音频（由机器训练的合成人声朗读的输入文本，可能是男声也可能是女声）以及用于训练 ASR 模型的多种内容和语言的转录文件。VoiceData 提供多种语言的声音（女声和男声）。VoiceData 采用特殊的多处理器 / 核心支持，使工具包的处理速度更快，特别是在同时处理多个音频文件和图像的情况下。

9.5.1　文本归一化

在生成训练 ASR 模型的音频数据之前必须确保输入的文本经过归一化。归一化指的是将所有非文本元素（例如 1/1/2018 或 10.5 kg）转化为文本。这是个复杂的任务，因为必须根据不同语言的语法来检测这类元素并进行归一化。你也可以直接提供经过归一化的文本。如果文本没有得到妥善处理，转录中就有可能包含不正确的词，甚至含有 ASR 模型训练数据禁止的字符。

VoiceData 含有两种语言的语法定义（grammar definitions），即英语和荷兰语，用于归一化文本。用户可使用内置的 GrammarEditor（语法编辑器）来定义任意语言的语法，以进行文本的归一化处理。你也可以通过替换掉原有的语言目录，将英语和荷兰语语法换成其他语言语法。

阅读参考文献 [12]（PDF 格式包含在 VoiceData 软件发行版本中）可以了解更多关于 VoiceData 文本归一化及语法定义格式的知识。该书对如何开发语言语法和其他相关主题进行了大量解释。这是个复杂的主题，因此建议用户在定义语法之前首先阅读这本书。如果用户可以自行对文本进行归一化，就不需要学习软件内置的归一化模组和语法了。

语法定义存放在程序文件夹的 "normdata" 目录下。每个语言都有自己的子目录，标有国际标准化组织的二字母语言代码（例如 "en" 代表英语，"nl" 代表荷兰语）。每种语言的根目录中要求含有下列配置文件：

- norm_config.tnm——含有特定语言的归一化（分类和语言化）设置。
- grammar_config.tnm——含有需要编译的根语法定义列表。自动检测语法关系。

阅读参考文献 [12] 可以了解更多相关信息。

9.5.1.1　如何归一化文本

归一化文本的步骤如下：

- 通过将原始文本复制粘贴或者键入 "Original Text"（原始文本）编辑器，提供原始文本。
- 在侧边栏的 "Speech"（语音）选项卡上选择语言。如需另一种语言，点击 "Install New Voices"（安装新声音）添加。
- 确保选中语言的语法定义可用，存放在程序文件夹 "normdata" 目录下的语言子目录中（用国际标准化组织的二字母语言代码）。
- 使用 "Normalize Original Text"（归一化原始文本）命令进行文本归一化。
- 处理过的文字会出现在归一化文本编辑器中，用户可以按需对其做出调整。

注：查看发行版的英语语法定义示例，了解如何开发自定义语法。

9.5.1.2　"en_ex" 示例语法

VoiceData 安装完成后，"normdata" 目录下会出现一个名为 "en_ex" 的子目录，通常可以通过该路径找到：C:\Program Files\VOICEDATA\normdata\en_ex。

这是个含有所有语法源代码（grm files）的英语语法示例（不完整）。如需在 VoiceData 中使用该英语语法，首先要更改 "en" 文件夹的名称，例如改为 "en_final"，将 "en_ex" 文件夹改为 "en"。确保只更改名称，不删除文件，以备后续恢复。

注意，完整英语语法不包括源 grm 文件！

"en_ex"语法包含了简化的语法，可用于实验目的。它还包含了参考文献 [12] 中的所有示例。

VoiceData 的文本归一化基于 Sparrowhawk 开发。Sparrowhawk 是一个应用了谷歌的 Kestrel 文本到语音（TTS）文本归一化系统的开源项目（Apache 2.0 许可证），由 Ebden 和 Sproat (2015) 提出。更多关于 Sparrowhawk 的信息请访问网站 https://github.com/google/sparrowhawk。

9.5.2　导出 ASR 数据（音频和转录）

完成文本归一化之后，在侧边栏的"Speech"选项卡上选择一种语言，使用"Export Normalized Audio & Transcriptions"（导出归一化音频和转录）命令导出音频和对应的文字转录。生成的数据包含转录和同步的音频（由机器训练的合成人声朗读的输入文本，可能是男声也可能是女声）以及用于 ASR 模型训练的转录文件。

> **重要提示：** 归一化的文本中，每一个句子都要另起新的一行。归一化模组能够自动按照格式处理文本，但如果手动输入文本就要注意，每一个句子都要另起一行。请勿使用超长句子，否则可能会降低 ASR 模型的准确率。

9.5.3　AI 文本合成器 / 朗读器

AI 文本合成器 / 朗读器可以朗读归一化文本编辑器中各种语言的文本。用户可以在侧边栏的"Speech"选项卡上选择语言 / 声音。也可以安装其他语言 / 声音。通过侧边栏"Speech"选项卡上的"Speech Command Center"（语言控制中心）运行合成器，对音频进行各类操作，例如调节音量、更改语速，以及播放、暂停、继续播放，甚至将语音保存为音频文件，以便后续在电脑或其他设备（智能电话、MP3 播放器等）上收听。

使用 AI-TOOLKIT 的音频编辑器（见第 9.2.9 节）可以轻松将 wav 格式的音频转化并储存为 MP3 格式。

安装新语言和声音时只需点击"Install New Voices"，按照弹出的指示操作。

9.6　DocumentSummary

DocumentSummary 应用程序（文件概要应用程序）可以为任意文本文件创建概要，如 PDF 文件、HTML 文件等。这些文本文件可以是储存在用户计算机上的，甚至可以是网络上的文件（需要联网）。

DocumentSummary 使用由机器学习支持的语言模型（自然语言处理）创建概要。用户可以通过任何语言的大量文本来训练语言模型，也可以添加特定领域（法律、医药、化学等）的文本。机器学习模型将学习特定语言特征（同义词、关联词、常用词等），在创建概要时使用。用户还可以规定概要的句子数量，对于较长的文件使用较短的句子进行概括。概要可能包含多个主题，DocumentSummary 将从整个文件中选出这些主题。你还可以将文件（如书籍）分割成几部分，让程序总结每一部分的概要。

DocumentSummary 包含一个语言模型（任意语言）训练模组，一个从文件中提取概要的模组，以及一个自动化概要提取过程的服务器。还有许多内置的实用程序，能够实现从 PDF 和 HTML 文件中提取文本，编辑大型文本文件（上至数个吉字节），合并多个文本文件，为 PDF 文件做注解等功能。

软件用法简单、直观，每个模组都内置了帮助功能。

9.6.1 工作原理

这一节将介绍应用程序提取文本概要的工作原理。

首先创建输入文本的词汇表，包括文本中所有的词及其出现次数。然后从词汇表中排除非关键词语和后验字符串（posterior strings），它们均由用户定义。

训练好的语言模型将被用于自动移除词汇表中的非关键词语以及自动检测词汇表中的同义词。检测同义词之所以重要，是因为在提取概要的过程中，同义词必须被分为一组，而不是被当作独立的对象处理。

接下来要根据关键词语出现的次数对句子进行评分，最后提取出特定数量的评分最高的句子。

9.6.2 创建概要

重要提示：DocumentSummary 配置中不包含训练好的语言模型，因为训练好的语言模型占用数百兆字节。所以用户首先需要用自备的大型文本文件来训练一个语言模型！可以利用"Wikipedia Text Dumps"（维基百科文本堆）获取多种语言的大型文本数据（通过网络免费下载）。这些文件含有数千兆字节的文本。用户可以首先清理一遍这些文件，删除含有不同语言或错误符号的文本。

首先选择需要创建概要的文本的语言。点击"Summarize Document"（概括文件）按钮（将鼠标指针移动到按钮上，可以查看说明），出现文件选择对话框。选择本地文件，则可创建本地文件的概要。如需创建网络文件的概要，输入网址后点击"Summarize Web Document"（概括网络文件）按钮即可。

在右侧边栏，用户可以设定概要的句子数量、为 PDF 添加密码（打开 PDF 以及从 PDF 中提取文本时可能需要用到）、更改语言目录。

注：只显示有训练好的语言模型的语种。

9.6.2.1 常用词

在设置中可以设置"Frequent Words Limit"（常用词限制），在创建概要的过程中，该参数确定主语言模型词汇表（lm.voc）中有多少最常用词将被从概要词汇表中移除。这些词在训练语言模型过程中被机器学习模型识别为非关键词语（例如"the""and"等）。为了列表的准确性，训练模型用的输入文本数量必须足够大（达到数千兆字节）。

> **重要提示：** 如果用于训练语言模型的文本文件太小，那么说明该参数的默认值可能过高。通过查看"lm.voc"文件来确定"Frequent Words Limit"参数的值。

9.6.2.2 调整语言模型

通过配置文件编辑器，使用"Language Model"（语言模型）选项卡上的"exclude.voc"选项，可以向排除词汇表添加词语。在确定概要主题时，添加到排除词汇表中的词将不会被使用。例如英语中的"isn't""you""the"等。多数非关键词语都会被自动移除（前文提到过），但是根据训练语言模型的输入文本数据的情况，可能仍有冗余的词遗留，需要手动添加到排除词汇表中。"exclude.voc"文件格式见图9-28。

one 1
two 2
three 3

图9-28 "exclude.voc"文件格式

首先标明要排除的词，在其后加空格和一个数字（数字是什么无关紧要，只为满足词汇表格式）。

> **重要提示：** 提取文件概要时软件会提供一个文件中常用词的列表。你要确保列表不含有非关键词语。如果含有非关键词语，需要先将该词添加到"exclude.voc"列表后再重新提取概要（"exclude.voc"文件未在训练语言模型时使用）。

配置文件"nonword.cfg"含有一个符号列表，列表中的符号不能作为真正的词语来评价。也可以手动向列表中添加符号。训练语言模型和提取文件概要时都需要用到这个列表。

配置文件"posterior.cfg"包含一个列表，内容是一系列应当从单词结尾处移除的符号。例如，英语中词尾的"'s"（例如"software's"结尾的"'s"）。训练语言模型和提取文件概要时都需要用到这个列表，因此列表的内容需要保持一致。

配置文件"norm_config_sp.tnm"中含有"sentence_boundary_regexp"参数，用于定义文件中的句子边界。该参数的默认值是"[\cr.:!;\cr?]"。

　　重要提示： 使用英语中的句号"."和问号"?"时需要在前方插入"\cr"，因为它们都是软件中的特殊符号。整个定义必须用方括号"[ ]"括起来。

　　配置文件"norm_config_sp.tnm"也含有"sentence_boundary_exceptions_file"参数，定义不能作为句子边界的符号。该参数的默认值是"langdata\cren\crsentence_boundary_exceptions.tnm"。打开 DocumentSummary 安装目录下的"langdata\cren\crsentence_boundary_exceptions.tnm"文件查看示例（默认安装位置 C:\Program Files\DocumentSummary）。

　　重要提示： 所有参数值都必须加引号（例如"……"）。文件夹路径必须是参照语言目录的相对路径（这里是"langdata"），同时注意用"\cr"分隔文件夹。语言目录以国际标准化组织二字母语言代码命名。例如，英语是"en"。在某些情况下，语言代码的二字母后也会出现其他的符号（更多信息参阅语言模型帮助文件）。

9.6.3　为 PDF 添加注解

　　DocumentSummary 生成后缀为".yaml"的脚本文件，可用于自动注释（标注单词和句子）PDF 文件。使用"Annotate PDF"（标注 PDF）命令，选择与新 PDF 概要相同目录下的 yaml 文件。使用"Clear Annotation PDF"（清除 PDF 注释）命令，选择 PDF 文件，删除该 PDF 文件中的所有注释。

　　自动生成的 PDF 注释脚本文件中的文字可能需要调整（例如，由于有复杂符号，或由于复杂的 PDF 文件结构，文字提取不能达到百分之百正确）。出现这种情况时，只需要清除 PDF 中的所有注释，更改脚本文件中的概要，然后再次运行"Annotate PDF"命令。

9.6.4　训练语言模型

　　先来训练一个英语语言模型。DocumentSummary 发行版中囊括了所有必要文件，除了训练好的语言模型和词汇表。在语言模型列表中选择英语，点击"Train Language Model"（训练语言模型）。然后选择训练语言模型的文本文件。该文本文件至少需要数百兆字节大小，才能提供足够的训练数据。通过软件内置的文本编辑器可以编辑这个训练文本文件［点击"Edit Text File"（编辑文本文件）按钮］。注意，标准 Windows 文本编辑器（例如笔记本）无法打开这么大的文件。在训练中可以随时点击"Cancel"（取消）按钮终止训练。

　　提示： 软件首先会利用输入文本创建词汇表。查看语言目录下的词汇表是否创建

> 完成，一旦词汇表创建完成，就可以先终止训练程序，清理词汇表（多余的符号和外语词汇），之后再重新开始训练，在系统询问是否使用先前的词汇表时选择"Yes"！

接下来通过"Language Model"选项卡添加一个新语言模型。选择语言，添加语言模型名称扩展（例如选英语时，将"final"作为名称扩展添加到"en"后面成为"en_final"。通过这种方式可以训练多个英语语言模型），点击"Add"（添加）按钮。新的语言将被添加到选中的语言目录，所有配置文件也会随之自动创建。用户需要编辑这些配置文件（见下文）。新的语言模型创建完成后，在"Select Language Model"（选择语言模型）列表中选中该模型，点击"Train Language Model"。按照前文所述步骤进行训练。

训练过程中可以随时点击"Cancel"按钮终止训练。

回想一下第9.6.2.2节中关于如何调整语言模型的内容。

> **重要提示：** 所有输入文本文件必须使用不带签名的 UTF-8 编码。如果文件中含有特殊字符（UTF-8），内置的文本编辑器可以将文档自动保存为这个 UTF-8 编码格式，用户也可以在编辑器中选中该选项。
>
> **注：** 网络上有大量文本文件可以用于模型的训练。"Wikipedia Text Dumps"是其中一个来源，"Wikipedia Text Dumps"不仅含有上千页各种主题的文本，还有多种语言文字可用。用户也可以向这些文件中添加特殊文本，包括特定主题和词语。

9.6.4.1 设置

通过右侧控制面板的"Settings"菜单可以调整单词出现次数的下限。输入文本中出现次数小于下限的单词将不会被用于训练语言模型。

通过"Language Directory"（语言目录）设置可以更改语言目录的位置。

> **重要提示：** 更改语言目录位置后需要向目录中添加语言，因为语言目录不能被复制。如果手动复制语言目录，其他一些配置文件也需要随之调整，可以使用文本编辑器（含有目录信息）进行手动调整。配置文件中的文件夹路径必须与语言目录相对（默认为"langdata"），使用"\cr"作为文件夹分隔符。语言目录用国际标准化组织二字母语言代码表示！查看安装选项中附带的例子。

9.6.5 从 PDF 和 HTML 文件中提取文本

点击"Extract Text"（提取文本）按钮可以从任意 PDF 或 HTML 文件（本地文件或网络来源）中提取文本。这可能对许多目的都有帮助，例如，用从不同来源提取的文本进行语言模型训练。

9.6.6　合并文本文件

点击"Join Text Files"（合并文本文件）按钮可以合并数个文本文件。有时为了训练语言模型，你需要将多个文本文件合并为一个较大的文本文件。

9.6.7　大文本文件编辑器

软件内置有大文本文件编辑器，可用于编辑数千兆字节的大型文本文件。大于 1 GB 的文件将被自动分割，经过编辑后，用户点击"保存"时，被分割的文件将再次被合并为一个文件。

打开任意文本文档，在出现的列表中双击文件，开始使用 AI-TOOLKIT 文本编辑器编辑文件。编辑完成后点击保存。

附录

从正则表达式到 HMM

本附录将以通俗易懂的语言介绍正则表达式、有限状态转换器（FST）和隐马尔可夫模型（HMM）。HMM 是一种以正则表达式为基础的高效搜索机制，是自然语言处理（NLP）和自动语音识别（ASR）中最重要的部分之一。

A.1　概述

由于正则语言中有无数种单词组合，我们需要找到有效的方法来搜索与输入语句匹配度较高的语句（或单词序列）。这个有效搜索机制是自然语言处理和自动语音识别中最重要的部分之一，基于一种被称为 HMM 的扩展形式的正则表达式。

本附录将浅显地介绍正则表达式、FST 和 HMM。对自然语言特征进行建模是个复杂的课题。本附录旨在用通俗易懂的语言解释为什么我们需要 HMM、HMM 与 ASR 的关系，以及 HMM 的工作原理。若想更深入地了解自然语言模型及语法建模相关课题（如拼写体系和形态音系学），请从参考文献中选择相关著作阅读。

正则表达式是建模和表示文字序列的基础，换句话说，也是正则语言的基础。实际上，了解正则表达式就已经在很大程度上了解了 HMM。

在了解正则表达式原理的基础上，先来看一下有限状态自动机（FSA），它距离有限状态转换器只有一步之遥。有限状态自动机是一种执行和视觉化正则表达式的数学手段，是计算语言学的重要工具。

HMM 是一个特殊版本的加权有限状态转换器，是 FST 的扩展。从名称看来，它们仿佛特别复杂，但不必担心，读完本附录一切都会清晰明了。

A.2　正则表达式

任何语言的文本都包含字母序列、数字、空格、标点符号等。我们称这样一段文本为一个字符串（string）。正则表达式定义如何从文本中选择一个或多个字符串。这个选择过程又叫"搜索"（search）。所有正则表达式的应用都是从文本中搜索字符串。为了区别正则表达式和其他文本，将正则表达式放在斜线"/"之间。正则表达式的句法是一种很简单的文本编程语言。

最简单的正则表达式就是从文本中搜索特定单词。例如，正则表达式 /fst/ 搜索任何含有"fst"的子串。因此如果有一句话是"fst is very useful"，正则表达式 /fst/ 就会匹配这句话（字符串）。

方括号"[ ]"用于指定匹配的字符。也可以与搜索的字符串结合。例如，正则表达式 /[fb]ar/ 将会匹配同时含有"far"和"bar"的句子，因此句子"the bar is open"和"the shop is far"都会被匹配。表达式 [fb] 表示搜索只接受以"f"和"b"开头的字符串。

要匹配所有大写字母可以使用 [A-Z]，匹配所有个位数字使用 [0-9] 等。正则表达式对大小写敏感。

星号"*"可以匹配它前方的零个或多个字符或子串，加号"+"匹配它前方的一个或多个字符或子串。例如 /ho*/ 匹配"h""ho""hoo"等，/ho+/ 匹配"ho""hoo"

等。问号 "?" 表示它前方可以不存在字符（为零或一个），例如 /ho?/ 与 "ho" 和 "h" 匹配。英语中的句号（点）"." 可以匹配任意字符，例如 /f.r/ 可以匹配 "far" "fir" 等。

使用竖线符号 "|" 可以选择不同字符串的部分进行匹配。例如 /far|bar/ 可以与 "far" 和 "bar" 匹配。

重复字符（repetition）和通配符（wild card）加上竖线符号统称为操作符（operators），因为它们对两个或以上的对象（字符串）进行操作。星号有最高优先权，其次是加号和问号，接下来是竖线符号。也可以使用括号 "（）" 来确定操作的优先顺序。

以上只是对正则表达式的简短介绍，并非详尽解释（还有许多文中未提及的规则），旨在为读者了解自然语言处理（字符串匹配）的基本原理提供足够的信息。

A.3　有限状态自动机

有限状态自动机（FSA）是一种执行和视觉化正则表达式的数学手段，是计算语言学中的一个重要工具。FSA 及匹配的字符串可以通过一个简单的图表视觉化。

通过示例，可以很好地理解 FSA 的工作原理。我们来看一下 /hoo+/ 这个正则表达式的 FSA 图表。这个正则表达式可匹配字符串 "hoo" "hooo" "hoooo" 等。加号 "+" 表示可以匹配一个或多个 "o" 字符（加号前的字符）。

每个 FSA 图表都包括数个节点 [每个状态（state）一个节点；稍后我们将看到在这个语境下状态是什么意思] 和节点之间的连接（又被称为 "弧"），连接的末端用箭头表示进程的方向。

FSA 能够识别一组字符串（与正则表达式 /hoo+/ 一样），因此每个 FSA 都可以用正则表达式描述，反之亦然。

图 A-1 呈现的是这个示例的 FSA。它有四个状态，分别用圆形表示，其中一个双层圆形代表最终状态，这至关重要，因为 FSA 在最终状态决定是否 "接受" 输入字符串。

FSA 以符号为单位依次处理接收到的字符串，每个处理步骤都以一个新状态结束。最后一个状态或者说最终状态即接受状态（accepting state），FSA 在此决定是否接受（匹配）输入的字符串。

每个状态还具有一个可以返回到状态自身（即自跳转）的过渡弧（transition arc），能够接受多个符号（对应正则表达式操作符星号 "*"）。

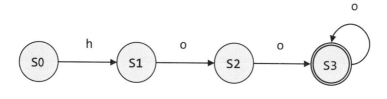

图 A-1　FSA 示例

我们通过表 A-1、A-2 和 A-3 中的几个示例来了解一下 FSA 的工作原理。

表 A-1　示例 1

示例 1：输入字符串为"booo"。下表描述每个状态以及状态之间的情况。		
状态	决策	说明
S0	h ≠ b	FSA 比较输入"b"的第一个符号和状态 S0 伸出的弧的第一个符号，因为二者不匹配，FSA 无法前进到 S1，不能识别或者说不能接受（即拒绝）输入字符串。

表 A-2　示例 2

示例 2：输入字符串为"horse"。下表描述了每个状态以及状态之间的情况。		
状态	决策	说明
S0	h = h	FSA 比较输入"h"的第一个符号和状态 S0 伸出的弧的第一个符号"h"，因为二者匹配，FSA 前进到状态 S1，然后继续匹配下一个输入符号。
S1	o = o	与上一步相同，FSA 可以前进至下一个状态。
S2	o ≠ r	第三个输入符号与字母"o"不匹配，FSA 无法继续前行，因此拒绝输入字符串。

表 A-3　示例 3

示例 3：输入字符串"hoooo"。下表描述了每个状态以及状态之间的情况。		
状态	决策	描述
S0	h = h	OK！FSA 前进到下一个状态，读取下一个输入符号。
S1	o = o	OK！FSA 前进到下一个状态，读取下一个输入符号。
S2	o = o	OK！FSA 前进到下一个状态，读取下一个输入符号。
S3	o = o	OK！FSA 前进到下一个状态，读取下一个输入符号。
S4	o = o	OK！这是最后一个输入符号。FSA 接受整个输入字符串。

在（/hoo+/）示例中，FSA 接受的不同字符串可以描述包含无数如"hoo""hooo"这类单词的正则语言。这种正则语言由数量有限的一组符号"h"和"o"（只有这两个符号）组成。我们在实践中为自然语言建模时也遵循相同的逻辑，但要使用更多符号和规则。

FSA 还有一个重要属性也值得一提，即其确定性。如果 FSA 不需要决定接下来是哪种状态，我们就说它具有确定性。这里的 /hoo+/ 示例就是一个确定性 FSA，因为在每一步，接下来的状态都是确定的（毫无疑问）。

如果把示例更改为 /ho+o/（注意表达式中的加号向左移动了一个符号），就变成了非确定性 FSA。通过 FSA 图表更容易看出这一点（见图 A-2）。

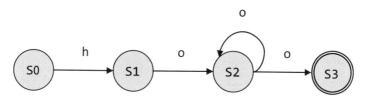

图 A-2 带有自跳转的非确定性 FSA

在状态S2下,如果接收到符号"o",机器将做出决定是停留在状态S2(产生符号"o"),还是前进到状态S3(产生的符号还是"o")。选择结果显而易见(如果只剩一个字母"o",那么必须前进到状态 S3,否则必须停留在 S2),机器必须做出决策。

同样的非确定性行为也可以用所谓的 ε 弧代替自跳转进行建模。这样一来,之前的图就应该被调整为图 A-3。

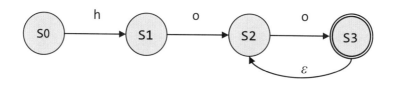

图 A-3 带有 ε 弧的非确定性 FSA

ε 弧表示进程可以不评价状态 S3,回到状态 S2。这与图 A-2 中的 FSA 相同。

非确定性 FSA 常出现在自然语言处理中。根据参考文献 [13],非确定性 FSA 的标准决策策略有三种:

(1)备份(backup):在面临选择点时,可以对当前的输入符号添加标记,并备份自动机的状态。后续如果发现选择失误,还可以回退到先前备份的状态,并尝试其他路径。例如,如果得到错误的字符串,可以回退并尝试 FSA 的其他路径。

(2)向前查看(look-ahead):通过向前查看输入符号,可以帮助我们决定选择哪条路径。例如,查看下一个字母以决定采取什么行动。

(3)并行(parallelism):面临选择点时,可以查看所有其他并行路径。

前文包含了解 FSA 工作原理所需的最关键的信息。接下来则是对这些知识的拓展,以便读者最终能够了解 HMM 的工作原理。

A.4 有限状态转换器

"Transducer"这个词显示了有限状态转换器(FST)可以将符号从一种形式转换为另一种形式,换句话说,它在两组符号之间进行映射。FST 是 FSA 的一种特殊形式,因此它们的功能非常相似,可视化呈现方式也相似。

两组符号之间的映射用冒号(:)表示。例如,"a:b"表示将"a"映射为"b","cycle:bike"表示将单词"cycle"映射为"bike"。这与字符或单词之间映射的表示方法完全相同。例如,你可以将特定语言中的一个单词映射为另一种语言中的相同单词(自动机器翻译)。

图 A-4 是 FST 将任意数量的"a"转换为相同数量的"b"的视觉化呈现。

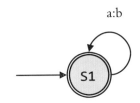

图 A-4 简单 FST "a:b" 映射

一切和 FSA 相同，只是现在每条弧上用两个以冒号分隔的符号代替了单个符号。冒号的左侧叫输入字符串，右侧是输出字符串（输入映射到输出）。

布莱克本和斯特里格尼茨 [1] 将 FST 可能的用途总结如下：

（1）生成模式（generation mode）：图 A-4 的 FST 可以写出一组 "a" 作为输入字符串，一组 "b" 作为输出字符串。两组具有相同长度。

（2）认可或接受模式（recognition or acceptance Mode）：FST 只在输入字符串中 "a" 的数量和输出字符串中 "b" 的数量相等时接受输入字符串。

（3）转换模式（translation mode）（从左向右）：FST 非常直观地从输入字符串中读取 "a"，然后将相等数量的 "b" 写入输出数据串。

（4）反向转换模式（reverse translation mode）（从右向左）：与上一种模式正相反，从输出字符串中读取 "b"，然后将 "a" 写入输入字符串。

上述用途涵盖了 FST 在多个语言学领域的几种成功应用。

FSA 中的 ε 弧表示可以不必对当前状态进行评价，将进程回退至前一个状态。相同的功能在 FST 中也可以实现。输入和输出都可以用 ε 弧替代，如图 A-5 所示。

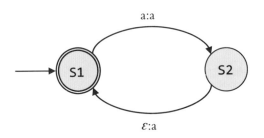

图 A-5 ε 弧：改编自参考文献 [14]

这个示例非常直观地演示了下列操作：

（1）在生成模式下，首先读取输入中的 "a" 并将 "b" 写入输出。然后从状态 S2 回退到状态 S1，对输入不进行任何操作，但将一个 "a" 写入输出。状态 S1 就是最终状态，由双层圆圈表示。这个行为也可以用条形图来呈现，其中两个条形分别代表输入和输出字符串，如图 A-6 所示。

1　Blackburn, P., Striegnitz, K.: Natural Language Processing Techniques in Prolog. Union College Computer Science Department. http://cs.union.edu/striegnk/courses/nlp-with-prolog/ html/node13.html.

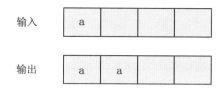

图 A-6 生成模式

（2）认可模式中，FST 只有在输出中"a"的数量是输入中的两倍时才接受输入字符串。请记住，从输入状态到输出状态，输出是遵循 FST 图表定义的规则生成的。

（3）转换模式中，FST 转换成（写入）输出的"a"的数量是输入中"a"的数量的两倍。

（4）反向转换模式中，FST 至少读取两个输出中的"a"，将其中一半的"a"写入输入。

FST 也可以使用多个字符作为字符串标签。

下面的示例来自参考文献 [14]，显示了英语数字（整数）和数字名称之间是怎么转化的。在基于 FST 的文本归一化系统（如 **AI-TOOLKIT** 的 VoiceData）正是如此对数字进行归一化的。归一化会用文本元素取代非文本元素（见图 A-7）。

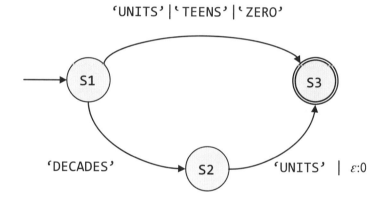

图 A-7 FST 正则化英语数字：改编自参考文献 [14]

该 FST 的字典（单词和符号的集合）见表 A-4。

表 A-4 FST 字典

符号	正则表达式表示
UNITS	("1":"one")|("2":"two")|("3":"three")|("4":"four")|("5":"five")|("6":"six")|("7":"seven")|("8":"eight")|("9":"nine")
TEENS	("10":"ten")|("11":"eleven")|("12":"twelve")|("13":"thirteen")|("14":"fourteen")|("15":"fifteen")|("16":"sixteen")|("17":"seventeen")|("18":"eighteen")| ("19":"nineteen")
DECADES	("2":"twenty")|("3":"thirty")|("4":"forty")|("5":"fifty")|("6":"sixty")|("7":"seventy")|("8":"eighty")|("9":"ninety")
ZERO	("0":"zero")

上方的弧接受的数字范围为 1~9 和 10~19 以及 0。下方是由字典子集 DECADES 生

成的两位数字，例如 20，30，40 等，以及 21，22，…，31，…，42 等。状态 S2 通过 ε 弧转移生成 20，30，40 等，再连接字典子集 UNITS 得到 21，22，31……

ε 后边的零（ε:0）表示将一个零写入输出。这样做是因为字典子集 DECADES 含有以 10 为单位的数字 2，3 和 4 等，因此添加一个"0"形成数字 20，30，…

例如，句子"10 meters is too long"，可以用 FST 归一化（转化）为"ten meters is too long"。

根据 FST 规则，正则表达式（"10":"ten"）将"10"替换为"ten"。归一化是许多 NLP 和语言应用的重点，例如合成文本的任务（使用 AI-TOOLKIT 的 VoiceData）。

A.5 加权有限状态转换器（WFST）

对节点之间的弧进行加权可以实现 FSA 和 FST 的扩展。加权也可以被视为在 FSA 或 FST 中通过不同路径前进的"成本"。如果 FST 中有多个可取的路径（由输入造成的），则选择成本最小（权重最低）的一条。

图 A-8 用 < > 中的数字表示弧的权重。

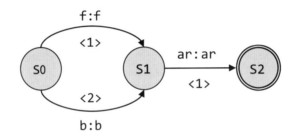

图 A-8　加权有限状态转换器

权重可以是任意数字，取决于用软件来做什么。目标是按权重的高低排序。

图 A-8 的 FST 将偏好（接受）单词"far"而非"bar"，虽然根据输入，二者都有被接受的可能，但"f"的权重低于"b"，因此最终 FST 会接受"far"。

FST（之间）可以进行多种操作，例如反演（切换输入与输出）、组合（将一系列 FST 连接在一起）等。在实践中，我们会把多个 FST 连接在一起，形成声学模型或定义特殊的语言字典。

> **注：** FST 图表只是用来设计和解释 FST 模型的图像手段。单个 FST 和多个相连的 FST 都可以通过数学算法建模，应用于各个领域，例如作为声学模型用于语音识别。

A.6 HMM

"自动语音识别经过数年的研究和发展，提高其准确率仍是一项重大挑战。有许多众所周知的要素决定着语音识别系统的准确率。其中最值得一提的因素包括上下文变量、说话人变量和环境变量。声学建模在提高准确率方面发挥着重要的作用，甚至可以说它是所有语音识别系统的核心。语音的声学建模通常是指为特征向量序列建立统计学表示的过程，这些特征向量是通过计算语音波形得到的。HMM（Baum, L., 1972；Baker, J., 1975；Jelinek, F., 1976）是最常见的声学模型种类之一（Indurkhya, N., Damerau, F.J., 2010）"。

"声学模型包含'发音模型'，'发音模型'描述一个或多个基本语言单位（例如音素或音素特征）序列如何被用来表现更大的语言单位，例如单词或词组这类语音识别的对象。"（Indurkhya, N., Damerau, F.J., 2010）

"基于 HMM 的语音识别假定与每个单词对应的观测向量（observed vectors）序列由一个马尔可夫链（Markov chain）生成。"（Indurkhya, N., Damerau, F.J., 2010）如图 A-9 所示，"HMM 是一个在每个时间帧（time frame）都会发生状态改变的有限状态机，在每个时间帧 t，当状态 j 被输入时，发射概率分布（emitting probability distribution）$b_j(x_t)$ 就会生成观测向量 x_t。状态 i 到状态 j 的转换属性由转换概率 a_{ij} 决定。另外，HMM 通常会使用两个特殊的无发射状态（non-emitting states）。二者包括一个语音向量生成程序开始之前的入口状态（entry state），以及生成程序中止时的一个出口状态（exit state）。两种状态都只能到达一次。因为二者皆不产生任何观测结果，也不具有发射概率密度（emitting probability density）……在每个发射状态，HMM 只能选择停留在当前状态，或者前进至下一个状态。"（Indurkhya, N., Damerau, F.J., 2010）

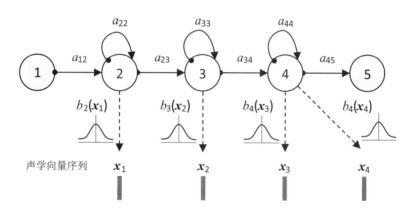

图 A-9　五状态从左向右的 HMM 图示：改编自参考文献 [19]

"一般来说，每个发射分布会表现一个声音事件，分布必须具体到足以区分不同的声音，并且稳健到足以适应自然语音的多变。为了估算状态转换概率的值和每个状态的发射概率密度参数，大量 HMM 训练方法被开发出来。"（Indurkhya, N., Damerau, F.J., 2010）

注意图 A-9 的 HMM 与上文讨论的加权有限状态转换器十分相似，只是每个弧上附有转换概率而非权重。如果一个状态有多个弧，那么这些弧的转换概率之和为 1。

"声学模型以音素为表示声音的基本单位。例如，单词 'bat' 由 /b/ /æ/ /t/ 三个音素组成。英语中有大约 40 个音素。"（Indurkhya, N., Damerau, F.J., 2010）

　　将每个单词分解成独立于上下文的基本音素序列，无法捕捉真实语音中根据上下文产生的大量变量。例如，单词"wood"和"cool"中的"oo"发相同的元音，但现实中，受到"oo"前后辅音的影响，很难实现相同的发音。独立于上下文的音素模型被称为单音素模型。这个问题有一种简单的补救方法，就是对每一对可能的左右相邻组合都建一个唯一的音素模型。应用这种方法的模型叫作三音素模型，如果有 N 个基本音素，则有 N^3 个潜在的三音素模型。

　　现代语音识别的核心声学模型通常由高斯输出分布的绑定三状态 HMM 组成。创建核心的步骤如下：

　　（1）创建一个均一初始化（flat-start）的单音素集合，其中每个基本音素都是单音素单一高斯 HMM，均值和协方差与训练数据的均值和协方差相等。

　　（2）通过 3 或 4 次迭代，使用 EM 算法重新估算高斯单音素的参数。

　　（3）训练数据中每出现一个不同的三音素 $x-q+y$，高斯单音素 q 都会被克隆一次。

　　（4）得到的三音素训练数据集需要用 EM 算法重新估算，最后一次迭代的状态占用数（state occupation counts）被存储下来。

　　（5）基本音素的每个状态都会创建决策树；三音素训练数据被映射到更小的绑定状态三音素集合，通过 EM 算法迭代来重新估算。

　　注：EM 算法即最大期望算法。EM 算法的变体常被应用于 HMM 的训练。鲍姆-韦尔奇（Baum-Welch）算法或者前向-后向算法也是基于 EM 算法的一种扩展算法。转换概率矩阵（a_{ij}）和发射概率分布参数（$b_j(x_t)$）都通过这个算法训练 / 学习。

　　最先进的语音识别系统建立在三音素模型的基础上，但都需要从创建单音素模型开始，之后为容纳三音素模型进行扩展 / 继续训练。AI-TOOLKIT 中的 VoiceBridge 就是这样工作的。

参考文献

[1] Batch normalization: accelerating deep network training by reducing internal covariate shift, Christian Szegedy (Google), Sergey Ioffe (Google), arXiv:1502.03167v3 [cs.LG]. 2 Mar 2015

[2] Bradley, P.S., Fayyad, U.M.: Refining initial points for k-means clustering. In: ICML'1998: Proceedings of the Fifteenth International Conference on Machine Learning. Morgan Kaufmann, San Francisco, CA

[3] Cheng, Y.: Mean shift, mode seeking, and clustering. IEEE Trans. Pattern Anal. Mach. Intell. 17(8), 790 (1995)

[4] Comaniciu, D., Meer, P.: Mean shift: a robust approach toward feature space analysis. IEEE Trans. Pattern Anal. Mach. Intell. 24(5), 603–619 (2002)

[5] The 5 essential components of a data strategy (White Paper), SAS (2018)

[6] Albright, S.C., Winston, W.L., Zappe, C.: Data Analysis for Managers, 2nd edn. Brooks/Cole, Belmont, CA (2004). isbn:0-534-38366-1

[7] George, M., Rowlands, D.: The Lean Six Sigma Pocket Toolbook. McGraw-Hill, New York (2004)

[8] Albright, S.C., Winston, W.L., Zappe, C.: Data Analysis for Managers, 2nd edn. Brooks/Cole, Belmont, CA (2004). isbn:0-534-38366-1

[9] Curtin, R.R., Edel, M., Lozhnikov, M., Mentekidis, Y., Ghaisas, S., Zhang, S.: mlpack 3: a fast, flexible machine learning library. J. Open Source Softw. (2018). https://doi.org/10.21105/joss. 00726

[10] NIST: NIST/SEMATECH e-Handbook of Statistical Methods. U.S. Department of Commerce, Washington, DC (2012)

[11] Jolliffe, I.T.: Principal Component Analysis, 2nd edn. Springer, New York (2002)

[12] Somogyi, Z.: VoiceData Text Normalization, Automatic Speech Recognition (ASR) DataGenerator Toolkit, AI-TOOLKIT (free PDF book, included in the VoiceData software distribution) (2018)

[13] Jurafsky, D., Martin, J.H.: Speech and Language Processing, An Introduction to Natural Language Processing, Computational Linguistics, and Speech Recognition. Prentice-Hall, Upper Saddle River, NJ (2008)

[14] Blackburn, P., Striegnitz, K.: Natural Language Processing Techniques in Prolog. Union College Computer Science Department. http://cs.union.edu/striegnk/courses/nlp-with-prolog/ html/node13.html.

[15] Lei Ba, J., Kiros, J. R., Hinton, G. E.: Layer Normalization, arXiv: 1607.06450v1 [stat. ML] 21 Jul 2016

[16] Goodfellow, I., Bengio, Y.: Deep Learning. MIT Press, Aaron Courville (2016)

[17] Russell, S.J., Norvig, P.: Artificial Intelligence — A Modern Approach, 3rd edn. Prentice Hall, Hoboken, NJ (2010)

[18] Bonaccorso, G.: Machine Learning Algorithms. Packt Publishing, Birmingham (2017)

[19] Indurkhya, N., Damerau, F.J.: Handbook of Natural Language Processing, 2nd edn. Chapman & Hall/CRC, New York (2010)

[20] Gales, M., Young, S.: The application of hidden Markov models in speech recognition. Found Trends Signal. Process. 1(3), 195–304 (2008)

[21] Everest, F.A.: The Master Handbook of Acoustics, 4th edn. McGraw-Hill, New York (2001)

[22] Chazan, D., Hoory, R., Cohen, G., Zibulski, M.: Speech Reconstruction from Mel Frequency Cepstral Coefficients and Pitch Frequency. IBM Research Laboratory, Haifa

[23] Gelfand, S.A.: Hearing: An Introduction to Psychological and Physiological Acoustics, 5th edn. Taylor and Francis, London (2010)

[24] Palmer, H.E., Martin, J.V., Blandford, F.G.: A dictionary of English pronunciation with American variants (in phonetic transcription). W. Heffer & Sons, Cambridge, MA (1926)

[25] Davis, S., Mermelstein, P.: Comparison of parametric representations for monosyllabic word recognition in continuously spoken sentences. IEEE Trans. Acoust. Speech Signal Process. 28 (4), 357–366 (1980)

[26] Haeb-Umbach, R., Ney, H.: Linear Discriminant Analysis for Improved Large Vocabulary Continuous Speech Recognition, Proceedings ICASSP, pp. 13–16. IEEE, San Francisco, CA (1992)

[27] Omar, M.K., Hasegawa-Johnson, M.: Model enforcement: a unified feature transformation framework for classification and recognition. IEEE Signal Process. 52, 2701–2710 (2004)

[28] Saon, G., Padmanabhan, M., Gopinath, R., Chen, S.: Maximum likelihood discriminant feature spaces. IEEE International Conference on Acoustics Speech and Signal Processing. 2(2000), II-1129-II-1132 (2000)

[29] Povey, D., Kuo, H-K. J., Soltau, H.: Fast Speaker Adaptive Training for Speech Recognition (2008)

[30] Rendle, S., Freudenthaler, C., Gantner, Z. and Schmidt-Thieme, L. BPR: Bayesian Personalized Ranking from Implicit Feedback, UAI (2009)

[31] Michael P. Holmes, Alexander G. Gray and Charles Lee Isbell, Jr.: QUIC-SVD: fast SVD using cosine trees. (2008)

[32] Musco, C., Musco, C.: Randomized block Krylov methods for stronger and faster approximate singular value decomposition. (2015)

[33] Halko, N., Martinsson, P.G., Tropp, J.A.: Finding structure with randomness: probabilistic algorithms for constructing approximate matrix decompositions. Survey Rev. Sect. 53(2), 217–288 (2011)

[34] Stolfo, S. J., Fan, W., Lee, W., Prodromidis, A., Chan, P. K. Cost-based modeling and evaluation for data mining with application to fraud and intrusion detection: results from the JAM project. (2000)

[35] Ivan, T.: An experiment with the edited nearest-neighbor rule. IEEE Trans. Syst. Man Cybern. (6), 448–452 (1976)

[36] Chawla, N.V., Bowyer, K.W., Hall, L.O., Kegelmeyer, W.P.: SMOTE: synthetic minority oversampling technique. J. Artif. Intell. Res. 16, 321–357 (2002)

[37] Han, H., Wang, W.-Y., Mao, B.-H.: Borderline-smote: a new over-sampling method in imbalanced datasets learning. In: Huang, D.S., Zhang, X.P., Huang, G.B. (eds.) International Conference on Intelligent Computing, pp. 878–887. Springer, Berlin (2005)

[38] Kingma, D. P.: Adam: A Method For Stochastic Optimization, Jimmy Lei Ba, ICLR (2015)

[39] Matthew D. Zeiler, Adadelta: An Adaptive Learning Rate Method, CoRR (2012)

[40] Duchi, J., Hazan, E., Singer, Y.: Adaptive subgradient methods for online learning and stochastic optimization. J. Mach. Learn. Res. 12, 2121–2159 (2011)

[41] Nguyen, L. M., Liu, J., Scheinberg, K., Tak, M.: SARAH: a novel method for machine learning problems using stochastic recursive gradient. ArXiv e-prints, (2017)

[42] Kolmogorov, A.N.: On the representation of continuous functions of many variables by superpositions of continuous functions of one variable and addition. Doklay Akademii Nauk USSR. 14(5), 953–956 (1957) Translated in: Amer. Math Soc. Transl. 28, 55–59 (1963)

[43] Hecht-Nielsen, R.: Kolmogorov's mapping neural network existence theorem. In: Proceedings IEEE International Conference on Neural Networks, vol. II, pp. 11–13, New York, IEEE Press (1987)

[44] Castillo, P.A., Arenas, M.G., Castillo-Valdivieso, J.J., Merelo, J.J., Prieto, A., Romero, G.: Artificial neural networks design using evolutionary algorithms. In: Benítez, J.M., Cordón, O., Hoffmann, F., Roy, R. (eds.) Advances in Soft Computing. Springer, London (2003)

[45] Goldberg, D.E.: Genetic Algorithms in Search, Optimization, and Machine Learning. AddisonWesley, Boston, MA (1989)

[46] Kaufman, L., Rousseeuw, P.J.: Finding Groups in Data: an Introduction to Cluster Analysis Wiley Series in Probability and Statistics. Wiley, New York (1990)

[47] Caliński, T., Harabasz, J.: A dendrite method for cluster analysis. Academy of Agriculture, Poznań, Poland. Published online 27 June 1974

[48] Rousseeuw, P.J.: Silhouettes: a graphical aid to the interpretation and validation of cluster analysis. J. Comput. Appl. Math. 20, 53–65 (1987)

[49] Xu, L.: Bayesian ying-yang machine, clustering and number of clusters. Pattern Recogn. Lett. 18(11), 1167–1178 (1997)

[50] Manning, C.D., Raghavan, P., Schütze, H.: An Introduction to Information Retrieval. Cambridge University Press, London (2009)

[51] Ultsch, A.: Clustering with SOM: U*C, In: Proc. Workshop on Self-Organizing Maps,

Paris, France, pp. 75–82 (2005)

[52] Kirchgässner, W., Wallscheid, O., Böcker, J.: Deep Residual Convolutional and Recurrent Neural Networks for Temperature Estimation in Permanent Magnet Synchronous Motors. Empirical Evaluation of Exponentially Weighted Moving Averages for Simple Linear Thermal Modeling of Permanent Magnet Synchronous Machines. (2019)

[53] Cardiovascular diseases (CVDs), World Health Organisation Report. (2017)

[54] AML workshop proceedings and data, Microsoft Corporation (MIT license). (2017)

[55] Postoperative dataset. Sharon Summers, School of Nursing, University of Kansas Medical Center, Kansas City, KS 66160 Linda Woolery, School of Nursing, University of Missouri, Columbia

[56] Olah, C.: Understanding LSTM Networks, Github Blog

[57] Sutton, R.S., Barto, A.G.: Reinforcement Learning: An Introduction. The MIT Press, London

[58] Szepesvari, C.: Algorithms for Reinforcement Learning. Morgan & Claypool, Sand Rafael, CA (2009)

[59] Florian, R. V.: Correct equations for the dynamics of the cart-pole system. (2007)

[60] Alaa Tharwat Classification assessment methods. Applied Computing and Informatics. (2018)

[61] Sparrowhawk/Kestrel, the Google-internal TTS text normalization system reported in Ebden and Sproat. Copyright 2015 and onwards Google, Inc., Apache 2.0 license, Website: https:// github.com/google/sparrowhawk (2014).

[62] The Simd Library. http://ermig1979.github.io/Simd, Ihar Yermalayeu

[63] The Kaldi project. http://kaldi-asr.org

[64] Aggarwal, C.C.: Recommender Systems. Springer, Heidelberg (2016)

[65] Johnson, R.W.: Body Fat Dataset. Department of Mathematics & Computer Science, South Dakota School of Mines & Technology, Rapid

[66] Penrose, K.W., Nelson, A.G., Fisher, A.G.: Generalized body composition prediction equation for men using simple measurement techniques. Med. Sci. Sports Exerc. 17(2), 189 (1985)

[67] Harper, R., Tee, P.: The Application of Neural Networks to Predicting the Root Cause of Service Failures, FIP/IEEE IM 2017 Workshop.

[68] Fisher, R.A.: The Use of Multiple Measurements in Taxonomic Problems, Annual Eugenics, 7, Part II, 179–188 (1936); also in "Contributions to Mathematical Statistics". Wiley, New York (1950)

[69] Somogyi, Z.: The AI-TOOLKIT. https://AI-TOOLKIT.blogspot.be, https://AI-TOOLKIT. github.io

[70] Somogyi, Z.: VoiceBridge. https://github.com/AI-TOOLKIT/VoiceBridge

[71] Somogyi, Z.: VoiceData Text Normalization, Automatic Speech Recognition (ASR) Data Generator Toolkit. (2018)

[72] Somogyi, Z.: Business Process Improvement Handbook for Office & Services (for Experts & Managers, an Advanced Guide), ISBN 9789090296203. (2016)

[73] Kaiming He, Xiangyu Zhang, Shaoqing Ren, Jian Sun: Deep Residual Learning for Image Recognition, Microsoft Research. (2015)

[74] Schroff, F., Kalenichenko, D., Philbin, J.: FaceNet: A Unified Embedding for Face Recognition and Clustering. Google Inc., (2015)

[75] Kazemi, V., Sullivan, J.: One Millisecond Face Alignment with an Ensemble of Regression Trees. (2014)

[76] Vahid Kazemi and Josephine Sullivan: Face Alignment with Part-Based Modeling (2011)

[77] Li, S.Z., Jain, A.K.: Handbook of Face Recognition. Springer, London (2005)

[78] Facial Recognition Technology: Fundamental Rights Considerations in the Context of Law Enforcement, FRA - European Union Agency for Fundamental Rights. (2019)

[79] Dalal, N., Triggs, B.: Histograms of Oriented Gradients for Human Detection. (2005)

[80] Beigi, H.: Fundamentals of Speaker Recognition. Springer, Boston, MA (2011)

[81] Reynolds, D.A.: Automatic speaker recognition using Gaussian mixture speaker models. Lincoln Laboratory J. 8(2), 173 (1995)

[82] Reynolds, D. A., Quatieri, T. F., Dunn, R. B.: M.I.T. Lincoln Laboratory. (2000)

[83] Makhoul, J.: Linear Prediction: A Tutorial Review. Proc. IEEE. 63(4) (1975)

[84] Amrutha, R., Lalitha, K., Shivakumar, M., Michahial, S.: Feature extraction of speech signal using LPC. Int. J. Adv. Res. Comp. Commun. Eng. 5(12) (2016)

[85] Dehak, N., Dehak, R., Kenny, P., Brummer, N., Ouellet, P., Dumouchel, P.: Support Vector Machines versus Fast Scoring in the Low-Dimensional Total Variability Space for Speaker Verification. Interspeech (ISCA). (2009)

[86] Senoussaoui, M., Kenny, P., Dehak, N., Dumouchel, P.: An i-vector Extractor Suitable for Speaker Recognition with both Microphone and Telephone Speech. (2010)

[87] Kenny, P.: Joint Factor Analysis of Speaker and Session Variability: Theory and Algorithms. (2006)

[88] Dehak, N., Kenny, P., Dehak, R., Dumouchel, P., Ouellet, P.: Front-end factor analysis for speaker verification. IEEE Trans. Audio Speech Lang. Process. 2010, 1–11 (2010)

[89] Garcia-Romero, D., Zhou, X., Espy-Wilson, C. Y.: Multicondition training of gaussian plda models in i-vector space for noise and reverberation robust speaker recognition. ICASSP. (2012)

[90] Khosravani, A., Glackin, C., Dugan, N., Chollet, G., Cannings, N.: The intelligent voice 2016 speaker recognition system. (2016)

[91] Snyder, D., Garcia-Romero, D., Povey, D., Khudanpur, S.: Deep Neural Network

Embeddings for Text-Independent Speaker Verification. (2017)

[92] C++ Mathematical Expression Toolkit Library, Arash Partow (1999–2019)

[93] The Boost C++ project, https://www.boost.org

[94] Kingma, D.P. (Google), Welling, M. (Universiteit van Amsterdam, Qualcomm).: An Introduction to Variational Autoencoders. (2019)

[95] Creswellx, A., White, T., et al.: Generative Adversarial Networks: An Overview. IEEE-SPM (2017)

[96] Alqahtani, H., Kavakli-Thorne, M., Kumar, G.: Applications of Generative Adversarial Networks (GANs): An Updated Review. Archives of Computational Methods in Engineering

[97] Baker, J.: Stochastic modeling for automatic speech recognition. In: Reddy, D.R. (ed.) Speech Recognition. Academic, New York (1975)

[98] Baum, L.: An inequality and associated maximization technique occurring in statistical estimation for probabilistic functions of a Markov process. Inequalities. III, 1-8 (1972)

[99] Jelinek, F.: Continuous speech recognition by statistical methods. Proc. IEEE. 64(4), 532–556

First published in English under the title

The Application of Artificial Intelligence: Step-by-Step Guide from Beginner to Expert

by Zoltán Somogyi, edition: 1

Copyright © Springer Nature Switzerland AG, 2021

This edition has been translated and published under licence from

Springer Nature Switzerland AG.

Springer Nature Switzerland AG takes no responsibility and shall not be made liable

for the accuracy of the translation.

四川省版权局著作权合同登记图进字 21-24-159

图书在版编目（CIP）数据

人工智能应用：从入门到专业 /（比）佐尔坦·索

莫吉著；杨勇等译. -- 成都：四川大学出版社，2024.

11. -- ISBN 978-7-5690-7019-4

Ⅰ . TP18

中国国家版本馆 CIP 数据核字第 2024A6080A 号

书　　名：人工智能应用：从入门到专业

　　　　　Rengong Zhineng Yingyong: Cong Rumen dao Zhuanye

著　　者：［比利时］佐尔坦·索莫吉

译　　者：杨　勇　徐　磊　史　洋　等

出 版 人：侯宏虹

总 策 划：张宏辉

选题策划：敬雁飞　刘　畅

责任编辑：敬雁飞

责任校对：倪德君

装帧设计：靳太然

责任印制：李金兰

出版发行：四川大学出版社有限责任公司

　　　　　地址：成都市一环路南一段 24 号（610065）

　　　　　电话：（028）85408311（发行部）、85400276（总编室）

　　　　　电子邮箱：scupress@vip.163.com

　　　　　网址：https://press.scu.edu.cn

印前制作：成都墨之创文化传播有限公司

印刷装订：成都金阳印务有限责任公司

成品尺寸：185 mm×260 mm

印　　张：21.75

字　　数：512 千字

版　　次：2024 年 11 月 第 1 版

印　　次：2024 年 11 月 第 1 次印刷

定　　价：152.00 元

本社图书如有印装质量问题，请联系发行部调换

扫码获取数字资源

四川大学出版社
微信公众号